C 语言程序设计

主 编 赵 越 宋丹茹 孟庆新

北京理工大学出版社
BEIJING INSTITUTE OF TECHNOLOGY PRESS

内容简介

C语言是国内外广泛应用的计算机程序设计语言，也是各专业的计算机基础课程。C语言兼具高级语言和汇编语言的特点，适用于编写实时控制应用软件。本书的主要任务是使学生掌握面向过程的程序设计的基本思想和基本方法，锻炼学生的逻辑思维能力，培养学生的基本程序设计能力。

本书作者总结多年的教学经验，针对普通高等院校学生的整体情况，全面地介绍了C语言的基本概念、基本语法、基本结构和程序设计的基本方法。

本书采取案例导引、循序渐进的内容安排方式，通俗易懂的讲解方法，并辅以大量的例题；讲述力求理论联系实际、深入浅出；注重培养读者的程序设计能力及良好的程序设计风格和习惯；注重实践环节，每章设置了适量的习题。

本书可作为普通高等学校计算机专业和非计算机专业C语言程序设计课程的本、专科教材(可以根据本科、专科教学要求的不同进行适当取舍)，也可作为自学C语言和参加全国计算机等级考试的参考书。

图书在版编目(CIP)数据

C语言程序设计 / 赵越，宋丹茹，孟庆新主编. --
北京：北京理工大学出版社，2024.1
ISBN 978-7-5763-3458-6

Ⅰ.①C… Ⅱ.①赵… ②宋… ③孟… Ⅲ.①C语言-程序设计 Ⅳ.①TP312.8

中国国家版本馆CIP数据核字(2024)第034071号

责任编辑：李　薇　　**文案编辑**：李　硕
责任校对：刘亚男　　**责任印制**：李志强

出版发行 / 北京理工大学出版社有限责任公司
社　　址 / 北京市丰台区四合庄路6号
邮　　编 / 100070
电　　话 / (010) 68914026 (教材售后服务热线)
(010) 68944437 (课件资源服务热线)
网　　址 / http://www.bitpress.com.cn

版 印 次 / 2024年1月第1版第1次印刷
印　　刷 / 河北盛世彩捷印刷有限公司
开　　本 / 787mm×1092mm　1/16
印　　张 / 18
字　　数 / 420千字
定　　价 / 89.00元

前言

本书针对程序设计的初学者，从程序设计的基本概念出发，通过简单、典型的示例，以通俗易懂的语言由浅入深、循序渐进地介绍C语言程序设计的基础知识、程序设计方法和用C语言解决实际问题的技巧。

目前，多数高等院校不仅在计算机专业开设C语言课程，非计算机专业也开设了该课程。同时，许多学生都选择C语言作为参加全国计算机等级考试(二级)的考试科目。本书全面介绍了C语言的概念、特性和结构化程序设计方法，具体特点如下。

(1)本书内容经过精心组织，体系合理、结构严谨，全面讲授C语言程序设计的基本思想、方法和解决实际问题的技巧，有利于培养学生的逻辑思维和程序设计能力。

(2)内容丰富，注重实践；突出重点，分散难点。本书的宗旨在于进一步巩固学生对基本知识的理解和掌握，提高学生的逻辑分析、抽象思维和程序设计能力，培养学生用计算机编程解决实际问题的能力。

(3)对所介绍的内容都配有典型的实例，大部分实例均在Visual C++ 6.0或Microsoft Visual C++ 2010环境下上机调试并通过，便于教师在上课时演示。同时，每章最后都设有精心挑选的多种类型的习题，以帮助读者通过练习进一步理解和巩固所学的内容。

本书共分11章，全面介绍C语言的主要内容。第1章C语言概述，主要介绍C语言的由来、特点，通过实例说明C语言程序的基本结构、源程序的书写风格及C语言程序的运行过程，还对在Visual C++ 6.0、Microsoft Visual C++ 2010环境下如何运行C语言程序进行介绍。第2章数据类型、运算符与表达式，主要介绍C语言的基本数据类型、常量和变量，基本运算符与表达式。第3章顺序结构程序设计，主要介绍C语言语句分类、数据输入与输出、输入/输出函数的调用。第4章选择结构程序设计，主要介绍关系运算符和关系表达式、逻辑运算符和逻辑表达式，以及选择结构程序设计的思想和基本语句。第5章循环结构程序设计，主要介绍循环结构程序设计的思想、基本语句，并通过程序实例阐明循环结构程序的具体应用。第6章函数与编译预处理，主要介绍函数的概念、函数定义与声明的基本方法、函数的传值调用、函数的嵌套调用和递归调用、变量的存储类别、内部函数、外部函数、宏定义、文件包含和条件编译等。第7章数组，主要介绍数组的概念、一维数组和二维数组的定义及初始化、字符数组与字符串的概念、常用的字符串处理函数、数组作为函数参数的方法等，并通过程序实例阐明数组的具体应用。第8章指针，主要介绍指针的概念、指针变量的定义与初始化、指针与数组、指针与字符串、指针与函数、指针数组等，并通过程序实例阐明指针的具体应用。第9章结构体和共用体，主要介绍结构体、共用体、枚举类型、链表的概念及链表的基本操作。第10章文件，主要介绍文件的概念、文件的打开与关闭、文件的定位、文件的读写等，并给出文件基本操作的实例。第11章综合实例，以常见的数据库管理系统为例，将前面各章知识点进行综合运用，进行一个简单的数据库程序开发。

本书由赵越统稿，内容均由经验丰富的一线教师编写完成，其中张文强编写第1章、刘晓慧编写第2章和第11章、马玲编写第3章和第4章、宋丹茹编写第5章和第6章、孟庆新编写第7章和第10章、赵越编写第8章和第9章。

感谢刘震老师对本书的认真审阅，并为此提供了宝贵的意见。在本书的编写过程中还得到了张丕振、张朋等多名老师的大力支持与帮助，在此一并表示感谢。另外，还要感谢北京理工大学出版社编辑的悉心策划和指导。

由于编者水平有限，编写时间仓促，书中难免有疏漏和不足之处，恳请读者和专家批评指正，以便下次修订时更正。如有任何问题，可以通过 E-mail(zhaoyue7777@126.com)与编者联系。

编者

2023 年 10 月

目　录

CONTENTS

第 1 章　C 语言概述

第 2 章　数据类型、运算符与表达式

第 3 章　顺序结构程序设计

第4章 选择结构程序设计

第5章 循环结构程序设计

第6章 函数与编译预处理

第7章　数组

第8章　指针

第9章　结构体和共用体

第 10 章　文件

第 11 章　综合实例

附录

第1章　C语言概述

了解程序与程序设计的基础知识，了解C语言程序的基本结构，掌握C语言程序的上机步骤。

本章要点

- C语言的特点
- C语言程序的基本结构
- C语言程序设计步骤
- C语言程序的上机步骤

案例引入

输出欢迎词

案例描述

用C语言编写一个程序，输出“你好，我的朋友!”。

案例分析

根据题目描述，我们需要在显示器上输出“你好，我的朋友!”这段文字。

案例实现

案例设计

(1)在C语言中，将要输出的内容输出到显示器上，需要调用printf()函数，printf()函数是一个由系统定义的标准函数，可在C程序中直接调用。

(2)C语言中，stdio.h文件中包含了输出函数printf()的定义。程序编译时系统将头文件 stdio. h 中的内容嵌入程序中该命令位置。因此，需要一条编译预处理命令 #include <stdio. h>声明程序要使用 stdio. h 文件中的内容。

案例程序

```
#include <stdio. h>
void main()
{
    printf("你好,我的朋友!\n");
}
```

程序运行结果

程序运行结果如图 1-1 所示。

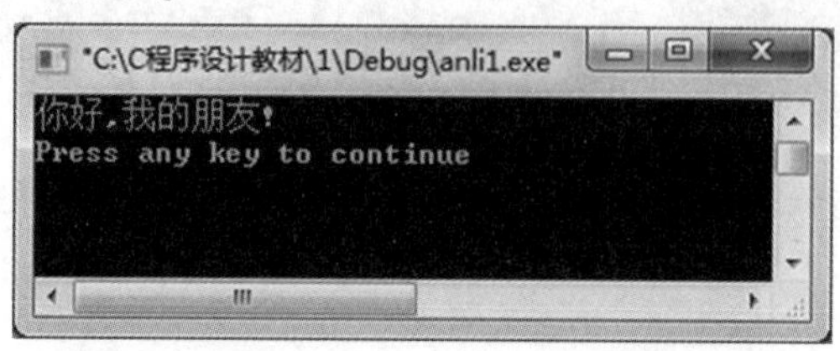

图 1-1　案例"输出欢迎词"程序运行结果

1.1　程序与程序设计语言

1.1.1　程序

计算机是一种具有内部存储能力的自动、高效的电子设备，它最本质的使命就是执行指令所规定的操作。如果需要计算机完成什么工作，只要将其步骤用诸条指令的形式描述出来，并把这些指令存放在计算机的内部存储器中，需要结果时就向计算机发出一个简单的命令，计算机就会自动逐条顺序执行操作，全部指令执行完就得到了预期的结果。这种可以被连续执行的一条条指令的集合称为计算机的程序。也就是说，程序是计算机指令的序列，编制程序的工作就是为计算机安排指令序列。

但是，指令是二进制编码，用它编制程序既难记忆，又难掌握，所以，计算机工作者就研制出了各种计算机能够懂得、人们又方便使用的计算机语言，程序就是用计算机语言来编写的。因此，计算机语言通常被称为"程序语言"，一个计算机程序总是用某种程序语言书写的。

1.1.2　程序设计

什么是程序设计呢？在日常生活中，同一台计算机有时可以画图、有时可以制表、有时可以玩游戏，诸如此类，不一而足。也就是说，尽管计算机本身只是一种现代化方式批量生产出来的通用机器，但是，使用不同的程序，计算机就可以处理不同的问题。今天，计算机之所以能够产生如此大的影响，其原因不仅在于人们发明了计算机本身，更重要的是人们为计算机开发出了不计其数的能够指挥计算机完成各种各样工作的程序。正是这些功能丰富的程序给了计算机无尽的生命力，它们是程序设计工作的结晶，而程序设计就是用某种程序语言编写这些程序的过程。

更确切地说，所谓程序，是用计算机语言对所要解决的问题中的数据以及处理问题的方法和步骤所做的完整而准确的描述，这个描述的过程就称为程序设计。对数据的描述就是指明数据结构形式；对处理方法和步骤的描述也就是下一节要讨论的算法问题。因而，数据结构与算法是程序设计过程中密切相关的两个方面。曾经发明 Pascal 语言的著名计算机科学家 Niklaus Wirth(尼古拉斯·沃斯)关于程序提出了著名公式：程序=数据结构+算法。这个公式说明了程序设计的主要任务。

对于程序设计的初学者来说，要先学会设计一个正确的程序。一个正确的程序，通常包括两个含义：一是书写正确，二是结果正确。书写正确是指程序在语法上正确，符合程序语言的规则；而结果正确通常是指对应于正确的输入，程序能产生所期望的输出，符合使用者对程序功能的要求。程序设计的基本目标是编制出正确的程序，但这仅仅是程序设计的最低要求。一个优秀的程序员，除了注重程序的正确性，更要注重程序的高质量。所谓高质量是指程序具有结构化程度高、可读性好、可靠性高、便于调试维护等一系列特点。毫无疑问，无论是一个正确的程序，还是一个高质量的程序，都需要程序设计。

那么，如何进行程序设计呢？一个简单的程序设计一般包含以下 4 个步骤。

(1)分析问题，建立数学模型。使用计算机解决具体问题时，首先要对问题进行充分的分析，确定问题是什么，解决问题的步骤又是什么。针对所要解决的问题，找出已知的数据和条件，确定所需的输入、处理及输出对象。将解题过程归纳为一系列的数学表达式，建立各种量之间的关系，即建立起解决问题的数学模型。需要注意的是，有许多问题的数学模型是显然的或者简单的，以至于初学者没有感觉到需要模型。但是有更多的问题需要靠分析来构造计算模型，模型的好与坏、对与错，在很大程度上决定了程序的正确性和复杂程度。

(2)确定数据结构和算法。根据建立的数学模型，对指定的输入数据和预期的输出结果，确定存放数据的数据结构。针对所建立的数学模型和确定的数据结构，选择合适的算法加以实现。注意，这里所说的“算法”泛指解决某一问题的方法和步骤，而不仅仅是指“计算”。

(3)编制程序。根据确定的数据结构和算法，用自己所使用的程序语言把这个解决方案严格地描述出来，也就是编写出程序代码。

(4)调试程序。在计算机上用实际的输入数据对编好的程序进行调试，分析所得到的运行结果，进行程序的测试和调整，直至获得预期的结果。

由此可见，一个完整的程序要涉及 4 个方面的问题：数据结构、算法、编程语言和程序设计方法。这 4 个方面的知识都是程序设计人员所必须具备的，其中算法是至关重要的一个方面。关于数据结构和算法问题有专门的著作，本书的重点是介绍编程语言和程序设计方法。

1.1.3 程序设计语言

人们利用计算机解决实际问题，一般要编写程序。程序设计语言就是用来编写程序的语言，它是人与计算机之间交换信息的工具。

程序设计语言一般分为机器语言、汇编语言和高级语言 3 类。

1) 机器语言

机器语言是最底层的计算机语言。用机器语言编写的程序，计算机硬件可以直接识别和运行。在用机器语言编写的程序中，每一条机器指令都是二进制形式的指令代码。在指令代码中一般包括操作码和地址码，其中操作码告诉计算机做何种操作，地址码则指出被操作的对象。

例如，代码 10000000 表示加法操作，代码 10010000 表示减法操作。

对于不同的计算机硬件(主要是 CPU)而言，其机器语言是不同的。因此，针对一台计算机所编写的机器语言程序不能在另一台计算机上运行。由于机器语言程序是直接针对计算机硬件的，因此它的执行效率比较高，能充分发挥计算机的速度性能。但是，用机器语言编写程序的难度比较大、容易出错，而且程序的直观性比较差，也不容易移植。

2) 汇编语言

为了便于理解和记忆，人们采用能帮助记忆的英文缩写符号(称为指令助记符)来代替机器语言指令代码中的操作码，用地址符号来代替地址码。例如，ADD 表示加法运算操作码，SUB 表示减法运算操作码。用指令助记符及地址符号书写的指令称为汇编指令，用汇编指令编写的程序称为汇编语言源程序。汇编语言又称为符号语言。

汇编语言也是与具体使用的计算机相关的。由于汇编语言采用了助记符，因此它比机器语言直观，容易理解和记忆。用汇编语言编写的程序也比机器语言程序易读、易检查、易修改。但是，计算机不能直接识别源程序，必须由一种专门的翻译程序将汇编语言源程序翻译成机器语言程序后，计算机才能识别并执行。这种翻译的过程称为“汇编”，负责翻译的程序称为汇编程序。

3) 高级语言

机器语言和汇编语言都是面向机器的语言，一般称为低级语言。低级语言对机器的依赖性太大，用它们开发的程序通用性差，普通的计算机用户也很难胜任这一工作。

随着计算机技术的发展以及计算机应用领域的不断扩大，从 20 世纪 50 年代中期开始逐步发展了面向问题的程序设计语言，称为高级语言。高级语言与具体的计算机硬件无关，描述问题采用接近于数学语言或人的自然语言，人们易于接受和掌握。用高级语言编写程序要比用低级语言容易得多，并大大简化了程序的编制和调试过程，使编程效率得到了大幅提高。高级语言的显著特点是独立于具体的计算机硬件，通用性和可移植性好。

用任何一种高级语言编写的程序(称为源程序)都要通过编译程序翻译成机器语言程序(称为目标程序)后计算机才能执行，或者通过解释程序边解释边执行。

1.2　C 语言发展概述和主要特点

1.2.1　C 语言的发展历史

C 语言是国际上广泛流行的一种计算机高级语言。用 C 语言既可以编写系统软件，也可以编写应用软件。

C 语言是在 1972—1973 年间由美国贝尔实验室的 D. M. Ritchie 和 K. Thompson 以及英国剑桥大学的 M. Riohards 等为描述和实现 UNIX 操作系统而设计的。UNIX 操作系统源代码的 90%以上是用 C 语言编写的。UNIX 操作系统的一些主要特点，如易于理解，便于修改，具有良好的可移植性等，在一定程度上都受益于 C 语言，所以 UNIX 操作系统的成功与 C 语言是密不可分的。

最初的 C 语言附属于 UNIX 操作系统环境，而它的产生却可以更好地描述 UNIX 操作系统。时至今日，C 语言已独立于 UNIX 操作系统，成为微型、小型、中型、大型和超大型(巨型)计算机上通用的一种程序设计语言。D. M. Ritchie 和 K. Thompson 也以他们在 C 语言和 UNIX 操作系统方面的卓越贡献获得了很高的荣誉。1982 年，他们获得了《美国电子学杂志》颁发的成就奖，成为该奖自设立以来首次因软件工程成就而获奖的获奖者。1983 年，他们又获得了计算机界的最高荣誉奖——图灵奖。1989 年，ANSI(American National Standards Institute，美国国家标准研究所)发布了第一个完整的 C 语言标准——C89，人们习惯称其为“ANSI C”，C89 在 1990 年被 ISO(International Organization for Standardization，国际标准化组织)一字不改地采纳，所以也有“C90”的说法。1999 年，在做了一些必要的修改和完善之后，ISO 发布了新的 C 语言标准——C99。

随着计算机应用领域的不断扩展和深入，作为人与计算机进行信息交流工具之一的 C 语言同样得到了迅速的发展。C 语言最初只是为描述和实现 UNIX 操作系统而提出的一种程序设计语言，后来作为风靡全球的面向过程的计算机程序设计语言，用在大、中、小及微型机上。C++是在 C 语言的基础上发展起来的程序设计语言，它是一种多范型程序设计语言，用户不仅可以用其编写面向对象的程序，还可以用其编写面向过程的程序。随后 Sun 公司和 Microsoft 公司又相继推出了 Java 和 C#语言。目前正在流行的面向对象的程序设计语言 C++、Java 和 C#即将形成三足鼎立之势，极力挤压其他语言的空间。在此种情况下，C 语言的空间变得越来越小，但可以说 C 语言是 C++、Java 和 C#语言的基础，还有很多专用语言也学习和借鉴 C 语言，如进行 Web 开发的 PHP 语言，进行仿真的 MATLAB 的内嵌语言等。学好 C 语言对以后再学习其他程序设计语言大有帮助。计算机技术发展很快，唯有掌握最基础的，才能以不变应万变。所以，C 语言是很受人们欢迎的一种程序设计语言。

1.2.2　C 语言的主要特点

C 语言的优点如下。

(1)基本组成部分紧凑简洁。C 语言只有 32 个标准关键字、44 个标准运算符及 9 条控制语句，不但语言的组成精练、简洁，而且使用方便、灵活。

(2)运算符丰富，表达能力强。C 语言具有高级语言和低级语言的双重特点，其运算符包含的内容广泛，所生成的表达式简练、灵活，有利于提高编译效率和目标代码的质量。

(3)数据结构丰富，结构化强。C 语言提供了编写结构化程序所需要的各种数据结构和控制结构，这些丰富的数据结构和控制结构及以函数调用为主的程序设计风格，保证了利用 C 语言所编写的程序能够具有良好的结构化。

(4)具有结构化的控制语句。例如，if-else 语句、switch 语句、while 语句、do-while 语句、for 语句。用函数作为程序模块以实现程序的模块化，是结构化的理想语言，符合现代编程风格。

(5)提供了某些接近汇编语言的功能，有利于编写系统软件。C 语言提供的一些运算和操作，能够实现汇编语言的一些功能，如直接访问物理地址、进行二进制位运算等，这为编写系统软件提供了方便。

(6)程序所生成的目标代码质量高。用 C 语言编写的程序(以下简称 C 程序)所生成的目标代码效率仅比用汇编语言描述同一个问题低 20%左右。

(7)程序可移植性好。C 语言所提供的语句中，没有直接依赖于硬件的语句，与硬件有关的操作，如数据的输入、输出等都是通过调用系统的库函数来实现的，而库函数本身不是 C 语言的组成部分。因此，C 程序可以很容易地从一种计算机环境移植到另一种计算机环境中。

C 语言的缺点：运算符的优先级较复杂，不容易记忆；由于语法限制不太严格，增强程序设计灵活性的同时，在一定程度上也降低了某些安全性，因此对程序设计人员提出了更高的要求。

1.3 C 程序设计方法

1.3.1 C 程序的基本结构

在使用 C 语言编写程序时必须按其规定的格式和提供的语句进行编写。下面通过简单的例子介绍 C 程序的基本结构。

例 1-1 编程实现：输出“Hello World!”。

参考程序如下：

```
#include "stdio. h"
void main()
{
    printf("Hello World!");
}
```

例 1-2 编程实现：从键盘上读入两个整数，计算这两个整数之和并显示出来。

参考程序如下：

```
#include"stdio. h"
void main()
{
    int a,b,sum;                        /*定义变量 a,b,sum*/
    printf("Enter two numbers:");
    scanf("% d% d",&a,&b);              /*调用函数输入 a,b 的值*/
    sum=a+b;
    printf("The sum is % d\n",sum);     /*调用函数输出 sum 的值*/
}
```

例 1-3　编程实现：从键盘上读入两个整数，求出其中最大的数并显示。

```
#include "stdio. h"
void main()
{
    int a,b,c;
    printf("Enter two numbers:");
    scanf("% d% d",&a,&b);
    c=max(a,b);
    printf("The max is % d\n",c);
}
int max(int x,int y)                    /*函数定义*/
{
    int z;
    if(x>y)z=x;
    else z=y;
    return z;
}
```

从以上的程序例子中可以看出 C 程序的构成规则：

(1)C 程序由一个或多个函数构成，其中有且仅有一个主函数 main( )。C 程序的执行总是从主函数开始，并在主函数中结束。

(2)函数体是由花括号{ }括起来的部分。

(3)C 程序中的每个语句都以“;”结束。

(4)C 程序书写格式自由，一行内可以写一个语句，也可以写多个语句。

(5)#include 是编译预处理命令，其作用是将由双引号或尖括号括起来的文件内容读入该命令位置处。对于输入输出库函数一般需要使用#include 命令将“stdio. h”文件包含到源文件中。#include 命令的使用方法将在第 6 章介绍。

(6)可用/ * … * /对 C 程序中的任何部分作注释。

(7)C 程序中所有变量都必须先定义类型，再使用。

(8)C 程序严格区分大小写字母，程序代码习惯使用小写字母，所有的关键字都必须用小写字母。

(9)C 程序通过函数之间的相互调用来实现相应的功能。函数既可以是系统提供的库函数(标准函数)，也可以是根据问题的需要用户自己定义的函数。

(10)编写程序要规范，培养良好的程序设计风格，最好采用缩进对齐的书写格式。

1.3.2 C 程序设计步骤

C 程序设计的一般步骤如下。

1）设计算法

针对具体的问题，分析、建立解决问题的物理或数学模型，并将解决方法采用某种方式描述出来，为 C 程序设计打下良好基础。

2）编辑

使用一个文本编辑器编辑 C 语言源程序，并将其保存为文件扩展名为“.C”的文件。

3）编译

编译就是将编辑好的 C 语言源程序翻译成二进制目标代码的过程。编译过程由 C 语言编译系统自动完成。编译时首先检查源程序的每一条语句是否有语法错误，当发现错误时，就在显示器上显示错误的位置和错误类型信息。此时，要再次调用编辑器进行查错并修改。然后再进行编译，直到排除所有的语法错误。正确的源程序文件经过编译后，就会在磁盘上生成同名的目标文件（扩展名为“.obj”）。

4）连接

连接就是将目标文件和库函数等连接在一起形成一个扩展名为“.exe”的可执行文件。如果函数名称写错或漏写包含库函数的头文件，则可能出现提示错误的信息，从而获得程序错误提示信息。

5）执行

可执行文件可以脱离 C 语言编译系统，直接在操作系统下运行。若运行程序后达到预期的目的，则 C 程序的开发工作到此完成，否则要进一步修改源程序，重复编辑→编译→连接→运行的过程，直到取得正确结果为止。这一过程如图 1-2 所示。

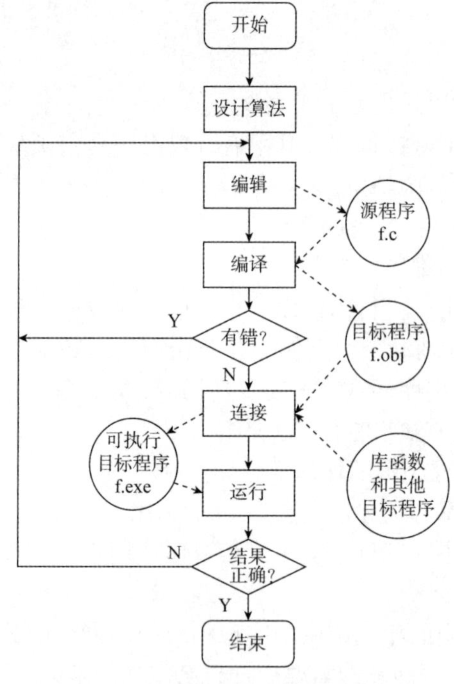

图 1-2　C 程序设计的一般步骤

1.4　Microsoft Visual C++集成开发环境简介

对于C程序的源代码编辑、编译、连接和运行测试维护等步骤，许多C语言工具软件商都提供了各自的集成开发环境(Integrated Development Environment, IDE)用于程序的一体化操作。集成开发环境又称编程环境，是每个C程序学习者都必须要掌握的开发工具。目前高校中用于在DOS、Windows平台上进行C语言教学的IDE中比较流行的有Turbo C 2.0、Microsoft Visual C++ 6.0、Microsoft Visual C++ 2010及WIN-TC1.9.1等。本书介绍Microsoft Visual C++ 6.0及全国计算机等级考试采用的集成开发环境Microsoft Visual C++ 2010。

1. Visual C++ 6.0

Visual C++是Microsoft公司推出的目前使用极为广泛的基于Windows平台的可视化编程环境。Visual C++ 6.0是在以往版本不断更新的基础上形成的，由于其功能强大、灵活性好、完全可扩展及具有强有力的Internet支持，因此在各种C/C++语言开发工具中脱颖而出，成为目前较为流行的C/C++语言集成开发环境。

Visual C++对C/C++应用程序是采用文件夹的方式来管理的，即一个C程序的所有源代码、编译的中间代码、连接的可执行文件等内容均放置在与程序同名的文件夹及其"debug"(调试)或"release"(发行)子文件夹中。因此，在用Visual C++进行应用程序开发时，一般先要创建一个工作文件夹，以便集中管理和查找。

下面以前面介绍的简单C程序为例来说明在Visual C++ 6.0中编辑、编译、连接和运行的一般过程。

1)创建工作文件夹

创建Visual C++ 6.0的工作文件夹，其路径可以设为"D:\C程序"，以后所有创建的C程序都将保存在此文件夹下。

2)启动Visual C++ 6.0

选择"开始"→"程序"→Microsoft Visual Studio 6.0→Microsoft Visual C++ 6.0命令，运行Visual C++ 6.0。第一次运行时，将显示"每日提示"对话框，如图1-3所示。单击"下一条"按钮，可看到操作提示。如果单击"启动时显示提示"复选框，去除复选框中的选中标记"√"，那么下一次运行Visual C++ 6.0时将不再出现此对话框。单击"关闭"按钮关闭此对话框，进入Visual C++ 6.0开发环境。

3)添加C语言源程序

(1)单击标准工具栏上的"新建"按钮，打开一个新的文档窗口，在这个窗口中输入前面例1-2中的C程序代码。

(2)选择"文件"→"保存"菜单命令或按快捷键<Ctrl+S>或单击标准工具栏的按钮，弹出"保存为"文件对话框。将文件定位到"D:\C程序"文件夹中并保存，文件名指定为"ex_1.c"(注意扩展名".c"不能省略)。

此时，在文档窗口中所有代码的颜色都将发生改变，这是Visual C++ 6.0的文本编辑器所具有的语法颜色功能，绿色表示注释，蓝色表示关键字等，如图1-4所示。

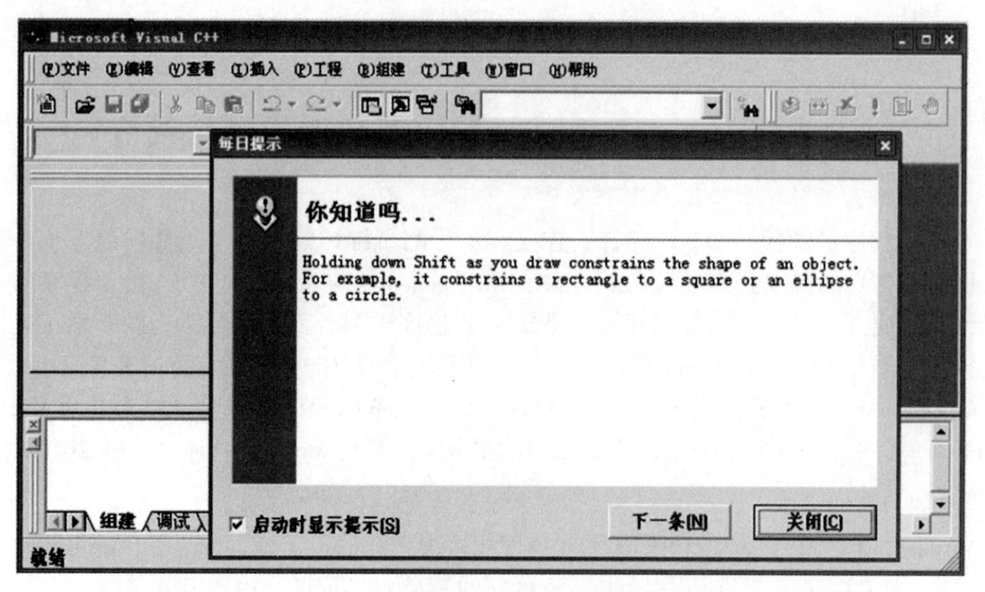

图 1-3　Visual C++ 6.0 启动界面

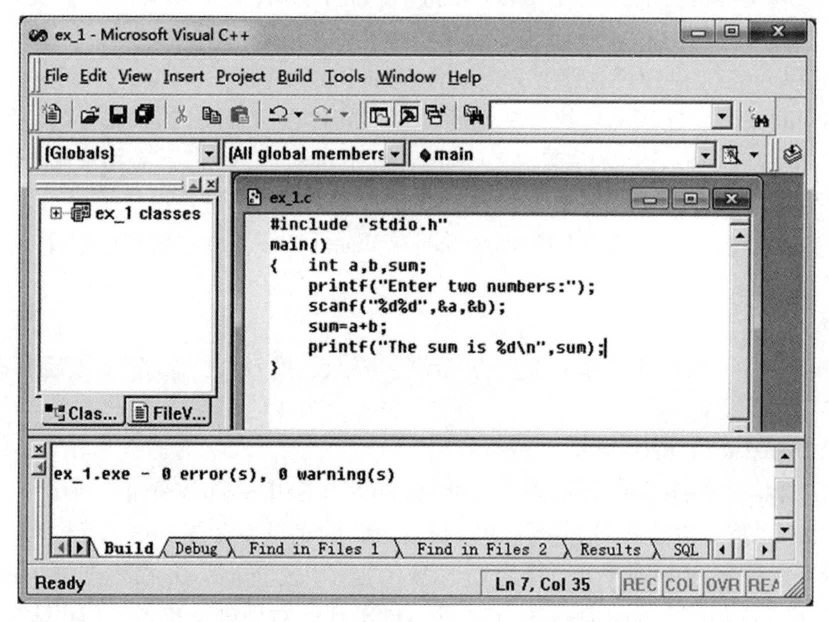

图 1-4　源程序输入、编译和运行窗口

4)编译和运行

(1)单击编译工具栏上的"组建"按钮或直接按快捷键<F7>，系统会弹出一个对话框，询问是否为该程序创建默认的活动工作区间文件夹，单击"是"按钮，系统开始对源程序 ex_1. c 进行编译、连接，同时在输出窗口中显示有关信息。如果出现错误提示，要根据错误提示信息修改源程序 ex_1. c 的错误，再单击"组建"按钮，直到出现"ex_1. exe-0 error(s)，0 warning(s)"表示可执行文件 ex_1. exe 已经正确无误地生成了。如图 1-4 所示。

(2)单击编译工具栏上的"执行程序"按钮 ! 或直接按快捷键<Ctrl+F5>，运行刚刚生成的 ex_1. exe，弹出如图 1-5 所示的控制台窗口。

此时等待用户输入两个数。当输入“10　20”并按<Enter>键后，控制台窗口如图 1-6 所示。其中，“Press any key to continue”是 Visual C++自动加上去的，表示 ex_1 运行后，按任意键将返回到 Visual C++开发环境。

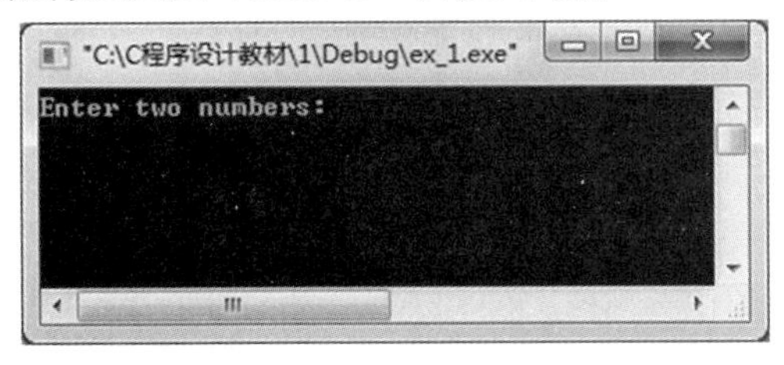

图 1-5　执行程序的控制台窗口

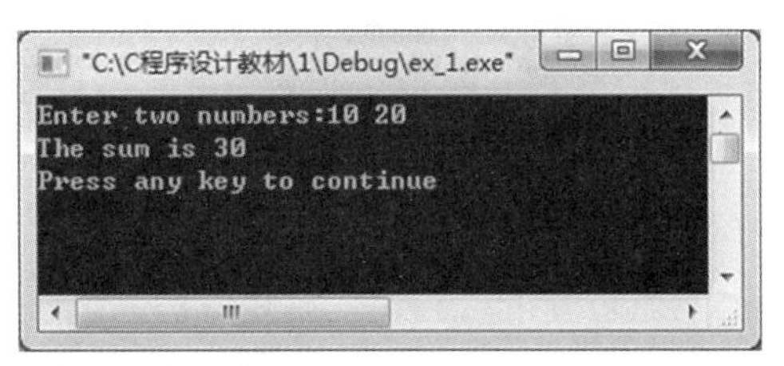

图 1-6　输出结果的控制台窗口

对于一个已经存在的 C 语言源程序，可以在 Visual C++ 6.0 集成开发环境下，使用“文件”菜单下的“打开”命令，选择要打开的源程序文件，再单击“打开”按钮，进入图 1-4 所示的界面，然后进行编译、连接和运行即可。

2. Microsoft Visual C++ 2010

Microsoft Visual C++ 2010 是微软公司继 Visual C++ 6.0 之后新设计的集成开发环境，它更加支持 C++标准规范。下面以一个输出“HelloWorld”的 C++程序为例介绍 Microsoft Visual C++ 2010 的学习版的使用方法。

1）使用 Microsoft Visual C++ 2010 创建项目

创建项目的过程非常简单，首先启动 Visual Studio 2010 开发环境，单击“开始”→“所有程序”→Microsoft Visual C++ 2010 Express 命令，进入 Visual C++ 2010 “起始页”界面，如图 1-7 所示。

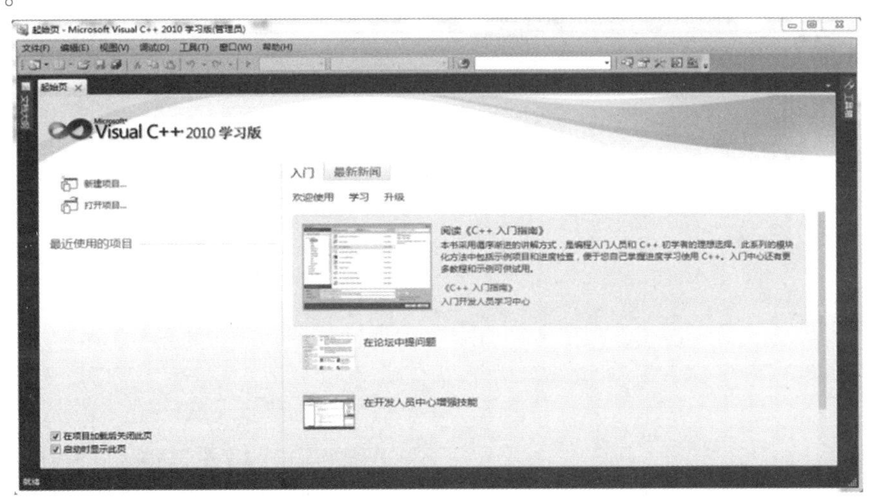

图 1-7　Microsoft Visual C++ 2010“起始页”界面

进入 Visual C++ 2010“起始页”界面之后，可以通过两种方法创建项目：一种是单击“文件”→“新建”→“项目”命令；另一种是单击“起始页”中的“新建项目”链接。选择其中一种方法创建项目，将弹出如图 1-8 所示的“新建项目”对话框。

在图 1-8 中左侧的“已安装的模板”列表框中选择 Visual C++→Win32 选项，再在中间窗格中选择“Win32 控制台应用程序”，接着用户可对所要创建的项目进行命名、选择保存的位置（用户可以单击“浏览”按钮设置项目保存的位置）、设定是否创建解决方案目录。在命名时可以使用用户自定义的名称，也可使用默认名。需要注意的是，解决方案名称与项目名称一定要统一，本例中输入名称“HelloWorld”，单击“确定”按钮，弹出如图 1-9 所示的“Win32 应用程序向导-HelloWorld”界面。

图 1-8　“新建项目”对话框

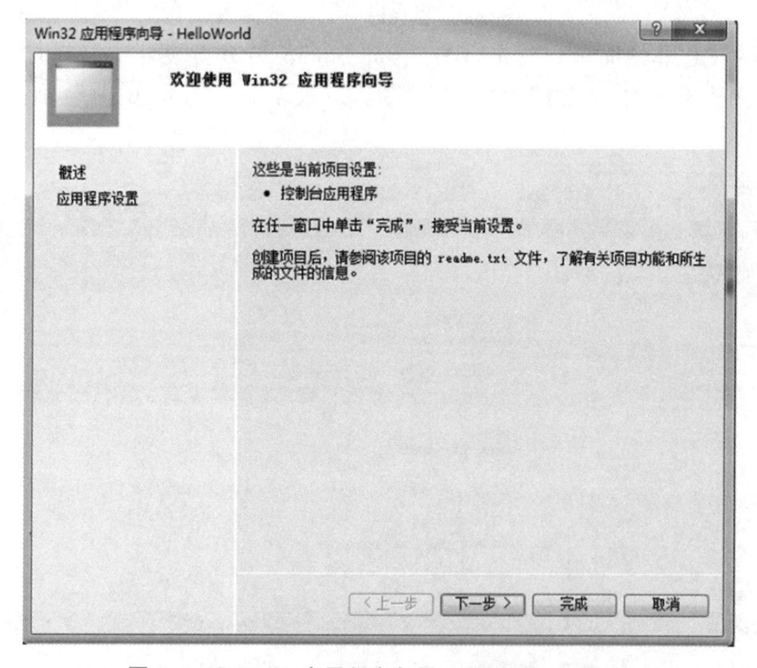

图 1-9　“Win32 应用程序向导-HelloWorld”界面

在图 1-9 所示的界面中，单击“下一步”按钮，可进行详细设置，通常选择默认设置即可，单击“完成”按钮，可完成解决方案 HelloWorld 项目的创建，如图 1-10 所示。

在图 1-10 的解决方案资源管理器中，左边显示了本程序所有包含和依赖的头文件中所保存的函数、变量的声明，并为相对应的源文件提供函数、变量的实现。该项目的入口在 HelloWorld. cpp 这个源文件中，因为它包含了程序的入口主函数 main( )。

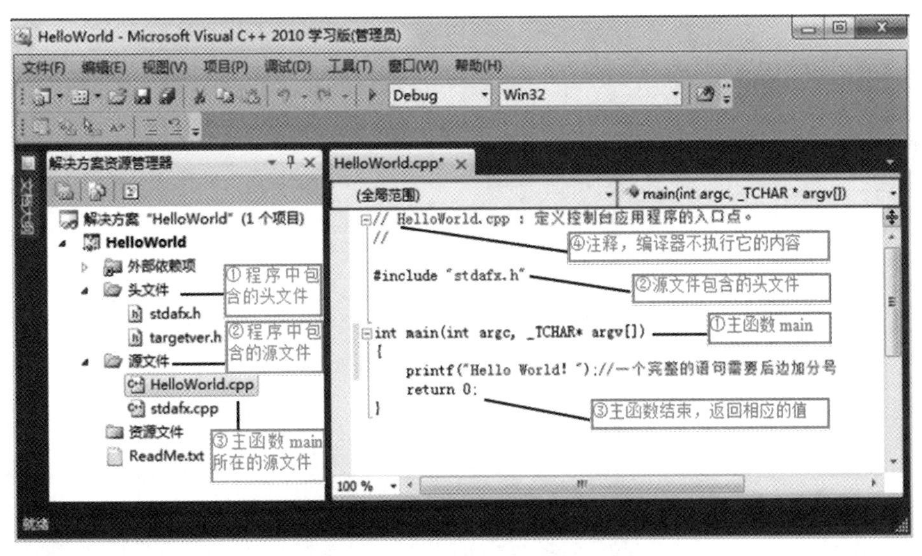

图 1-10　解决方案资源管理器

C++程序的入口是 main( ) 函数，控制台应用程序也可以用_tmain( ) 函数作为入口。为保持一致，以后把_tmain( ) 函数改为 main( ) 函数。但无论用哪个，编译器都会找到它并把它作为入口使用。在这个源文件中包含一个头文件 stdafx. h，它由编译器生成，其中包含了项目中常用的头文件。在主函数 main( ) 中输入“printf(“Hello World!”);”，主函数中执行 return 语句表示函数结束，返回相应的值，程序结束。双斜杠(//)后边的绿色文字代表注释，程序运行时，注释不会被编译器当成代码，只对程序起到解释和说明的作用。

2) 调试和运行程序

“调试”菜单中的“启动调试”和“开始执行(不调试)”命令分别用于调试和运行程序。“启动调试”命令执行时会查找程序中的错误，并在设置的断点处进行停留；“开始执行(不调试)”命令执行时不进行调试，而是直接运行程序，当程序遇到编译错误时，执行失败。“调试”菜单如图 1-11 所示。

当“调试”菜单中没有“开始执行(不调试)”命令时，可采用下述方法在工具栏中添加“开始执行(不调试)”按钮：单击菜单栏上的“视图”命令，在下拉菜单中选择“工具栏”命令，在级联菜单中选择“生成”选项。此时，将在工具栏中出现“生成”工具栏，可拖动该工具栏上的移动条改变其位置，将光标指向“生成”工具栏的右下角的“箭头”图标，出现“生成工具栏选项”的提示。单击该“箭头”图标，出现“添加或删除按钮”命令项，在级联菜单中选择“自定义”选项，出现“自定义”对话框，在“命令”选项卡中单击“添加命令”按钮，在弹出的“添加命令”对话框中，“类别”选择“调试”，“命令”选择“开始执行(不调试)”，单击“确定”按钮。在“生成”工具栏中会出现“开始执行(不调试)”命令按钮。

单击“调试”菜单中的“开始执行(不调试)”命令或工具栏上的“开始执行(不调试)”按钮或按快捷键<Ctrl+F5>，程序执行后会出现程序执行结果窗口。

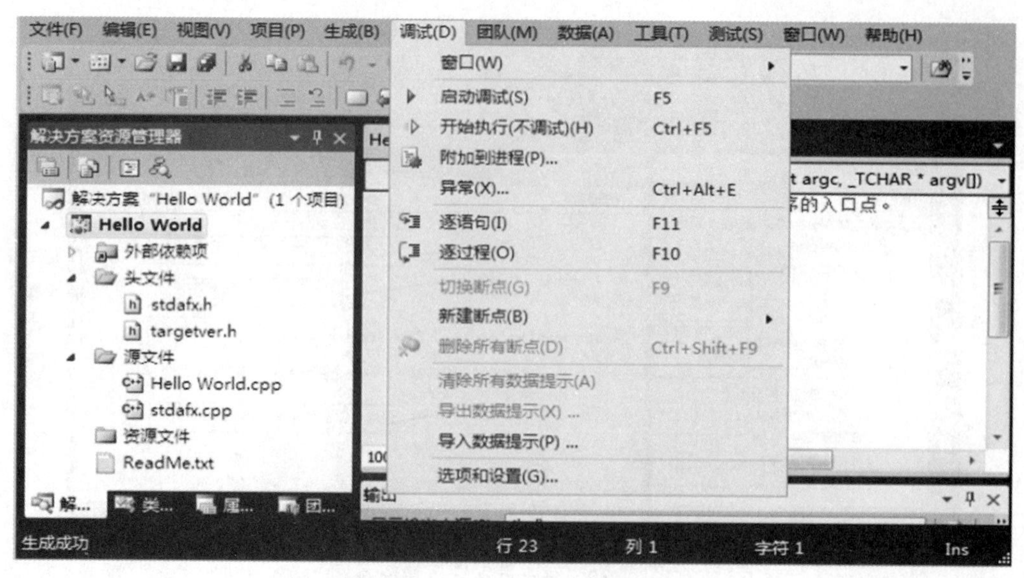

图 1-11 “调试”菜单

本章小结

本章介绍了程序、程序设计及程序设计语言的基本概念；明确了程序可以指挥计算机做各种事情，但是计算机不能直接读懂高级语言，必须由编译器或者解释器把高级语言翻译成计算机可以读懂的机器语言；介绍了C语言的发展历史及特性，C程序的基本结构；详细介绍了Visual C++ 6.0集成开发环境的应用，以及编辑、编译、连接和运行C程序的基本方法和步骤。

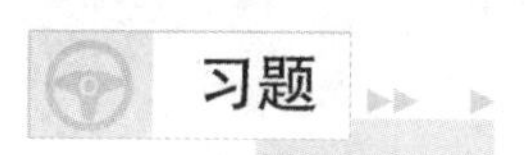

习题

一、填空题

1. 一个C程序必须有且只有一个________，一个C程序必须从________开始执行。

2. C语言中分号是语句的________标志，而不是语句的分隔符。

3. C语言源程序文件名的后缀是________；经过编译后，生成文件的后缀是________；经过连接后，生成文件的后缀是________。

二、简答题

1. 简述C语言的主要特点。

2. 程序设计语言分几类，C语言属于哪一类？

3. 构成C程序的基本单位是什么？它由哪几部分组成？

4. 简述C程序调试、运行的步骤。

三、编程题

1. 编写一个C程序，输出以下信息：

```
**********
verygood!
**********
```

算法提示：

(1) 输出 10 个星号组成的字符串，换行。

(2) 输出“verygood!”，换行。

(3) 输出 10 个星号组成的字符串，换行。

2. 编写一个 C 程序：输入长方形的两个边长，输出其面积。

算法提示：

(1) 申请 3 个内存单元分别用 a、b 和 s 表示，用来存放数据。

(2) 读入长方形的两条边，存入 a 和 b 中。

(3) 求长方形的面积，将值存入 s 中，输出 s 的值。

第2章　数据类型、运算符与表达式

教学目标

掌握C语言基本数据类型、变量定义和使用方法，C语言常用运算符及由运算符构成的表达式的运算规则。

本章要点

- 基本数据类型及变量定义和使用
- 运算符及表达式

数据和操作是构成程序的两个要素，正如计算机科学家尼古拉斯·沃斯提出的：数据结构+算法=程序。数据是程序加工处理的对象，也是加工的结果，它是程序设计中所要涉及和描述的主要内容，包括数据结构、数据的表示范围、数据在内存中的存储分配等，这就是数据类型。在学习程序设计的过程中，将要不断地与数据类型打交道。数据类型除了决定数据的存储形式及取值范围，还决定了数据能够进行的运算。例如，写程序时如何写出所需表达式？C语言对各种数据的表达有什么规定？在表达式里可以写什么？它们表示什么意思？写出的表达式表示了什么计算过程？有关计算的结果是什么？解决这些问题需要学习并掌握C语言的基本数据类型，各种运算符、表达式以及运算时的相关规则。

案例引入

求圆的周长和面积

案例描述

根据圆的半径计算圆的周长和面积。

案例分析

本案例在算法上很简单，但是如果用C程序实现，对于初学者来说，需要考虑以下几个问题。

(1)解决问题需要定义的数据个数、类型及符号表示。

问题中涉及圆的半径、周长和面积，因此，需要定义 3 个数据。由于在计算周长和面积时都要用到的圆周率是个小数，所以结果也都是小数(实数)，需要定义为实数类型，半径没有说明，定义成整数或者实数类型都可以。这 3 个数据用符合 C 语言规则的符号表示，称为变量。

(2)求解表达式的使用。

完成数据定义后，半径可以直接赋值，然后代入公式进行计算。计算过程中需要使用数据和运算符号构成表达式，并将结果赋值给表示周长和面积的变量。

(3)程序最后将得到的结果利用输出函数进行显示。

案例实现

案例设计

(1)定义整型变量 r 和实型变量 a、c，用于存放输入的半径和输出的面积、周长。

(2)为半径 r 赋值。

(3)求出面积和周长。

(4)输出结果。

案例程序

```
#include <stdio. h>
void main()
{
    int r;                                   /*定义半径 r 是整数类型*/
    float c,a;                               /*定义周长 c 和面积 a 是实数类型*/
    r=5;                                     /*为半径 r 赋值*/
    c=2*3. 14159*r;                          /*计算周长和面积*/
    a=3. 14159*r*r;
    printf("周长:% f,面积:% f\n",c,a);        /*输出周长和面积结果*/
}
```

程序运行结果

程序运行结果如图 2-1 所示。

图 2-1　案例“求圆的周长和面积”程序运行结果

2.1 基本标识符

简单地说，标识符就是一个名字。用来表示程序中用到的变量、函数、类型、数组、文件及符号常量等的名称。例如，每个人的姓名就是每个人所对应的标识符。C 语言中的标识符可以分为 3 类：关键字、预定义标识符和用户定义标识符。

2.1.1 关键字

关键字又称保留字，是 C 语言规定的具有特定意义的标识符。它们在程序中都代表着固定的含义，不能另作他用。C 语言中共有 32 个关键字(见附录Ⅱ)，分为以下 4 类。

(1)标识数据类型的关键字(14 个)：int、long、short、char、float、double、signed、unsigned、struct、union、enum、void、volatile、const。

(2)标识存储类型的关键字(5 个)：auto、static、register、extem、typedef。

(3)标识流程控制的关键字(12 个)：goto、return、break、continue、if、else、while、do、for、switch、case、default。

(4)标识运算符的关键字(1 个)：sizeof。

2.1.2 预定义标识符

预定义标识符是一类具有特殊含义的标识符，用于标识库函数名和编译预处理命令。系统允许用户把这些标识符另作他用，但这将使这些标识符失去系统规定的原意。为了避免误解，建议不要将这些预定义标识符另作他用。C 语言中常见的预定义标识符有以下几种。

(1)编译预处理命令：define、endef、include、ifdef、ifndef、endif、line、if、else 等。

(2)标准库函数。

①输入/输出函数：scanf、printf、getchar、putchar、gets、puts 等。

②数学函数：sqrt、fabs、sin、cos、pow 等。

2.1.3 用户定义标识符

用户定义标识符是程序员根据自己的需要定义的用于标识变量、函数、数组等的一类标识符。用户在定义标识符时应遵守 C 语言中标识符的命名规则：

(1)标识符只能由英文字母、数字、下划线组成，且不能由数字开头，一般不超过 8 个字符；

(2)标识符区分大小写字母；

(3)不能和 C 语言中的关键字同名；

(4)应当尽量遵循“简洁明了”和“见名知意”的原则。

例如，以下标识符是合法的：

a、abc、x1、student32、_2a、_sun、Football、FOOTBALL

以下标识符是非法的：

32student、Foot-ball、s. com、a&b、for

2.2　C 语言的数据类型

数据是操作的对象，而数据类型是指把待处理的数据对象划分成一些集合，属于同一集合的各数据对象都具有同样的性质，可以对它们进行同样的操作。

2.2.1　数据类型概述

在 C 程序中，每个数据都属于一个确定的、具体的数据类型。不同类型的数据在数据表示形式、合法的取值范围、占用存储空间的大小及可以参与运算的种类等方面是不同的。C 语言的数据类型(Data Type)如图 2-2 所示。

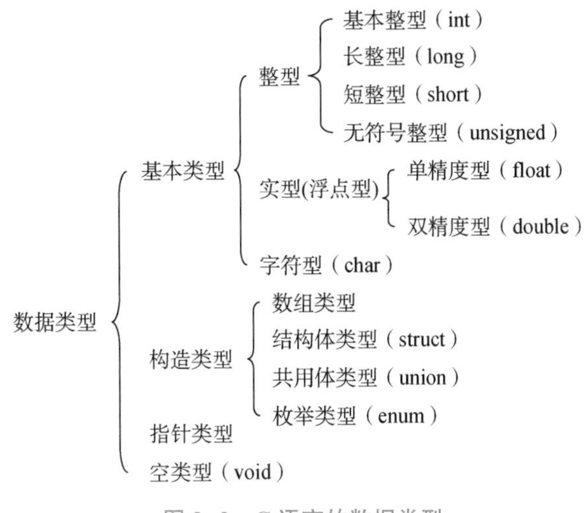

图 2-2　C 语言的数据类型

本章主要介绍基本数据类型，其他数据类型在以后的章节中陆续介绍。

2.2.2　C 语言的基本数据类型

C 语言的基本数据类型有 3 种：整型、实型、字符型。表 2-1 列出了 C 语言基本数据类型的说明、内存单元数(字节数)和取值范围。

表 2-1　C 语言基本数据类型描述

类型	说明	内存单元数(字节数)	取值范围
int	整型	4(32 位)	-2 147 483 648~2 147 483 647，-2^{31}~$(2^{31}-1)$
unsigned int	无符号整型	4(32 位)	-2 147 483 648~2 147 483 647，-2^{31}~$(2^{31}-1)$

续表

类型	说明	内存单元数（字节数）	取值范围
signed int	有符号整型	4(32 位)	-2 147 483 648～2 147 483 647，$-2^{31}\sim(2^{31}-1)$
short int	短整型	2(16 位)	-32 768～32 767，$-2^{15}\sim(2^{15}-1)$
unsigned short int	无符号短整型	2(16 位)	0～65 535，$0\sim(2^{16}-1)$
signed short int	有符号短整型	2(16 位)	-32 768～32 767，$-2^{15}\sim(2^{15}-1)$
long int	长整型	4(32 位)	-2 147 483 648～2 147 483 647，$-2^{31}\sim(2^{31}-1)$
unsigned long int	无符号长整型	4(32 位)	0～4 294 967 295，$0\sim(2^{32}-1)$
signed long int	有符号长整型	4(32 位)	-2 147 483 648～2 147 483 647，$-2^{31}\sim(2^{31}-1)$
float	单精度实型	4(32 位)	-3. 4E-38～3. 4E+38
double	双精度实型	8(64 位)	-1. 7E-308～1. 7E+308
Long double	长双精度实型	16(128 位)	-1. 2E-4 932～1. 2E+4 932
char	字符型	1(8 位)	-128～127，$-2^{7}\sim(2^{7}-1)$
unsigned char	无符号字符型	1(8 位)	0～255，$0\sim(2^{8}-1)$
signed char	有符号字符型	1(8 位)	-128～127，$-2^{7}\sim(2^{7}-1)$

注意：

用不同的编译系统时，具体情况可能与表 2-1 有些差别，如 Visual C++ 6.0 为整型数据分配 4 个字节(32 位)，其取值范围为-2 147 483 648～2 147 483 647。在 Turbo C/Turbo C++中，一个整型变量分配 2 个字节(16 位)，取值范围为-32 768～32 767。读者可以运行例 2-1 程序检测基本数据类型在所使用的编译系统中分配的字节数。程序中使用求字节运算符 sizeof 来测试各种类型数据的字节长度，它有如下两种用法：

```
sizeof(变量名或表达式);
sizeof(类型名);
```

例 2-1 编程实现：求基本数据类型在编译系统中分配的字节数。

参考程序如下：

```
#include<stdio. h>
void main()
{
    printf("数据类型        字节数\n");             /*将双引号中的内容输出*/
    printf("---------       ----------- \n");
    printf("char            %d\n",sizeof(char));    /*以下求各种类型数据所占字节数并输出*/
    printf("int             %d\n",sizeof(int));
    printf("short int       %d\n",sizeof(short int));
    printf("long int        %d\n",sizeof(long int));
    printf("float           %d\n",sizeof(float));
    printf("double          %d\n",sizeof(double));
}
```

程序运行结果如图 2-3 所示。

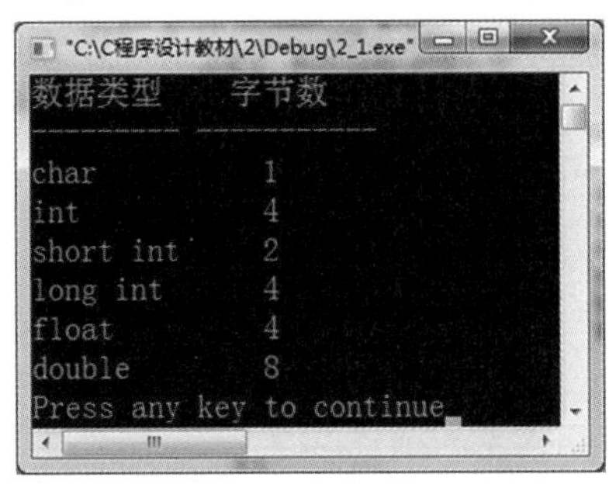

图 2-3　例 2-1 代码运行结果

也可以用 sizeof 得到变量或表达式结果所占内存空间大小(字节数)。例如:

```
int x=3,y=6;
sizeof(x);                    /*计算整型变量 x 所占内存的字节数*/
sizeof(x+y);                  /*计算表达式 x+y 的值所占内存的字节数*/
sizeof(2*8/6.0);              /*计算 2* 8/6.0 的值所占内存的字节数*/
```

2.2.3　数据类型修饰符

在 C 语言中，除了 void 类型，基本数据类型前面可以加 signed(有符号)、unsigned(无符号)、long(长型)、short(短型)，这些类型修饰符可以与 int 或 char 配合使用，如表 2-1 所示。

(1)signed：可以修饰 int、char 基本类型。对 int 型使用 signed 是允许的，但却是冗余的，因为默认的 int 型定义为有符号整数。char 型默认为无符号，而使用 signed 修饰 char，表示有符号字符型。

(2)unsigned：可以修饰 int、char 基本类型。

(3)long：可以修饰 int、double 基本类型。

(4)short：可以修饰 int 基本类型。

当类型修饰符被单独使用(即将其修饰的基本类型省略)时，系统默认其为 int 型，因此下面几种用法是等效的：

signed	等效于	signed int
unsigned	等效于	unsigned int
long	等效于	long int
short	等效于	short int

另外，signed 和 unsigned 也可以用来修饰 long int 和 short int，但是不能修饰 double 和 float。

有符号和无符号整数之间的区别在于怎样解释整数的最高位。对于无符号数，其最高位被 C 程序解释为数据位。而对于有符号数，C 程序将其最高位解释为符号位，符号位为 0，表示该数为正；符号位为 1，则表示该数为负。

2.3 常量和变量

C 语言中每种基本数据类型都有常量和变量两种形式，也是构成表达式的基础。

2.3.1 常量

常量又称常数，是指在程序运行中其值不能被改变的量。

1. 常量类型

常量也有不同的数据类型，如整型常量、实型常量和字符型常量等。在 C 语言中，常量是直接以自身的存在形式体现值和类型的。例如，123、-5 是整型常量，1.5、1.8E-2 是实型常量，'a'、'x'是字符常量，"a"、"C 语言"是字符串常量。

2. 符号常量

在 C 语言中，可以用一个名字(字符序列)来代表一个常量，这种常量被称为符号常量。符号常量命名遵循标识符命名规则。C 语言中定义符号常量的形式如下：

```
#define 符号常量名 常量
```

其中，#define 是宏定义命令的专用定义符，详细用法参见第 6 章。

例如，案例“求圆的周长和面积”中的圆周率就可以通过定义符号常量来表示：

```
#define PI 3.14159
```

其中，PI 为一个符号常量，C 语言编译系统在处理程序时会将程序中全部的 PI 均用 3.14159 代替。案例“求圆的周长和面积”使用符号常量修改后的程序见例 2-2。

例 2-2　编程实现：根据圆的半径，计算圆的周长和面积。

参考程序如下：

```
#define PI 3.14159                        /*定义符号常量 PI*/
#include<stdio.h>
void main()
{
    int r;                                /*定义半径 r 是整数类型*/
    float c,a;                            /*定义周长 c 和面积 a 是实数类型*/
    r=5;                                  /*为半径 r 赋值*/
    c=2*PI*r;                             /*使用符号常量 PI*/
    a=PI*r*r;
    printf("周长:%f,面积:%f\n",c,a);      /*输出周长和面积结果*/
}
```

注意：

(1)符号常量的值不允许改变，企图对符号常量进行赋值的操作是不合法的。若在上例的执行部分加入 PI=3.14 语句，则是错误的。

(2)一般符号常量名习惯用大写，而变量名习惯用小写，以示区别。

使用符号常量的好处如下。

(1)含义清楚。定义符号常量名时尽量做到“见名知意”，从上例 PI 的读音上可以看出它代表圆周率的值。

(2)改变常量时能“一改全改”。上例中圆周率若取 3. 14 时，只需改动定义处#define PI 3. 14 即可。而若未使用符号常量，则需更改程序中每一处圆周率的值。

2. 3. 2　变量

变量是指在程序运行过程中其值可以被改变的量。变量有变量类型、变量名和变量值这 3 个重要概念。变量类型表明变量用来存放什么类型的数据；变量名用来区分并引用不同的变量；变量值是变量在内存中占据一定的内存单元，用来存放可能变化的数值。

1. 变量的定义

变量在使用之前必须先进行定义，即“先定义，后使用”。变量定义的一般形式：

```
<类型说明符>  <变量名表>
```

类型说明符决定了变量的取值范围和占用内存空间的字节数，变量名表是具有同一数据类型变量的集合。例如：

```
int a,b,c;   /* 定义 a,b,c 为整型变量* /
float x,y;   /* 定义 x,y 为单精度型变量* /
```

2. 定义变量的目的

(1)变量定义是为变量指定数据类型。确定变量的数据类型后，在编译时就能为其在内存中分配相应的内存单元。

(2)能保证变量名的正确使用。若已定义好的变量名书写错误，则被视为未定义的变量，在编译时提示错误信息。例如，定义了一个整型变量“int a”，而在执行语句中错误书写为“A=A+1;”，系统会在编译阶段检查出语法错误，并报告错误信息“变量 A 未定义”，以提示用户检查该 A 变量，避免了变量名引用错误。

(3)便于在编译时根据变量的数据类型检查该变量所做的运算是否合法。例如：

```
float a=5. 2,b=3. 1;
int c;
c=a% b;
```

c 被赋值为 a 除以 b 的余数。而求余运算要求操作数必须是整数，这里 a 和 b 是实数，则在编译时会出现错误信息，提示该运算不合法。

3. 定义变量时的注意事项

(1)变量的定义必须在变量使用之前进行，一般放在函数体开头的声明部分。

(2)类型说明符与变量名之间至少要用一个空格分隔开。

(3)允许同时定义同一数据类型的多个变量，各变量名之间用“,”间隔，最后一个变量名之后必须以“;”结束。

4. 变量的赋值与初始化

C 语言中允许在变量定义的同时对变量赋初始值，也称变量的初始化。例如：

```
int a=6;
float b=2.7;
char c='A';
```

变量的初始化不是在编译阶段完成的，而是在程序运行的过程中执行本函数时对其赋以初值的。它相当于一个赋值语句。例如：

```
int a=7,b;
```

相当于

```
int a,b;
a=7;
```

注意：

如果对同一类型的几个变量赋予相同初值，有下面两种方法。

方法一：在定义变量的同时为每个变量单独初始化相同值。例如：

```
int a=3,b=3,c=3;
```

方法二：先定义变量，然后使用赋值语句为几个变量赋值。例如：

```
int a,b,c;
a=b=c=3;                                    /*也可以单独赋值 a=3;  b=3;  c=3;*/
```

不能在定义时连续赋值，如写成“int a=b=c=3;”是错误的。

5. 对变量的基本操作

一个变量可以看成是一个存储数据的容器。有两个对变量的基本操作：一是向变量中存入数据，这个操作被称为给变量“赋值”；二是取得变量当前的值，以便在程序运行过程中使用，这个操作被称为“取值”。例如：

```
int a,b;
a=3;
b=a+2;
```

语句“a=3;”是将 3 赋值给变量 a，即将数值 3 存放到变量 a 对应的内存单元中。语句“b=a+2;”则先将变量 a 的当前值 3 取出，加上 2 得到结果 5，再赋值给变量 b。

2.4　整型数据

整型数据分为整型常量和整型变量两种形式。

2.4.1 整型常量

C 语言中整型常量可用以下 3 种形式表示。

(1)十进制整数：直接以数字开头的十进制数，如 123、-234、0。

(2)八进制整数：以 0 开头，如 065 表示八进制数 65，即$(65)_8$。

(3)十六进制整数：以 0x 开头，如 0xab 表示十六进制数 ab，即$(ab)_{16}$。

2.4.2 整型变量

整型变量可用来存放整型数据。整型变量可以分为基本型、短整型、长整型和无符号型 4 种类型，其定义时的类型说明符如下。

(1)基本型：用 int 表示。

(2)短整型：用 short int 或 short 表示。

(3)长整型：用 long int 或 long 表示。

(4)无符号型。

①无符号整型：用 unsigned int 或 unsigned 表示。

②无符号短整型：用 unsigned short int 或 unsigned short 表示。

③无符号长整型：用 unsigned long int 或 unsigned long 表示。

无符号整型变量将内存单元中的所有二进制位都用来存放数据本身，而没有符号位，即不能存放负数。一个无符号整型变量的取值范围刚好是其有符号数表示范围的上下界绝对值之和。

C 语言标准没有具体规定以上各类数据所占据内存的字节数，各种编译系统在处理上有所不同。一般的原则是，以一个机器字(word)存放一个 int 型数据，而 long 型数据的字节数应不小于 int 型，short 型数据应不长于 int 型。以 PC 为例，整型数据所占位数及数的范围如表 2-1 所示。

整型变量应根据要存放数据的取值范围，将其定义成不同的类型。例如，在 Visual C++ 6.0 环境下，如果一个整型变量取值在-2 147 483 648~2 147 483 647 之间，应该定义为 int 型。对于不可能有负值的整型变量，应该定义为 unsigned 型。

2.5 实型数据

实型数据分为实型常量和实型变量两种形式。

2.5.1 实型常量

实型常量有以下两种表示形式。

(1)十进制数形式，如 5.36、-7.2 等都是十进制形式。

(2)指数形式，如 12 300.0 用指数形式可以表示为 1.23e4，1.23 称为尾数，4 称为指数；0.001 23 用指数形式可以表示为 1.23e-3。

> **注意：**
> 字母 e 或 E 之前(即尾数部分)必须有数字；e 或 E 后面的指数部分必须是整数。

2.5.2 实型变量

在 C 语言中，把带有小数点的数称为实型数。按能够表示数的精度，实型变量又分为单精度实型变量和双精度实型变量，其定义方式如下：

```
float a,b;                    /*单精度实型变量的定义*/
double c,d;                   /*双精度实型变量的定义*/
```

一般系统单精度型数据占 4 个字节，有效位为 6~7 位；双精度型数据占 8 个字节，有效位为 15~16 位；长双精度型数据占 16 个字节，有效位为 18~19 位。

实型常量一般不分 float 型和 double 型，任何一个实型常量既可以赋给 float 型变量，也可以赋给 double 型变量，根据变量的类型来截取相应的有效位数。

2.6 字符型数据

字符型数据分为字符型常量和字符型变量两种形式。

2.6.1 字符型常量

字符型常量是用单引号括起来的单个字符，如'A'、'a'、'2'、'%'等都是有效的字符型常量。一个字符型常量在内存中以其对应的 ASCII(American Standard Code for Information Interchange，美国信息交换标准码)值存放，如在 ASCII 字符集中，字符型常量'0'~'9'的 ASCII 码值是 48~57。显然字符'0'与数字 0 是不同的。

C 语言中还允许使用一种特殊形式的字符型常量，即以反斜杠字符“\”开头的字符序列。例如，前面 printf()函数中的'\n'，就代表一个“回车换行”符。这类字符称为“转义字符”，意思是将反斜杠“\”后面的字符转换成另外的意义。转义字符如表 2-2 所示。

表 2-2 转义字符及其含义

字符形式	含义	ASCII 代码
\n	回车换行	10
\t	横向跳格(Tab)	9
\b	退一格	8
\r	回车	13

续表

字符形式	含义	ASCII 代码
\f	换页	12
\ \	反斜线	92
\'	单引号	39
\"	双引号	34
\ddd	1~3 位八进制数所代表的字符	
\xhh	1~2 位十六进制数所代表的字符	

2.6.2 字符型变量

一个字符型变量用来存放一个字符型常量，在内存中占一个字节。将一个字符型常量赋给一个字符型变量，是将该字符的 ASCII 值放到该变量的存储单元中，因此，字符型数据也可以像整型数据那样使用，可以用来表示一些特定范围内的整数。字符型数据可分为两类：一般字符类型(char)和无符号字符类型(unsigned char)。运行在 PC 及其兼容机上的字符数据的字节长度和取值范围如表 2-1 所示。

注意：一个字符型变量只能存放一个字符型常量，字符型数据可以进行算术运算。

例 2-3　字符型与整型数据的使用。

参考程序如下：

```
#include <stdio. h>
void main()
{
    char c1;
    int c2;
    c1=97;                          /*也可以写成 c1='a';*/
    c2='b';                         /*也可以写成 c2=98;*/
    printf("% c,% c\n",c1,c2);      /*以字符形式输出 c1 和 c2*/
    printf("% d,% d\n",c1,c2);      /*以十进制整数形式输出 c1 和 c2*/
}
```

程序运行结果如图 2-4 所示。

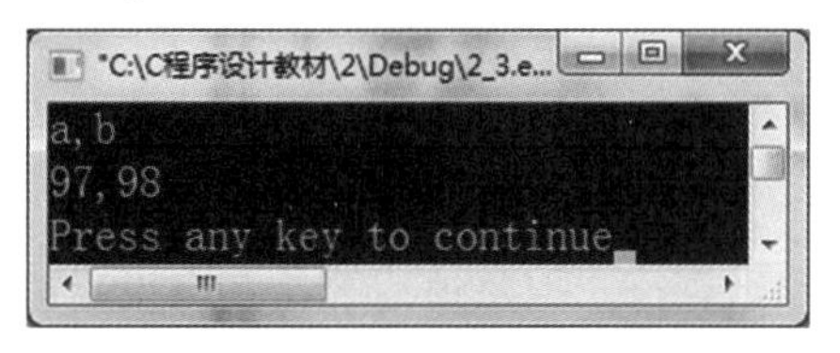

图 2-4　例 2-3 程序运行结果

例 2-4　字符型数据的运算：将小写字母转换为大写。

参考程序如下：

```
#include <stdio. h>
void main()
{
    char c1,c2;
    c1='a';
    c2='b';
    c1=c1- 32;                        /*小写转换成大写*/
    c2=c2- 32;
    printf("% c,% c\n",c1,c2);        /*以字符形式输出 c1 和 c2*/
}
```

程序运行结果如图 2-5 所示。

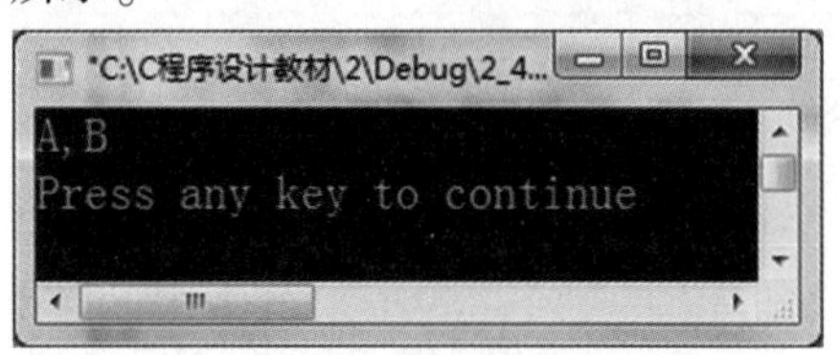

图 2-5　例 2-4 程序运行结果

2.7　运算符与表达式

C 语言的运算符极其丰富，根据运算符的性质分类：算术运算符、赋值运算符、关系运算符、逻辑运算符、条件运算符、逗号运算符、位运算符等。也可根据运算所需对象，即操作数的个数进行分类：只需一个操作数的运算符称为单目运算符(或一元运算符)；需要两个操作数的运算符称为双目运算符(或二元运算符)；需要三个操作数的运算符称为三目运算符(或三元运算符)。

使用运算符时应注意运算符要实现的是什么运算，运算符要求几个运算对象，运算符的优先级如何。

当一个表达式中出现不同类型的运算符时，首先按照它们的优先级顺序进行运算，即先对优先级高的运算符进行计算，再对优先级低的运算符进行计算。当两类运算符的优先级相同时，则要根据运算符的结合性确定运算顺序。结合性表明运算时的结合方向，有两种结合方向：左结合，即从左向右计算；右结合，即从右向左计算。各类运算符的优先级和结合性详见附录Ⅲ。

2.7.1　算术运算符和算术表达式

1. 算术运算符

算术运算符包括基本算术运算符、取负值运算符和自增自减运算符。

1)基本算术运算符

(1)符号：+(加)、-(减)、*(乘)、/(除)、%(取余，模运算)。

它们都是双目运算符，即要求有两个操作数，如 x+y、x%y。

说明：

①两个整型数相除，结果为整数，舍去小数部分。例如，5/3=1，-5/3=-1，采用“向零取整”的方法，即取整后向零靠拢(即向实数轴的原点靠拢)。

②模运算符%要求左右两数必须为整型数据。例如，5%3 的值为 2。

③因为字符型数据在计算机内部是用 ASCII 值表示的，所以字符型数据可以和数值型数据混合运算。

(2)优先级与结合性。和数学一样，C 语言的基本算术运算符在运算时也有优先级高低之分，其遵循的原则是“先乘除，后加减”，结合方向是从左至右。

2)取负值运算符

(1)符号。

-(负号)，它是一元运算符。例如：

```
-x,-y
```

2)优先级。

负值运算的优先级高于基本算术运算符。例如：

```
int a=1,b=2,c=3,x;
x=-a-b*c;
```

运算顺序：先计算-a，然后计算 b＊c，最后计算-a 与 b＊c 的差。

3)自增自减运算符

(1)符号。

++(自增运算符)，--(自减运算符)。说明：

①其操作对象只能是变量，作用是使变量的值增 1 或减 1。

②自增自减运算符既可用于前缀运算，也可用于后缀运算，但其意义不同。例如：

```
++i,--i   /*表示在使用 i 之前,i 值加(减)1*/
i++,i--   /*表示在使用 i 之后,i 值加(减)1*/
```

又如：

```
int a=4,b;
b=++a;          /*执行时 a 先加 1,再将 a 值赋给 b,结果 a=5,b=5*/
int a=4,b;
b=a++;          /*执行时 a 先赋值给 b,然后 a 加 1,结果 a=5,b=4*/
```

(2)优先级与结合性。

自增(++)自减(--)运算符的优先级与取负值运算符(-)相同。结合方向为右结合。下面看一个稍微复杂一点的例子：

```
int m,n=3;
m=-n++;
```

执行表达式后 m 和 n 的值又各为多少呢?

在上面赋值的右侧表达式中，出现了++和-两个运算符，它们都是单目运算符。在 C 语言中，单目运算符的优先级是相同的，这时就要根据它们的结合性来确定运算的顺序，单目运算符都是右结合的，即按自右向左顺序计算。因此，语句

```
m=- n++;
```

相当于

```
m=- (n++);
```

由于运算符++的运算对象只能是变量，不能是表达式，因此不能理解成“m=(-n)++;”，对一个表达式使用增1或减1运算是一个语法错误，也是不合法的。

在表达式“-(n++)”中，++是运算对象n的后缀运算符，因此它表示先使用变量n的值，使用完后再将n的值增1。也就是说，上面这条语句实际上等效于下面两条语句

```
m=- n;
n=n+1;                                  /*执行后,m 值为- 3,n 值为 4*/
```

良好的程序设计风格提倡在一行语句中，一个变量最多只出现一次增1或减1运算。因为过多的增1和减1混合运算，会导致程序的可读性变差。例如：

```
sum=(++a)+(++a);
printf("% d% d% d",a,a++,a++);
```

上面的语句中使用了复杂的表达式，这些表达式在不同的编译环境下会产生不同的结果，即使它们的用法正确，实践中也未必用得到。因此，用这种方式编写程序属于不良的程序设计风格，不建议读者采用。

2. 算术表达式

用算术运算符和括号将运算对象连接起来，称为算术表达式。运算对象可以是常量、变量和函数。例如：

```
a+b*c+(x/y)-10;
a*sin(x)+b*cos(x);
```

2.7.2 赋值运算符与赋值表达式

赋值运算符和赋值表达式是C语言的一种基本运算符和表达式。赋值表达式的作用就是设置变量的值，实际上是将特定的值写到变量所对应的内存单元中去。

1. 赋值运算符

C语言的赋值运算符是“=”，它的作用是将右侧表达式的值赋给左侧的变量。例如：

```
int a,b;
a=7;                                    /*将 7 赋给变量 a*/
b=a+2;                                  /*将表达式 a+2 的值赋给变量 b*/
```

2. 赋值表达式

由赋值运算符将一个变量和一个表达式连接起来的式子称作“赋值表达式”。它的一般形式如下：

```
<变量><赋值运算符><表达式>
```

赋值表达式的求解过程：先计算右侧表达式的值，再将该值赋给左侧的变量。赋值表达

式的值就是被赋值的变量的值。

赋值表达式当中的“表达式”，又可以是一个赋值表达式。例如：

```
a=(b=10);
```

“b=10”是一个赋值表达式，它的值等于10，将该值赋给a，因此a的值及整个赋值表达式的值也是10，即“a=(b=10);”和“a=b=10;”等价。又如：

```
x=5+(y=2);                    /*y 值为 2,x 值为 7,表达式值为 7*/
a=(b=10)/(c=2);               /*b 值为 10,c 值为 2,a 值为 5,表达式值为 5*/
```

3. 复合的赋值运算符

在赋值运算符“=”之前加上其他运算符，可以构成复合的赋值运算符。在C语言中，可以使用的复合赋值运算符有以下10种：

```
+=、-=、*=、/=、%=            /*与算术运算符组合*/
<<=、>>=                      /*与位移运算符组合*/
&=、^=、!=                    /*与位逻辑运算符组合*/
```

注意：

在复合赋值运算符之间不能有空格，如“+=”不能写成“+ =”，否则编译时将提示出错信息。

用复合赋值运算符可以构成复合赋值表达式，其格式如下：

```
<变量><复合赋值运算符><表达式>
```

例如：

“a+=2;”等价于“a=a+2;”

“x*=y+5;”等价于“x=x*(y+5);”

“x%=8;”等价于“x=x%8;”

赋值运算符都是自右向左执行的。C语言采用复合赋值运算符，一是为了简化程序，使程序精练；二是为了提高编译效率。

2.7.3 逗号运算符和逗号表达式

逗号运算符就是常用的逗号“,”操作符。用逗号运算符把多个表达式连接起来就构成逗号表达式。其一般形式如下：

```
表达式 1,表达式 2,表达式 3,……,表达式 n
```

逗号表达式的求解过程：从左到右逐个计算每个表达式，最终整个表达式的结果是最后计算的那个表达式的类型和值，即表达式n的类型和值。

例如，“a=8，a+10;”表示先将8赋给a，然后计算a+10，因此该表达式执行完后，a的值为8，而整个表达式的值为18。

逗号运算符是所有运算符中级别最低的。因此，下面两个表达式的作用是不同的：

```
x=(a=5,a*5);                  /*a 的值为 5,x 的值为 25*/
x=a=5,a*5;                    /*a 的值为 5,x 的值也为 5*/
```

2.7.4 位运算

位运算是指进行二进制位的运算。通过位运算可以实现将一个单元清零、取一个数中某些指定位、对一个数进行循环移位等操作。在 C 语言中，数据占用存储空间的最小单位是字节，一个字节由 8 个二进制位组成。不同类型的数据占用的字节数不同。在计算机中，用二进制表示的一个数，最右边的一位称为“最低位”，最左边的一位称为“最高位”。在用位运算符进行数的运算时，数是以补码的形式参加运算的。用补码表示数时，正数的补码是它本身，负数的补码是最高位(符号位)为 1，其余各位(数值位)先按位取反(即 0 变为 1，1 变为 0)，再在最低位加 1。位运算符主要有 &、| 、~、^、<<、>>。

1. 按位与运算符

按位与运算符为“&”，在进行按位与运算时，对参加运算的两个数据按二进制位进行与运算。运算规则如下：

```
0&0=0,0&1=0,l&0=0,1&1=1
```

例如：

```
         2=00000010
   (&)   7=00000111
   ——————————————
           00000010
```

因此，2&7 的值为 2。参加 & 运算的也可以是负数，如 -2&7，其中 -2 的补码为 11111110(为简便起见，用 8 位二进制表示)，7 的补码为 00000111，按位与的结果为 00000110，即值为十进制数 6。

按位与运算有一个重要特征：任何位上的二进制数只要和 0 相与，则该位被清零(称之为被屏蔽)；和 1 相与，则该位被保留，所谓保留，即维持原状，原来是 0 还是 0，原来是 1 还是 1。

2. 按位或运算符

按位或运算符为“|”，在进行按位或运算时，对参加运算的两个数据，按二进制位进行或运算。运算规则如下：

```
0|0=0,0|1=1,1|0=1,1|1=1
```

例如：

```
         2=00000010
   (|)   7=00000111
   ——————————————
           00000111
```

因此，2|7 的值为 7。又如：

```
        -2=11111110
   (|)   7=00000111
   ——————————————
           11111111
```

因此，-2|7 的值为-1。

3. 按位取反运算符

按位取反运算符为“~”，它是一个单目运算符，运算量写在运算符之后。取反运算符的作用是使一个数据中所有位都取其反值，即0变1，1变0。运算规则如下：

```
~0=1,~1=0
```

例如，~2的值为-3。

4. 按位异或运算符

按位异或运算符为“^”，作用是判断两个数的相应位的值是否“相异”(不同)，若相异，则结果为1，否则为0。运算规则如下：

```
0^0=0,0^1=1,1^0=1,1^1=0
```

例如，2^7的值为5。读者可以按照上面给出的算式形式计算得出。

5. 按位左移运算符

按位左移运算符为“<<”，用来将一个数的各二进制位全部左移若干位，高位左移后溢出，舍弃不起作用，右边(最低位)补0。例如：

```
int a=5,b;
b=a<<2;                                  /*将a左移2位,b的值为20*/
```

左移1位相当于原数乘以2，左移2位相当于原数乘以2^2。上面举的例子中5左移了2位，即5乘了4。左移比乘法运算快得多，但此结论只适用于左移时被溢出舍弃的高位中不包含1的情况。

6. 按位右移运算符

按位右移运算符为“>>”，在右移时，需要注意符号位问题。对无符号数，右移时左边高位移入0。对于有符号的值，如果原来符号位为0(该数为正)，则左边也是移入0。如果原来符号位为1(即负数)，则左边移入0还是1，要取决于所用的计算机系统。有的系统移入0，有的系统移入1。移入0的称为“逻辑右移”，即简单右移。移入1的称为“算术右移”。Visual C++ 6.0采用的是算术右移，有的C语言版本则采用逻辑右移。例如：

```
int a=-5,b;
b=a>>2;                                  /*将a右移2位,左边补1,b的值为-2*/
```

7. 位运算赋值运算符

位运算符与赋值运算符可以组成位运算赋值运算符，共有以下5种：

```
&=、|=、^=、>>=、<<=
```

这5种运算符的用法与复合的赋值运算符相同。例如：

```
a&=b;                                    /*相当于a=a&b;*/
a>>=3;                                   /*相当于a=a>>3;*/
```

8. 不同长度的数据进行位运算

两个长度不同的数据进行位运算时，系统会自动将两者按右端对齐。例如，int型的a(4字节)和short int型的b(2字节)进行按位与运算，如果b为正数，则左侧16位补满0。若b为负数，则左侧16位补满1。如果b为无符号整数，则左侧也是填满0。

2.8 数据类型转换

在 C 语言中，整型、单精度实型、双精度实型和字符型数据可以进行混合运算。字符型数据以 ASCII 值参加运算。例如：

```
5+'a'+3.5-70%'B'
```

是一个合法的运算表达式。在进行运算时，不同类型的数据要先转换成同一类型，再进行运算。在 C 语言中，数据类型转换有 3 种方式：自动转换、赋值转换和强制转换。

2.8.1 自动转换

若在一个表达式中包含有多个不同类型的数据，则在进行运算时，系统会将不同类型的数据按类型提升的规则自动转换成同一类型，再进行运算。数据类型自动转换规则如图 2-6 所示。

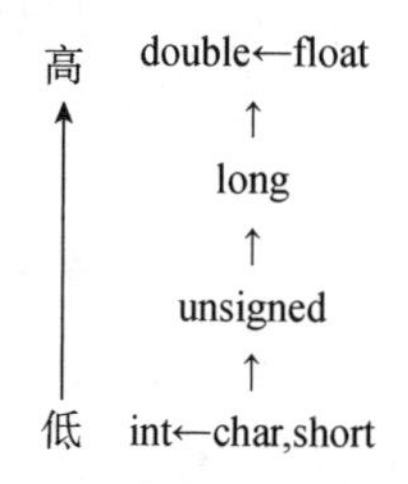

图 2-6 数据类型自动转换规则

首先，所有 char 和 short 值都提升为 int，所有 float 都提升为 double，完成这种转换以后，其他转换将随操作进行。图 2-6 中纵向箭头的方向表示不同类型数据混合运算时的类型转换方向，不代表转换的中间过程。例如，两个操作数进行算术运算，其中一个是 int 型，另一个是 float 型，则 int 型和 float 型操作数都直接转换成 double 型，再进行运算，最后运算结果为 double 型。

2.8.2 赋值转换

如果赋值运算符两边的数据类型不相同，系统将自动进行类型转换。转换规则：把赋值运算符右边表达式的类型转换为左边变量的类型。例如：

```
int a=2.7;                    /*a 值为 2*/
float f=3;                    /*f 值为 3.000000*/
```

赋值转换具体规定如下。

(1)实型赋予整型。将实型数据(包括单、双精度)赋给整型变量时，舍弃实数的小数部分，只保留整数部分，相当于取整运算。

(2)整型赋予实型。整型赋给实型，整型数据的数值不变，但以实型数据形式表示，即增加小数部分，小数部分用0表示。

(3)字符型赋予整型。字符型赋给整型，将字符所对应的ASCII值赋予整型变量。

(4)整型赋予字符型。整型赋给字符型，整型数据的高位字节将被切掉，如果整型数据的值在0~255之间，这样赋值后，不会丢失信息；如果整型数据的值不在0~255之间，则赋值后就会丢失高位字节的信息，只保留整型数据低8位信息。因此，如果编译环境中整数占用4个字节(32位)，则丢失的是整型数据的高24位信息。例如：

```
char c=321;  /*将整数321赋值给字符型变量c,只保留低8位01000001,即十进制数65*/
```

(5)单、双精度实型之间的赋值。

C语言的实型值总是用双精度表示的，如果将float型的变量赋予double型的变量，只是在float型尾部加0延长为double型参加运算，然后直接赋值。如果将double型数据转换为float型，则通过截尾数来实现，截断前要进行四舍五入操作。

一般而言，将取值范围小的类型转换为取值范围大的类型是安全的，而反之则是不安全的，可能会发生信息丢失、类型溢出等错误。因此，选取适当的数据类型，保证不同类型数据之间运算结果的正确性是程序设计人员的责任。

2.8.3　强制转换

运算时可以利用强制转换将一个表达式转换成所需类型。强制转换是一个单目运算符，与其他单目运算符的优先级相同。其一般形式如下：

```
(类型名)(表达式)
```

例如，有如下定义：

```
int a=4,b=7,c;
float x=8.6;
```

则下述表达式运算结果见各自注释：

```
b/a              /*两个整数相除,结果为1*/
(float)b/a       /*将b强制转换成float型,再进行除法运算,结果为1.750000*/
(float)(b/a)     /*将b/a的结果强制转换成float型,结果为1.000000*/
(int)x%a+x       /*计算x%a时将x强制转换成int型8,之后求和运算时x仍是定义时的
                   float型,结果为8.600000*/
```

强制转换得到的是一个所需类型的中间值，原来变量的类型并没有发生任何变化。

2.9　拓展案例

案例2-1　编写程序，为字符加密，加密内容是“hello”。加密方法：用原来字母后面的第3个字母代替原来字母。

案例分析：

(1)根据问题要求，程序开始需要定义 5 个字符型变量，分别存储要加密的 5 个字符，并为其赋值。

(2)进行加密计算。由于字符型数据存储的是其 ASCII 值，可以参与计算，因此将每个字符加 3，就可以得到加密后的字符。

(3)将加密后的字符输出。

案例 2-1　程序及运行结果

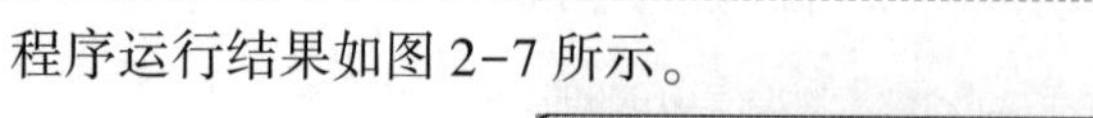
程序运行结果如图 2-7 所示。

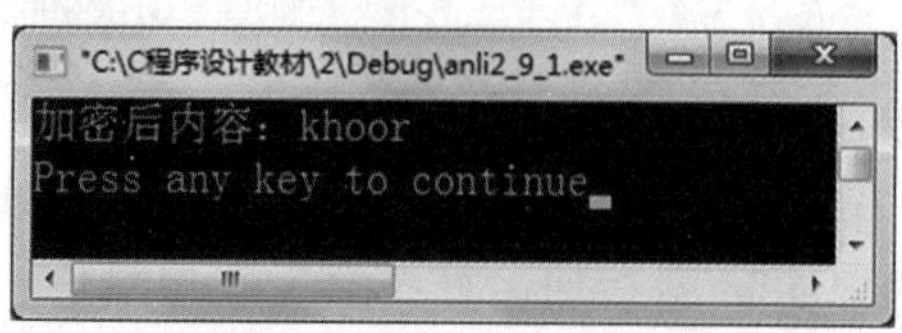

图 2-7　案例 2-1 程序运行结果

案例 2-2　有两个整型变量 a 和 b，其值分别为 2 和 3，编写程序，将两个变量中的数值进行互换。

案例分析：

(1)变量的特点是其值可以被改变，新值会替换原值，所以两个变量的值要互换，需要通过一个中间变量，因此程序中要定义三个整型变量。

(2)两个变量值互换时，先将第一个变量中的值赋给中间变量，然后将第二个变量的值赋给第一个变量，最后将中间变量的值赋给第二个变量，完成交换。

(3)输出交换后两个变量的值。

案例 2-2　程序及运行结果

程序运行结果如图 2-8 所示。

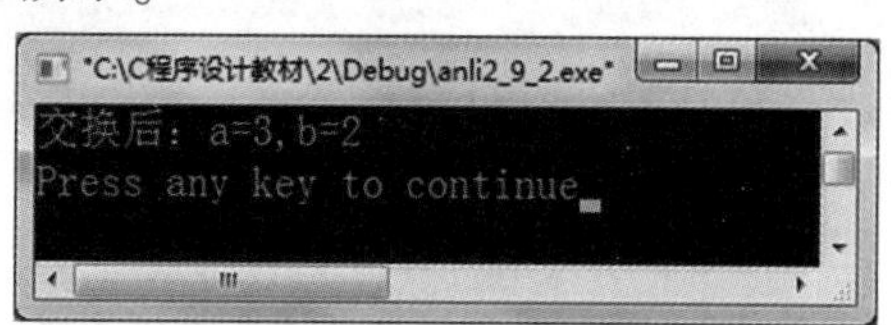

图 2-8　案例 2-2 程序运行结果

本章小结

本章主要介绍了 C 语言的基本数据类型，标识符的命名规则；常量与变量，不同类型变量的定义、赋值及存储空间分配；常用运算符的运算规则、优先级与结合方向；运算符、常量、变量构成表达式完成运算，以及运算时数据类型转换方法。

习题

一、选择题

1. 下列可用作C语言用户标识符的是(　　)。

A. 2a　　B. _0　　C. int　　D. a-1

2. 在C语言中，下列不合法的实型数据是(　　)。

A. 0. 123　　B. 123E3　　C. 2. 5e3. 6　　D. 234. 0

3. 下列选项中，不能作为合法常量的是(　　)。

A. '? '　　B. 'abc'　　C. '\xa3'　　D. '\\'

4. 有以下定义语句：

```
double a,b;
int w;
long c;
```

若各变量已正确赋值，则下列选项中正确的表达式是(　　)。

A. a=a+b=b++　　B. w%((int)a+b)　　C. (c+w)%(int)a　　D. w=int(a+b)

5. 设有声明语句"char a='\72';"，则变量a(　　)。

A. 包含1个字符　　B. 包含2个字符　　C. 包含3个字符　　D. 声明不合法

6. 以下能正确定义且赋初值的语句是(　　)。

A. int n1=n2=10;　　B. char c=32;　　C. float f=f+1. 1;　　D. double x=12. 3E2. 5;

7. 下列运算符中，结合方向为自左向右的是(　　)。

A. ?:　　B. ,　　C. +=　　D. ++

8. 有定义语句"int x; float y=5. 5;"，则表达式"x=(float)(y*3+((int)y)%4)"执行后，x的值为(　　)。

A. 17　　B. 17. 500000　　C. 17. 5　　D. 16

9. 有定义语句"int a=0, b=0, c=0;"，则表达式"c=(a-=a-5), (a=b, b+3)"执行后a, b, c的值分别是(　　)。

A. 3, 0, -10　　B. 0, 0, 5　　C. -10, 3, -10　　D. 3, 0, 3

二、计算题

1. 将下面的十进制数，用八进制数和十六进制数表示。

32, 125, 4561, -111, 267

2. 已知int a=10; 写出下面表达式运算后a的值。

(1)a+=a　　(2)a-=3　　(3)a*=5+2

(4)a/=a+a　　(5)a+=a-=a*=a

三、填空题

1. 以下程序运行后的输出结果是________。

```
#include<stdio. h>
void main()
{
```

```
int x=021;
    printf("%d\n",x);/*以十进制整数形式输出 x 值*/
}
```

2. 已知字符'0'的 ASCII 值为 48，字符'A'的 ASCII 值为 65，以下程序运行后的输出结果是________。

```
#include<stdio.h>
void main()
{
    char a,b;
    a='2'+15;
    b='a'+3;
    printf("%d  %c\n",a,b);          /*以十进制整数形式输出 a,以字符形式输出 b,空格间隔*/
}
```

3. 以下程序运行运行后的输出结果是________。

```
#include<stdio.h>
void main()
{
    int a=5,b=9,c,d;
    c=++a;
    d=b--;
    printf("%d,%d,%d,%d\n",a,b,c,d);    /*以十进制整数形式输出 a、b、c、d 的值,逗号间隔*/
}
```

4. 以下程序运行运行后的输出结果是________。

```
#include<stdio.h>
void main()
{
    int x=10,y=9,z=3;
    printf("%d,%d\n",x++,--y);
    x/=z;
    y%=z;
    printf("%d,%d\n",x,y);
}
```

习题答案

第 3 章　顺序结构程序设计

教学目标

掌握 C 语言顺序结构程序设计的基本方法，数据输入与输出的方法及相应的常用库函数的使用。

本章要点

- C 语句概述
- 字符数据的输入与输出函数 getchar( ) 与 putchar( ) 的使用
- 格式输入与输出函数 printf( ) 与 scanf( ) 的使用

在进行程序设计时，有两部分工作：数据设计和操作设计。数据设计是对一系列数据的描述，主要是定义数据的类型，完成数据的初始化等；操作设计是产生一系列的操作控制语句，其作用是向计算机系统发出操作指令，以完成对数据的加工和流程控制。

用户运用 C 语言编程解决实际问题时，必须组织相应的语句来完成数据设计和操作设计，这里的“组织相应的语句”便隐含了结构问题。一般来讲，C 程序可由顺序结构、选择结构和循环结构 3 种结构组成。学习要由浅入深，循序渐进；路要一步一步地走；都存在一个顺序。若构成 C 程序的各语句间在运行时客观地存在一个先、后的次序，则这些语句形成了顺序结构。顺序结构是最简单、最基本的程序结构，其包含的语句是按顺序执行的，且每条语句都将被执行。其他的结构可以包含顺序结构，也可以作为顺序结构的组成部分。本章主要讲述顺序结构程序设计方法。

案例引入

小明买水果

案例描述

小明去超市买了某种水果若干斤(整数)，请根据水果的单价(小数)，小明买的水果斤数，编一个程序计算出总金额(保留 2 位小数)，并打印出清单。

案例分析

本案例中我们需要知道两个内容，一个是水果的单价，另一个是小明买水果的斤数，因此根据题目描述给变量提供数据，并通过运算即可得出最后的总金额。

案例实现

案例设计

(1)定义整型变量 a 和实型变量 b、c，用于存放输入的数据和计算的结果。
(2)输入数据到 a、b 中。
(3)求出总金额放入 c。
(4)输出 c。

案例程序

```
#include <stdio. h>
void main()
{
    int a;
    float b,c;
    printf("请输入购买斤数:");
    scanf("% d",&a);
    printf("请输入单价:");
    scanf("% f",&b);
    c=a*b;
    printf("总金额是:%. 2f\n",c);
}
```

程序运行结果

程序运行结果如图 3-1 所示。

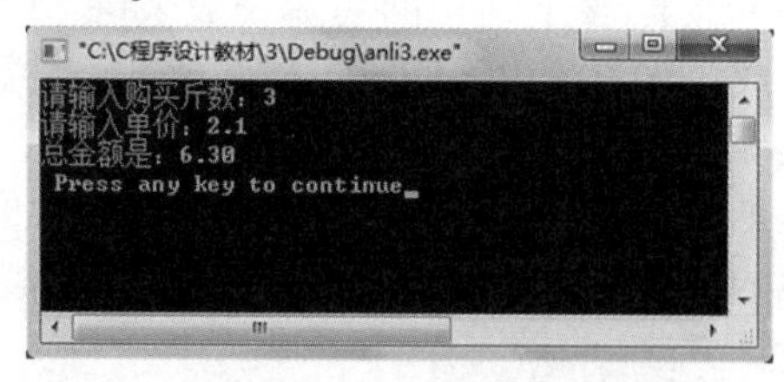

图 3-1　案例“小明买水果”程序运行结果

3.1　C 语句分类概述

C 语句可以分为控制语句、变量声明语句、表达式语句、空语句和复合语句 5 类。

1. 控制语句

控制语句完成一定的控制功能。C 语言只有以下 9 种控制语句。

(1) if( ) ~ else ~：条件语句。

(2) switch：多分支选择语句。

(3) goto：转向语句。

(4) while( ) ~：循环语句。

(5) do ~ while( )：循环语句。

(6) for( ) ~：循环语句。

(7) break：中止执行 switch 或循环语句。

(8) continue：结束本次循环语句。

(9) return：从函数返回语句。

以上 9 种语句中的括号( )表示其中是一个条件，~表示内嵌的语句。这些语句将在后面的章节中陆续介绍。

2. 变量声明语句

变量声明语句是由类型关键字后接变量名(如果有多个变量名，则用逗号分隔)和分号构成的语句。例如：

```
int a,b,c;
```

3. 表达式语句

在任何一个 C 语言合法表达式的后面加一个分号就构成了相应的表达式语句。表达式语句的一般形式如下：

```
表达式;
```

注意：

一个语句必须在最后出现分号，分号是语句中不可缺少的一部分。例如：

```
i++;
x+y;
```

在 C 语言中，最常用的表达式语句是赋值语句和函数调用语句。例如：

```
a=7;                                    /*赋值语句*/
putchar(a);                             /*函数调用语句*/
```

函数调用语句就是在函数调用的后面加一个分号。函数调用语句的一般形式如下：

```
函数名(参数列表);
```

C 语言有丰富的标准库函数，有用于键盘输入和显示器输出的库函数、求数学函数值的库函数、磁盘文件读写的库函数等，这些函数完成预先设定好的任务，用户可直接调用。需要注意的是，调用标准库函数时要在程序的开始处用#include 编译预处理命令将所调函数相应的头文件包含到程序中来。例如：

```
#include"stdio. h"
#include"math. h"
```

有了#include "stdio. h"在程序中才能调用标准输入/输出函数；有了#include " math. h"在程序中才能调用数学函数。关于头文件和标准库函数将在后续章节中再详细介绍。

要注意语句与表达式在概念上的区别，例如：

```
a=b+5;                          /*是一条语句*/
a=b+5                           /*是一个赋值表达式*/
```

4. 空语句

只有一个分号的语句是空语句，其一般形式如下：

```
;
```

空语句在语法上占有一个语句的位置，而执行该语句不做任何操作。空语句常用于循环语句中，构成空循环。

5. 复合语句

复合语句是由花括号{}将多条语句括在一起而构成的，在语法上相当于一条语句。复合语句的一般形式如下：

```
{[内部数据描述]
    语句 1
    ⋮
    语句 n
}
```

注意：

在复合语句的“内部数据描述”中定义的变量，仅在复合语句中有效；复合语句结束的“}”之后，不需要再加分号。

例 3-1　复合语句的使用。

参考程序如下：

```
#include<stdio. h>
void main()
{
    int m=1;
    printf("m=% d\n",m);            /*输出 m=1*/
    {int m=2;
        printf("m=% d\n",m);        /*输出 m=2*/
    }
    printf("m=% d\n",m);            /*输出 m=1*/
}
```

程序运行结果：

```
m=1
m=2
m=1
```

在上面的程序中，主函数有 4 条语句，其中的第 3 条语句是复合语句。在复合语句中定义的变量 x 与主函数中定义的变量 x 对应的是不同的内存空间，因此互不影响。从程序的运行结果也可看出这一点。

复合语句常用于流程控制语句中执行多条语句的情况。

3.2　数据输入与输出

在前面已经介绍过，C 语言顺序结构程序设计中经常用到输入与输出操作，下面将介绍与输入与输出相关的一些函数。

输入与输出是以计算机主机为主体而言的。从计算机内部向计算机外部设备(如磁盘、打印机、显示器等)输出数据的过程称为“输出”；从计算机外部设备(如磁盘、光盘、键盘、扫描仪等)向计算机内部输入数据的过程称为“输入”。

C 语言没有提供输入与输出语句，数据的输入和输出是通过调用输入与输出函数实现的，即在输入与输出函数的后面加上“;”，这些函数包含在标准输入与输出库中。这样处理，一方面可以使得 C 语言的内核比较精练，另一方面也为 C 语言程序的可移植性打下了基础。

在 C 语言标准函数库中提供了一些输入与输出函数，如 printf( ) 函数和 scanf( ) 函数，它们不是 C 语言的关键字，而只是函数的名字。实际上完全可以不用“printf”和“scanf”这两个名字，而另外编两个输入与输出函数，用其他的函数名。

在 Visual C++ 6.0 环境下，如果要在程序中使用输入与输出函数，应首先用编译预处理命令#include 将头文件 stdio. h 包含到源文件中，因为在该头文件中包含了与输入与输出函数有关的信息。因此，在调用标准输入与输出库函数时，应在文件开头包含以下预处理命令：

```
#include<stdio. h>
```

或

```
#include"stdio. h"
```

stdio. h 是 standard input&output 的缩写，它包含了与标准 I/O 库有关的变量定义和宏定义。

常用的输入和输出函数有 scanf( )(格式输入)、printf( )(格式输出)、getchar( )(字符输入)、putchar( )(字符输出)、gets( )(字符串输入)及 puts( )(字符串输出)。本章主要介绍前 4 个最基本的输入和输出函数。

3.2.1　字符输出函数 putchar( )

函数原型：

```
int putchar(int);
```

函数功能：向标准输出设备(一般为显示器)输出一个字符，并返回输出字符的

ASCII 值。

函数的参数可以是字符常量、字符变量或整型变量，即将一个整型数作为 ASCII 编码，输出相应的字符。例如：

```
#include"stdio. h"
void main()
{
    char ch='B';
    int i=67;
    putchar(i);                    /*输出 ASCII 值为 67 所对应的字符'C'*/
    putchar('\n');                 /*输出控制字符,起换行作用*/
    putchar(ch);                   /*输出字符变量 ch 的值'B'*/
    putchar('\x42');               /*输出字母 B*/
    putchar(0x42);                 /*直接用 ASCII 值输出字母 B*/
}
```

运行结果：

```
A
BBB
```

3.2.2 字符输入函数 getchar( )

函数原型：

```
int getchar(void);
```

函数功能：从标准输入设备(一般为键盘)输入一个字符，函数的返回值是该字符的 ASCII 值。这里的 void 是类型名，表示空类型，即该函数不需要参数。

字符输入函数每调用一次，就从标准输入设备上取一个字符。函数值可以赋给一个字符变量，也可以赋给一个整型变量。例如：

```
#include"stdio. h"
void main()
{
    char i;
    int r;
    i=getchar();                   /*将键盘输入字符的 ASCII 值赋给 ch*/
    r=getchar();                   /*将键盘输入字符的 ASCII 值赋给 i*/
    putchar(i);
    putchar('\n');
    putchar(r);
}
```

运行该程序时，若按下列格式输入：

```
ab↙                                /*↙表示按<Enter>键*/
```

则变量 i 的值为 97，变量 r 的值为 98，输出的结果如下：

```
a
b
```

注意：

用 getchar( ) 输入字符结束后需要按<Enter>键，程序才会响应输入，继续执行后续语句。

字符输入和字符输出函数使用非常方便，但每一次函数调用只能输入或输出一个字符。

3.2.3 格式输出函数 printf( )

1. 格式输出函数的一般形式

函数原型：

```
int printf(char*  format[,argument,…]);
```

函数功能：按规定格式向输出设备(一般为显示器)输出数据，并返回实际输出的字符数；若出错，则返回负数。

printf( ) 函数使用的一般形式如下：

```
printf("格式控制字符串",输出项表列);
```

例如：

```
int i=97;
printf("i=%d,  %c\n",      i,i );
         |       |          |
      格式控制字符串      输出项表列
```

调用函数"printf("i=%d,%c \n" , i, i);"中的两个输出项都是变量 i，但却以不同的格式输出,%d 控制的 i 输出整型数 97,%d 控制的 i 输出的是字符'a'。格式控制字符串中的"i="是普通字符，它将按原样输出；'\n'是转义字符，它的作用是换行。

2. 格式控制字符串

格式控制字符串必须用英文状态下的双引号括起来，它的作用是控制输出项的格式和输出一些提示信息。它一般由 3 部分组成：转义字符、格式说明、普通字符。

(1) 转义字符。转义字符是以"\"开始的字符，用来指明特定的操作，如'\n'表示换行，'\t'表示水平制表等。转义字符见表 2-2。

(2) 格式说明。由"%"和格式字符组成，用来指定数据的输出格式。

在 C 语言中，应根据输出数据类型的不同选用不同的格式字符来控制输出格式。表 3-1 列出了在 printf( ) 函数中可以使用的格式字符。

表 3-1 printf( ) 函数中可以使用的格式字符

格式字符	说明
d，i	以带符号的十进制形式输出整数(正数不输出符号)

续表

格式字符	说明
o	以无符号八进制形式输出整数(不输出前导符 0)
x，X	以无符号十六进制形式输出整数(不输出前导符 0x)。用“x”时，以小写形式输出；用“X”时，以大写形式输出
u	以无符号的十进制形式输出整数
c	输出一个字符
s	输出字符串
f	以十进制小数形式输出单、双数，隐含输出 6 位小数，输出的数字并非全部是有效数字，单精度实数的有效位数一般为 7 位，双精度实数的有效位数一般为 16 位
e，E	以指数形式输出单、双精度数。用“e”时，输出指数以小写“e”表示；如用“E”时，输出指数以大写“E”表示
g，G	选用%f%e 格式中输出宽度较短的一种格式，不输出无意义的 0。用“G”时，若以指数形式输出，则指数以大写表示
%	输出百分号(%)

例如，“printf("%d%o%x"，a，b，c)；”表示输出项表列 a、b、c 分别按十进制(%d)、八进制(%o)和十六进制(%x)输出。

在格式控制字符串中的%和格式字符之间还可以插入表 3-2 所示的附加格式说明字符(又称修饰符)。

表 3-2　printf 的附加格式说明字符

字符	说明
l	表示长整型数据，可加在格式字符 d、o、u、x 前面
m(代表一个正整数)	指定输出数据的最小宽度
n(代表一个正整数)	对实数，表示输出 n 位小数；对字符串，表示截取的字符个数
-	输出的数字或字符在域内向左靠

(3)普通字符。普通字符在输出时，按原样输出，主要用于输出提示信息。例如：

```
i=2;
printf("i=% d",i);
```

在格式控制字符串中，“i=”是普通字符按原样输出；“%d”指定 i 按十进制数的形式输出，即输出 2；该语句的执行结果是“i=2”。

3. 输出项表列

输出项表列列出了要输出的各项数据，这些数据可以是常量、变量、表达式、函数返回值等。输出项可以是 0 个、1 个或多个，每个输出项之间用逗号“,”分隔。输出的数据可以是整数、实数、字符和字符串。

4. 使用 printf( )函数应注意的问题

(1)在格式控制字符串中，格式说明和输出项在类型上必须一一对应。

(2)在格式控制字符串中，格式说明的个数和输出项的个数应该相同，如果不同，则系统作如下处理：

①如果格式说明的个数少于输出项数，多余的数据项不输出；

②如果格式说明的个数多于输出项数，对多余的格式将输出不定值或 0 值。

(3) 为整数指定输出宽度。

在%和格式符之间插入一个整数用来指定输出的宽度，如果指定的宽度多于数据实际宽度，则输出的数据右对齐，左端用空格补足；而当指定的宽度不足时，则按实际数据位数输出，这时指定的宽度不起作用。例如：

```
#include<stdio. h>
void main()
{
    int a,b;
    a=123;
    b=12345;
    printf("% 4d,% 4d",a,b);
}
```

程序中变量 a 按 4 位输出，由于其值为 3 位，因此左边补一个空格。变量 b 本身是 5 位，按指定宽度 4 位输出时宽度不够，因此按实际位数输出。所以执行结果如下：

```
_123,12345
```

其中，“_”表示空格，下同。

(4) 为实数指定输出宽度。

对于 float 或 double 型数据，在指定数据输出宽度的同时，也可以指定小数位的位数，指定形式如下：

```
% m. nf
```

表示数据输出总的宽度为 m 位，其中小数部分占 n 位。当数据的小数位多于指定宽度 n 时，截去右边多余的小数，并对截去的第一位小数做四舍五入处理；而当数据的小数位少于指定宽度时，在小数的右边补零。例如：

```
printf("% 5. 3f\n",12345. 6789);
```

此语句的格式说明为“%5. 3f”，表示输出总宽度为 5，小数位为 3，这样整数部分只有 1 位，小于实际数据位数，只能按实际位数输出，而小数部分指定输出 3 位，将小数点后的第 4 位四舍五入，所以结果为“12345. 679”。

(5) 输出对齐方式。

通过格式字符指定了输出宽度后，如果指定的宽度多于数据的实际宽度，则在输出时数据自动右对齐，左边用空格补足，此时，也可以指定将输出结果左对齐，方法是在宽度前加上“-”符号。

下面就常见的格式控制字符串的使用举几个例子。

例 3-2　整型数据的输出。

参考程序如下：

```
#include<stdio. h>
void main()
{
```

```
int a=12;
    long b=20040978;
    printf("a=% d,a=% 6d,a=% - 6d,a=% 06d\n",a,a,a,a);
    printf("% d,% o,% x,% u\n",a,a,a,a);
    printf("b=% ld\n",b);
}
```

程序运行结果：

```
a=12,a=    12,a=12    ,a=000012
12,14,c,12
b=20040978
```

例 3-3 实型数据的输出。

参考程序如下：

```
#include<stdio. h>
void main()
{
    float x=1234. 567;
    double y=1234. 5678;
    printf("% f,% f\n",x,y);
    printf("% 6. 3f,% 10. 3f\n",x,y);        /*指定的宽度不足时,按实际数据输出*/
    printf("% e\n",x);
}
```

程序运行结果：

```
1234. 567000,1234. 567800
1234. 567,1234. 568
1. 23457e+03
```

例 3-4 字符数据的输出。

参考程序如下：

```
#include<stdio. h>
void main()
{
    char c='B';
    inti=65;
    printf("% c,% d\n",c,c);
    printf("% d,% c\n",i,i);
    printf("% - 5c,% 5c\n",c,c);
}
```

程序运行结果：

```
B,66
65,A
B,B
```

例 3-5　字符串的输出。

参考程序如下：

```
#include<stdio. h>
void main()
{
    printf("computer\n");
    printf("% s\n","computer");
    printf("% 5s\n","computer");
    /*指定的宽度小于字符串的长度,按原样输出*/
    printf("% 10s\n","computer");
    /*输出字符串时,占 10 个字符宽,右对齐,不足部分左端用空格占位*/
    printf("% - 10s\n","computer");
    /*输出字符串时,占 10 个字符宽,左对齐,不足部分右端用空格占位*/
    printf("% - 10. 5s\n","computer");
    /*占 10 个字符宽且只输出前 5 个字符,左对齐,不足部分右端用空格占位*/
}
```

程序运行结果：

```
computer
computer
computer
computer
computer
compu
```

3. 2. 4　格式输入函数 scanf( )

1. 格式输入函数的一般形式

函数原型：

```
int scanf(char*  format[,argument,…]);
```

函数功能：按规定格式从键盘输入若干任何类型的数据给 argument 所指的单元。返回输入并赋给 argument 的数据个数；遇文件结束返回 EOF；出错返回 0。

scanf( ) 函数使用的一般形式如下：

```
scanf("格式控制字符串",地址表列);
```

例如：

```
scanf("% d,% d",    &a,&b);
          |            |
   格式控制字符串 地址表列
```

假设从键盘输入“12，65”，系统会将12和65以%d(十进制)形式读入，并赋予变量a和b所代表的存储空间中。

2. 格式控制字符串

格式控制字符串的作用与printf()函数中的作用相似，它一般由输入数据格式说明和普通字符组成。

1)输入数据格式说明

输入数据格式说明以“%”开始，以一个格式字符结束，中间可以插入附加格式说明字符。这里格式说明的作用是控制输入数据的格式。scanf()函数中可以使用的格式字符及附加格式说明字符(修饰符)如表3-3、表3-4所示。

表3-3 scanf()函数中可以使用的格式字符

格式字符	说明
d，i	用来输入有符号的十进制整数
u	用来输入无符号的十进制整数
o	用来输入无符号的八进制整数
x，X	用来输入无符号的十六进制整数(大小写作用相同)
c	用来输入单个字符
s	用来输入一个字符串。在输入时以非空白字符开始，以第一个空白字符结束。字符串以串结束标志'\0'作为其最后一个字符
f	用来输入实数，可以用小数形式或指数形式输入
e，E，g，G	与f作用相同，可以互相替换(大小写作用相同)

表3-4 scanf()函数中可以使用的附加格式说明字符

字符	说明
l	用于输入长整数数据(%ld,%lo,%lx,%lu)以及double型数据(%lf或%le)
h	用于输入短整数数据(%hd,%ho,%hx)
m(代表一个正整数)	指定输入数据所占宽度(列数)
*	表示本输入项在读入后不赋给任何变量

2)普通字符

scanf()格式控制字符串中的普通字符是规定了输入时必须输入的字符。例如：

```
scanf("a=% d",&a);                    /*“&”是取地址运算符,作用是得到a变量的内存地址*/
```

执行该语句时，若要将30输入到a变量中，应按下列格式输入：

```
a=30↙
```

若有语句：

```
scanf("% d,% f",&a,&x);
```

要将10送给a，2.5送给x，则对应的输入格式如下：

```
10,2.5↙
```

3. 地址表列

地址表列是由若干个地址组成的列表，可以是变量的地址、字符串的首地址、指针变量等，各地址间用逗号“,”隔开。

格式输入函数 scanf( ) 是将键盘输入的数据流按格式转换成数据，存入与格式相对应的地址指向的内存单元中。所以下列 scanf( ) 函数的调用是错误的：

```
scanf("% d,% d",a,b);
```

a，b 表示的是变量 a 和 b 的值，不是地址。正确的用法如下：

```
scanf("% d,% d",&a,&b);
```

初学者要注意用 scanf( ) 函数和 printf( ) 函数进行数据输入、输出时的不同之处。

```
scanf("% d",&a);                    /*从键盘输入数据,存入 a 变量的内存地址中*/
printf("% d",a);                    /*将变量 a 的值输出*/
```

4. 使用 scanf( ) 函数应注意的问题

(1) 输入多个数据时的分割处理。

若用一个 scanf( ) 函数输入多个数据，且格式说明之间没有任何普通字符，则输入时，数据之间需要用分割符，例如：

```
scanf("% d% d",&a,&b);
```

执行该语句时，输入的两个数据之间可用一个或多个空格分割，也可以用<Enter>键分割。例如：

```
5 10↙
5↙
10↙
```

当 scanf( ) 函数指定输入数据所占的宽度时，将自动按指定宽度来截取数据。例如：

```
scanf("% 2d% 3d",&a,&b);
```

若按下列格式输入：

```
123456789↙
```

则函数截取 12 存入地址 &a 中，截取 345 存入地址 &b 中。

(2) 输入实型数时不能规定精度。

用 scanf( ) 函数输入实型数时，可以指定宽度，但不能规定精度。例如：

```
scanf("% 4f% 5f",&x,&y);
```

是正确的，若按下列格式输入：

```
12. 345. 6789↙
```

则 12. 3 送给变量 x，45. 67 送给变量 y。而语句

```
scanf("% 10. 2f",&x);
```

是错误的。

(3)用“%c”格式如何输入字符。

在用“%c”格式输入字符时，空格字符和转义字符都作为有效字符输入。例如：

```
scanf("%c%c%c",&a,&b,&c);
```

若按下列格式输入：

```
a b c↙
```

则字符'a'送给 a，空格送给 b，字符'b'送给 c，而后面的空格和'c'已无意义。这是因为“%c”只要求读入一个字符，后面不需要用空格作为两个字符间的间隔。若按下列格式输入：

```
abc↙
```

则字符'a'送给 a，字符'b'送给 b，字符'c'送给 c。

“%c”格式与其他格式混合使用时，也存在类似问题。例如：

```
int a,b;
char ch;
scanf("%d%c%d",&a,&ch,&b);
```

若要将 12 存入地址 &a 中，'a'存入地址 &ch 中，34 存入地址 & b 中，应按如下格式输入：

```
12a34↙
```

(4)附加格式说明字符“ * ”的用法。

附加格式说明字符“ * ”为输入赋值抑制字符，表示该格式说明要求输入数据，但不赋值。例如：

```
scanf("%3d%*2d%f",&a,&x);
```

若输入：

```
12345678. 9↙
```

则 123 赋给 a，678. 9 赋给 x，而 45 不赋给任何变量。

(5)从键盘输入数据的个数应该与函数要求的个数相同，当个数不同时系统作如下处理：

①如果输入数据少于 scanf( )函数要求的个数时，函数将等待输入，直到满足要求或遇到非法字符为止；

②如果输入数据多于 scanf( )函数要求的个数时，多余的数据将留在缓冲区作为下一次输入操作的输入数据。

(6)在输入数据时，遇到以下情况时该数据认为结束：

①遇到空格或按<Enter>键或按<Tab>键；

②按指定的宽度结束，如“%3d”，只取 3 列；

③遇到非法输入。

从本节中看出，C 语言的格式输入和输出的规定比较烦琐，而输入和输出又是程序中最基本的操作，因此关于格式输入和输出在本节中作了详细介绍。要想在程序中很好地运用输入与输出函数，还应通过上机编写程序和调试程序来逐步深入而自然地掌握这些函数的用法。

3.3　拓展案例

有了以上介绍的输入和输出函数，便可以用表达式语句和函数调用语句等来编写顺序结构程序。

一个顺序结构程序，一般包括以下两个部分。

1. 编译预处理命令

在程序的编写过程中，若要使用标准库函数，需要用编译预处理命令#include 将相应的头文件包含进来。若程序中只使用 scanf( ) 函数和 printf( ) 函数，则可省略不写#include " stdio. h" 。

2. 主函数

在主函数体中，包含着顺序执行的各个语句。主要有以下几个部分：

(1)变量类型说明；

(2)给变量提供数据；

(3)按题目要求进行运算；

(4)输出运算结果。

案例 3-1　从键盘输入三角形的三边长，求三角形周长。(假设输入的三边长能构成三角形)

案例分析：

(1)定义实型变量 a、b、c，perimeter，用于存放输入的数据和计算的结果；

(2)输入 3 个实型数存入变量 a、b、c 中，要求满足 a+b>c、b+c>a、c+a>b；

(3)求周长 a+b+c 存入变量 perimeter 中；

(4)输出 perimeter。

案例 3-1　程序及运行结果

程序运行结果如图 3-2 所示。

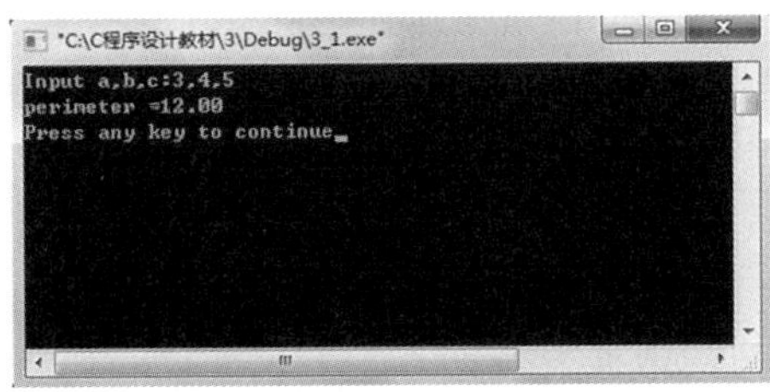

图 3-2　案例 3-1 程序运行结果

案例 3-2　从键盘上输入一个大写字母，输出对应的小写字母。

案例分析：

(1)定义字符型变量 x;

(2)输入大写字母存入变量 x;

(3)转换成小写 c=c+32;

(4)输出变量 c。

案例 3-2 程序及运行结果

程序运行结果如图 3-3 所示。

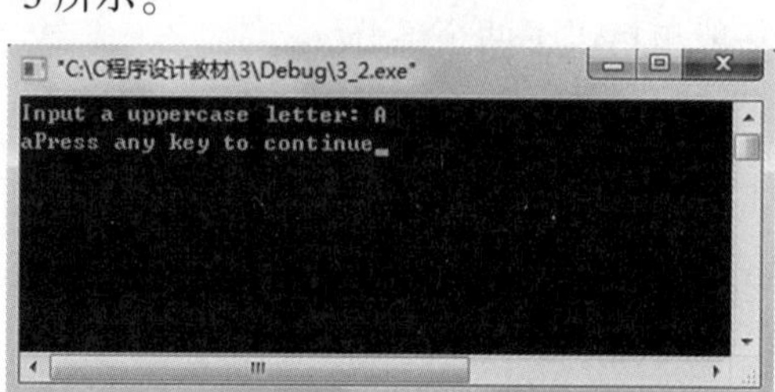

图 3-3 案例 3-2 程序运行结果

本章小结

顺序结构是最简单、最基本的程序结构，赋值操作和输入/输出操作是顺序结构中最典型的结构。

(1)C 语句可以分为以下 5 类：

①控制语句(9 种)；

②变量声明语句；

③表达式语句；

④空语句；

⑤复合语句。

(2)字符输入输出函数。

①字符输出函数 putchar()。

②字符输入函数 getchar()。

③格式输出函数 printf()。

printf()函数使用的一般形式：

printf("格式控制字符串", 输出项表列)；

④格式输入函数 scanf()。

scanf()函数使用的一般形式：

scanf("格式控制字符串", 地址表列)；

(3)顺序结构程序，一般包括以下两个部分。

①编译预处理命令。

在程序的编写过程中，若要使用标准库函数，需要用编译预处理命令#include 将相应的头文件包含进来。

②主函数。

在主函数体中，包含着顺序执行的各个语句。主要有以下几个部分：

a. 变量类型说明；

b. 给变量提供数据；

c. 按题目要求进行运算；

d. 输出运算结果。

习题

一、选择题

1. C 语言规定：在一个源程序中，main( ) 函数的位置(　　)。

A. 必须在系统调用的库函数的后面

B. 必须在最开始

C. 可以任意

D. 必须在最后

2. 以下程序运行的结果是(　　)。

```
#include <stdio.h>
int main()
{
    int a=201,b=012;
    printf("%2d,%2d\n",a,b);
    return 0;
}
```

A. 01，12　　B. 201，10　　C. 01，10　　D. 20，01

3. 根据定义和数据的输入方式，输入语句的正确形式为(　　)。

已有定义：float f1，f2;

数据的输入方式：4.52↙

3.5↙

A. scanf("%f,%f", &f1, &f2);

B. scanf("%f%f", &f1, &f2);

C. scanf("%3.2f%2.1f", &f1, &f2);

D. scanf("%3.2f,%2.1f", &f1, &f2);

4. 已知“int a, b;”，用语句“scanf("%d%d", &a, &b);”输入 a、b 的值，不能作为输入数据分隔符的是(　　)。

A. ,　　B. 空格　　C. 回车　　D. "[tab]"

5. 以下叙述中错误的是(　　)。

A. C 语句必须以分号结束。

B. 复合语句在语法上被看作一条语句。

C. 空语句出现在任何位置都不会影响程序运行。

D. 赋值表达式末尾加分号就构成赋值语句。

6. 以下叙述中正确的是(　　)。

A. 调用 printf( ) 函数时，必须要有输出项。

B. 调用 putchar( ) 函数时，必须在之前包含头文件 stdio. h。

C. 在 C 语言中，整数可以以十二进制、八进制或十六进制的形式输出。

D. 调用 getchar( ) 函数读入字符时，可以从键盘上输入字符所对应的 ASCII 值。

7. 有以下程序：

```
#include<stdio. h>
void main()
{
    int m,n,p;
    scanf("m=% dn=% dp=% d",&m,&n,&p);
    printf("% d% d% d\n",m,n,p);
}
```

若想从键盘上输入数据，使变量 m 的值为 123，n 的值为 456，p 的值为 789，则正确的输入是(　　)。

A. m=123n=456p=789　　B. m=123 n=456 p=789

C. m=123，n=456，P=789　　D. 123 456 789

8. 有以下程序：

```
#include<stdio. h>
void main()
{
    char a,b,c,d;
    scanf("% c,% C,% d,% d",&a,&b,&c,&d);
    printf("% c,% c,% c,% c\n",a,b,c,d);
}
```

若输入格式为“6，5，65，66↙”，则输出结果是(　　)。

A. 6，5，A，B　　B. 6，5，65，66　　C. 6，5，6，5　　D. 6，5，6，6

二、填空题

1. 在 C 语言中，调用输入/输出库函数，应在程序的开始处有预编译命令________。

2. 以下程序运行后的输出结果是________。

```
int x=100,y=200;
printf("% d",(x,y));
```

3. 有以下程序：

```
#include<stdio. h>
void main()
{
    char ch1,ch2;
    int n1,n2;
```

```
ch1=getchar();
    ch2=getchar();
    n1=ch1-'0';
    n2=n1*10+(ch2-'0');
    printf("% d\n",n2);
}
```

若输入格式为“12↙”，则输出结果是________。

三、编程题

1. 已知一个直角三角形的两个直角边分别为 a=5，b=7，编程求直角三角形的面积 s。

2. 编程实现：输入两个整数，输出它们的平均数，保留一位小数。

3. 编程实现：输入一个字母，输出它的后继字母，如输入'a'，则输出'b'。

4. 已知一个圆柱体的半径 r=10，高 h=15，编程求圆柱体的底周长 c，底面积 s，侧面积 s1，表面积 s2，体积 v。

5. 编程实现：输入一个数字字符('0'~'9')，将其转换为相应的整数后显示出来。

6. 编程实现：输入一个华氏温度，要求输出摄氏温度。公式为

$$c=5/9*(f-32)$$

输出要有文字说明，取 2 位小数。

7. 编写实现：从键盘输入学生的 3 门课成绩，输出其总成绩 sum 和平均成绩 ave。

8. 编程实现：输入一个字符，找出它的前驱字符和后继字符，并按 ASCII 值从大到小的顺序输出这 3 个字符及其对应的 ASCII 值。

第 4 章　选择结构程序设计

教学目标

能够将实际问题抽象为逻辑关系，运用 if 语句和 switch 语句编写出 C 语言选择结构程序，并掌握选择结构程序设计的基本方法。

本章要点

- 关系运算符和关系表达式
- 逻辑运算符和逻辑表达式
- if 语句
- switch 语句
- 选择结构程序设计

结构化程序的 3 种基本结构：顺序结构、选择结构和循环结构。在第 3 章中已介绍了如何编写顺序结构程序。而实际上大多数程序都需要包含选择结构如五一、十一长假出去玩吗？去什么地方？乘坐什么交通工具？总是要做出选择的。用 C 语句编程解决类似的问题，所用到的相应语句便形成选择结构。在 C 语言中，用 if 语句和 switch 语句实现选择结构。

本章主要介绍如何将实际问题抽象为逻辑关系；如何用逻辑关系作为语句中的条件；在 if 语句和 switch 语句中如何使用条件；如何用 if 语句和 switch 语句控制程序的流程从而设计出具有选择结构的程序。

案例引入

三天打鱼两天晒网

案例描述

中国有句俗语叫“三天打鱼两天晒网”。假设某人从某天起，开始“三天打鱼两天晒网”，问这个人在以后的第 N 天中是“打鱼”还是“晒网”？

案例分析

按输入的 N，以 5 天为一个周期，因此分成两种情况：

(1) N%5=1 或 2 或 3，打鱼；

(2) N%5=4 或 0，晒网。

写成简单的 if…else…结构。

案例实现

案例设计

(1)定义整型变量 n 用于存放输入的数据。

(2)输入数据到 n 中。

(3)判断符合两个条件中的哪个。

(4)输出结果。

案例程序

```
#include <stdio. h>
int main()
{
    int n;
    printf("Please input the number of days:");
    scanf("% d",&n)
    if(n% 5>=1 && n% 5<=3)
    printf("Fishing in day % d\n",n);
    else
    printf("Drying in day % d\n",n);
}
```

程序运行结果

程序运行结果如图 4-1 所示。

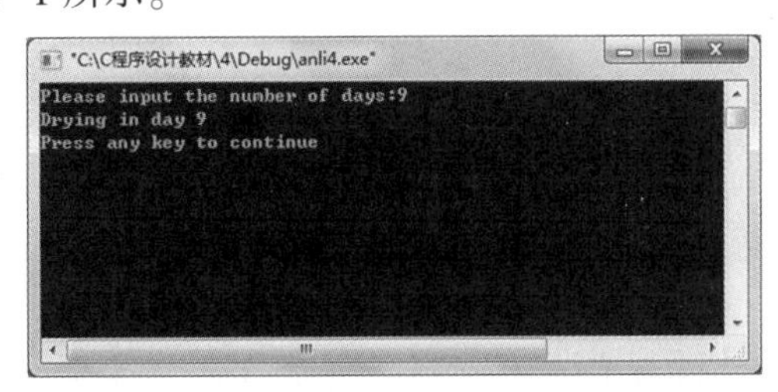

图 4-1　案例 4 程序运行结果

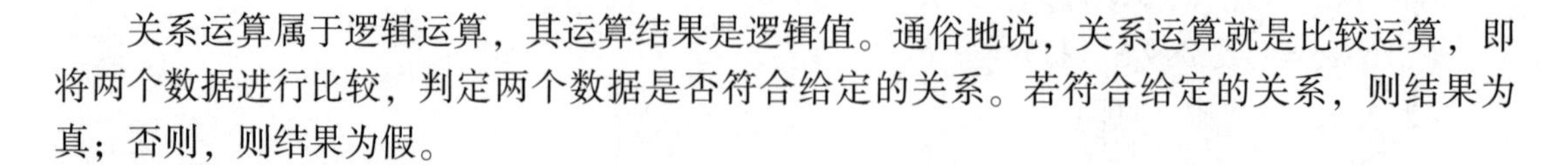

4.1 关系运算符和关系表达式

关系运算属于逻辑运算，其运算结果是逻辑值。通俗地说，关系运算就是比较运算，即将两个数据进行比较，判定两个数据是否符合给定的关系。若符合给定的关系，则结果为真；否则，则结果为假。

4.1.1 关系运算符

C 语言提供 6 种关系运算符：

```
<、<=、>、>=、==、!=
```

其含义及其数学中的表示见表 4-1。

表 4-1 逻辑运算符的含义及其数学中的表示

关系运算符	含义	数学中的表示
<	小于	<
<=	小于或等于	≤
>	大于	>
>=	大于或等于	≥
==	等于	=
!=	不等于	≠

关系运算符都是双目运算符，其结合性均为左结合。关系运算符的优先级低于算术运算符，高于赋值运算符。在 6 个关系运算符中，<、<=、>、>=的优先级相同，高于==和!=，==和!=的优先级相同，详见附录Ⅲ。关系运算符的两边可以是变量、数据或表达式。例如：

```
5>0
x >y+2
'a'+1> 'c'
a >(b > c)
```

4.1.2 关系表达式

用关系运算符将两个运算量(这里的运算量可以是常量、变量或表达式)连接起来的式子称为关系表达式。

关系运算符的运算结果只有 0 或 1。当条件成立时结果为 1，条件不成立结果为 0。例如：

```
a>5
```

若变量a的值大于5，则比较的结果为真，在C语言中用整型数1来表示；若变量a的值小于等于5，则比较的结果为假，在C语言中用整型数0来表示。又如：

```
a+b<b+c
```

两个算术表达式进行比较，由于算术运算优先于关系运算，因此先计算两个算术表达式的值，再将计算的结果进行比较。若比较结果为真，则关系表达式的值为1，否则为0。

两个字符型数据也可以进行比较，比较时用字符的ASCII值来决定字符的大小。例如：

```
'a'<'b'
```

由于'a'的ASCII值为97，'b'的ASCII值为98，因此比较的结果为真。

可以将关系表达式的值赋给一个整型变量，则该整型变量的值非0即1。例如：

```
int a,b=3,c=4;
a=b>c;                              /*a 的值为 0,因为 b>c 为假*/
```

4.2 逻辑运算符与逻辑表达式

C语言没有逻辑类型数据，进行逻辑判断时，数据的值为非0，则认作逻辑真，数据的值为0，则认作逻辑假；而逻辑表达式的值为真，则用整型数1表示，逻辑表达式的值为假，则用整型数0表示。

4.2.1 逻辑运算符

3种逻辑运算在C语言中的运算符如下：

```
!(逻辑非)、&&(逻辑与)、||(逻辑或)
```

由于C语言依据数据是否为非0和0来判断逻辑真和逻辑假，所以进行逻辑运算的数据类型可以是字符型、整型或实型。

对于逻辑与(&&)，若其左右两个操作数均为非0(真)，则运算结果为1(真)，否则结果为0(假)。对于逻辑或(||)，只要它左右两边的操作数有一个为非0(真)，则运算结果为1(真)，否则结果为0(假)。对于逻辑非(!)，若操作数为非0(真)，则运算结果为0(假)，否则结果为1(真)。逻辑运算真值表如表4-2所示。

表4-2 逻辑运算真值表

<table>
<tr><th>a</th><th>b</th><th>a&&b</th><th>a||b</th><th>!a</th></tr>
<tr><td>假</td><td>假</td><td>假</td><td>假</td><td>真</td></tr>
<tr><td>假</td><td>真</td><td>假</td><td>真</td><td>真</td></tr>
<tr><td>真</td><td>假</td><td>假</td><td>真</td><td>假</td></tr>
<tr><td>真</td><td>真</td><td>真</td><td>真</td><td>假</td></tr>
</table>

逻辑运算的结果有“真”和“假”，“真”对应的值为 1，“假”对应的值为 0。

逻辑运算符和其他运算符优先级从低到高的顺序：

赋值运算符(=)< && 和|| < 关系运算符 < 算术运算符 < 非(!)

&& 和|| 低于关系运算符，! 高于算术运算符。

详见附录Ⅲ。

4.2.2 逻辑表达式

用逻辑运算符将两个运算量(这里的运算量可以是常量、变量或表达式)连接起来的式子就是逻辑表达式。

例如，若有定义“int a=3，b=2，c=1，d=5;”，则逻辑表达式“a>b && c>d”等价于“(a>b)&&(c>d)”，结果为 0。而逻辑表达式“!b= =c|| d<a”等价于“((!b)= =c)||(d>a)”，结果为 1。

在 C 语言中，&& 和|| 是短路运算符号，即在一个或多个 && 连接的逻辑表达式中，只要有一个操作数为 0(逻辑假)，则停止做后面的 && 运算。因为此时已经可以断定逻辑表达式结果为假。

由一个或多个|| 连接而成的表达式中，只要碰到第一个不为 0 的操作数(逻辑真)，则停止做后面的|| 运算。因为此时已经可以断定逻辑表达式结果为真。因此，如果有下面的逻辑表达式：

```
(m=a>b)&&(n=c>d)
```

当 a=1，b=2，c=3，d=4，m=1，n=1 时，由于“a>b”的值为 0(逻辑假)，因此 m=0，这时“&&”后面的“(n=c>d)”不再进行计算，这样 n 便保持原值 1。

熟练掌握 C 语言的关系运算符和逻辑运算符后，可以用一个逻辑表达式来表示所要处理问题的条件。例如，判断三边长 a、b、c 是否构成三角形：

```
(a+b>c)&&(b+c>a)&&(c+a>b)
```

在进行程序设计时，如何用逻辑表达式来表示条件，需要对所处理的问题进行认真的分析。

4.3 if 语句

首先来看这样一个问题，计算分段函数：

$$y=\begin{cases}2x+5, & x>0\\ 1-x^2, & x\leqslant 0\end{cases}$$

求解该分段函数的算法如下：

(1)输入 x；

(2)对 x 值进行判断，如果 x>0，则 $y=2x+5$；否则 $y=1-x^2$。

(3)输出 y 的值。

显然，如何计算 y 的值是由 x 的值来决定的。这类程序结构称为选择程序结构又称为分支结构。选择的依据是根据某个变量或表达式的值做出判定，以决定执行哪些语句和跳过哪些语句。在 C 语言中，选择程序可以用 if 语句实现。对于上面的计算分段函数问题，可写出如下程序：

```
#include<stdio. h>
void main()
{
    int x,y;
    printf("请输入 x 的值:");
    scanf("% d",&x);
    if(x>0)
        y=2*x+5;
    else
        y=1- x*x;
    printf("当 x=% d 时,y=% d\n",x,y);
}
```

4.3.1　if 语句的一般形式

if 语句的一般形式如下：

```
if(表达式)
    语句 1;
else
    语句 2;
```

该语句执行过程：若表达式的值为“真”，则执行语句 1；否则，执行语句 2，如图 4-2 所示。

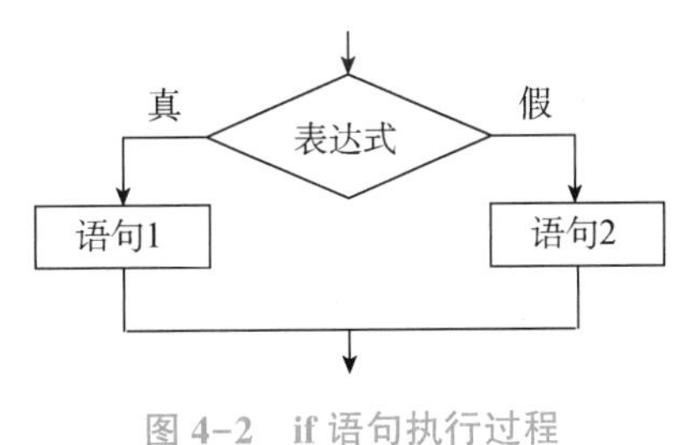

图 4-2　if 语句执行过程

说明：

(1)表达式部分用来描述判断的条件，它可以是 C 语言中任何合法的表达式。表达式结果为“0”，则表示“假”；结果为“非 0”，则表示“真”。表达式部分最常用的形式是一个逻辑表达式或条件表达式。

(2)语句 1 和语句 2 部分都只能是一条语句，这条语句可以是一个复合语句，或是空语句。

(3)为了养成良好的编程习惯，一般采用缩进对齐的格式书写，即将语句 1 和语句 2 缩进对齐，将关键字 if 和 else 对齐。这样可以增加程序的可读性和可维护性，不过要说明的是，若不采用缩进对齐的格式书写也不会影响程序的执行，也就是说缩进对齐并不是语法上的要求。

例 4-1 编程实现：输入两个数，比较其大小，将较大者输出。

分析：

(1)输入两个数存入变量 a、b 中；

(2)对 a、b 的值进行比较，若 a>b 则输出 a 值，否则输出 b 值。

参考程序如下：

```
#include<stdio. h>
void main()
{
    float a,b;
    printf("Input a,b:");
    scanf("% f,% f",&a,&b);
    if(a>b)
        printf("max=% f\n",a);
    else
        printf("max=% f\n",b);
}
```

程序运行时，显示器显示提示信息“Input a，b：”，在提示信息后输入任意两个数后按<Enter>键，将输出这两个数中的较大数。例如：

```
Input a,b:5,8↙
max=8. 000000
```

又如：

```
Input a,b:15. 6,13. 5↙
max=15. 600000
```

例 4-2 某公司的业务员工资计算办法为：工资=基本工资+提成。提成办法：当销售额在 5 000 元以下时，只发基本工资 800 元，当销售额在 5000 元以上时，超出部分可按 3% 提成。编程实现：输入一个业务员的销售额，计算并输出该业务员工资。

分析：

这个问题在程序实现时要考虑变量的类型，由于可能有些业务员的销售业绩非常好，考虑到数据的表示范围，可将表示销售额的变量 m 和表示工资总额的变量 s 定义为单精度实型。

参考程序如下：

```
#include<stdio. h>
void main()
{
```

```
    float m,s;
    scanf("% f",&m);
    if(m<5000)
        s=800;
    else
        s=800+(m- 5000)*0. 03;
    printf("s=%. 2f\n",s);
}
```

4. 3. 2　缺省 else 结构的 if 语句

在基本的 if 语句结构中，若在条件不成立时什么也不用做，即 else 后面的语句应该是一个空语句时，可以使用 C 语言中缺省 else 结构的 if 语句，一般形式如下：

```
if(表达式)
    语句;
```

缺省 else 结构的 if 语句的执行过程：若表达式的值为“真”，则执行语句；否则，执行下一条语句，如图 4-3 所示。

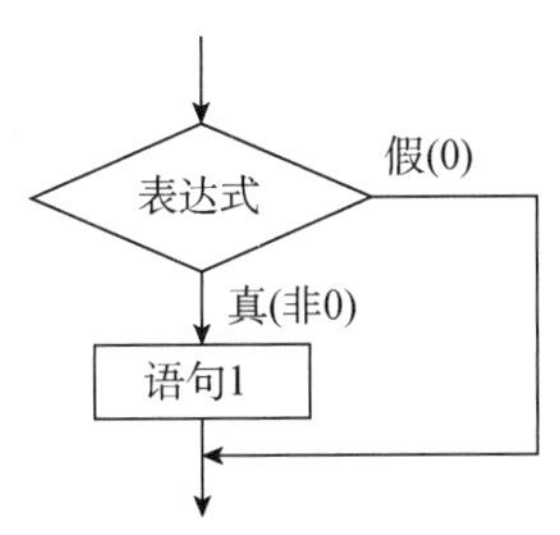

图 4-3　缺省 else 结构的 if 语句执行过程

例 4-3　编程实现：输入 3 个数 a、b、c，要求按由小到大的顺序输出。

分析：

(1)输入三个数存入变量 a、b、c 中；

(2)对 a、b 的值进行比较，将较小值放在 a 中，较大值放在 b 中；

(3)对 a、c 的值进行比较，将较小值放在 a 中，较大值放在 c 中；

(4)对 b、c 的值进行比较，将较小值放在 b 中，较大值放在 c 中；

(5)输出 a、b、c 的值，即由小到大有序。

参考程序如下：

```
#include<stdio. h>
void main()
{
    float a,b,c,t;                          /*t 为中间变量,用于两个变量的交换*/
    scanf("% f,% f,% f",&a,&b,&c);
    if(a>b)
```

```
        {t=a;a=b;b=t;}
    if(a>c)
        {t=a;a=c;c=t;}
    if(b>c)
        {t=b;b=c;c=t;}
    printf("%.2f,%.2f,%.2f\n",a,b,c);
}
```

程序运行示例：

```
3.5,6,2↙
2.00,3.50,6.00
```

4.3.3 if 语的嵌套

在一个 if 语句中又包含一个或多个 if 语句，称为 if 语句的嵌套。一般形式如下：

```
if(表达式 1)
    if(表达式 2)  语句 1;
    else 语句 2;
else
    if(表达式 3)  语句 3;
    else 语句 4;
```

由于 else 是 if 语句中的可缺少项，因此在嵌套结构的 if 语句中 else 的个数少于或等于 if 的个数。所以，在 if 语句嵌套的结构中一定要注意 else 与 if 之间的对应关系。在 C 语言中规定的对应原则如下：

else 总是与它前面最近的一个未匹配的 if 相匹配。

一般在书写程序时应注意将对应的 if 和 else 对齐，将内嵌的语句缩进，这样可增加程序的可读性和可维护性，但要特别注意的是 C 语言的编译系统并不是按缩进的格式来找 else 与 if 之间的对应关系的，它只是按“else 总是与它前面最近的一个未匹配的 if 相匹配”这一基本原则来找 else 与 if 之间的对应关系的。

例 4-4　有一函数：

$$y=\begin{cases}2x & x>0\\ 0 & x=0\\ -x & x<0\end{cases}$$

编写程序，输入一个 x 值，输出 y 值。

分析：

(1)输入 x；

(2)若 x>0，y=1。

(3)否则，若 x=0，y=0；否则，y=-1。

(4)输出 y。

程序流程图如图 4-4 所示。

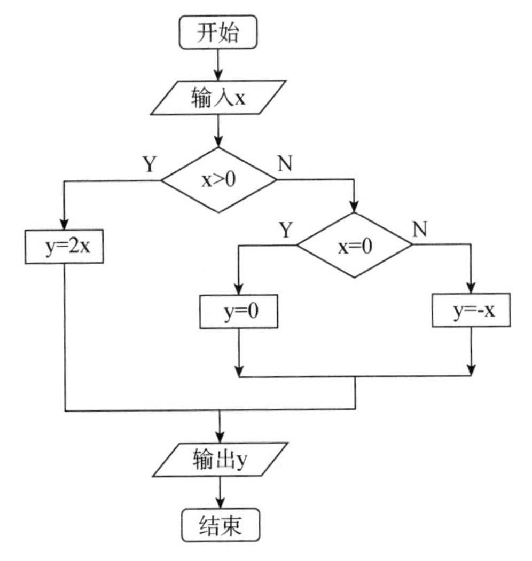

图 4-4　例 4-4 的程序流程图

参考程序如下：

```
#include<stdio. h>
void main()
{
    int x,y;
    printf("请输入 x 的值:");
    scanf("% d",&x);
    if(x>0)
        y=2*x;
    else
        if(x==0)
        y=0;
    else
        y=- x;
    printf("当 x=% d 时,y=% d\n",x,y);
}
```

本题也可用非嵌套的 if 语句来编写程序。

分析：

(1)输入 x；

(2)若 x>0，则 y=2x；

(3)若 x=0，则 y=0；

(4)若 x<0，则 y=−x；

(5)输出 y。

参考程序如下：

```
#include<stdio. h>
void main()
{
```

```
    int x,y;
    printf("请输入 x 的值:");
    scanf("%d",&x);
    if(x>0)y=2*x;
    if(x==0)y=0;
    if(x<0)y=-x;
    printf("当 x=%d 时,y=%d\n",x,y);
}
```

例 4-5 编程实现：从键盘输入一个字符，如果是数字字符，则输出“数字字符”，如果是大写字母，则输出“大写字母”，如果是小写字母，则输出“小写字母”，否则输出“其他字符”。

分析：

(1)输入一个字符 c；

(2)如果 c>='0'&&c<='9'，输出“数字字符”；

如果 c>='A'&&c<='Z'，输出“大写字母”；

如果 c>='a'&&c<='a'，输出“小写字母”；

否则，输出“其他字符”。

参考程序如下：

```
#include <stdio. h>
int main(){
    char c;
    printf("Input a character:");
    c=getchar();
    if(c>='0'&&c<='9')
        printf("数字字符\n");
    else if(c>='A'&&c<='Z')
        printf("大写字母\n");
    else if(c>='a'&&c<='z')
        printf("小写字母\n");
    else
        printf("其他字符\n");
}
```

4.3.4 条件运算符

如果 if 语句的形式如下：

```
if(表达式 1)
    x=表达式 2;
else
    x=表达式 3;
```

则无论表达式 1 为“真”还是为“假”，都只执行一个赋值语句且赋给同一个变量。这时，可以利用条件运算符，将这种 if 语句用如下语句来表示：

```
x=(表达式 1)?表达式 2:表达式 3;
```

条件表达式的取值如图 4-5 所示。

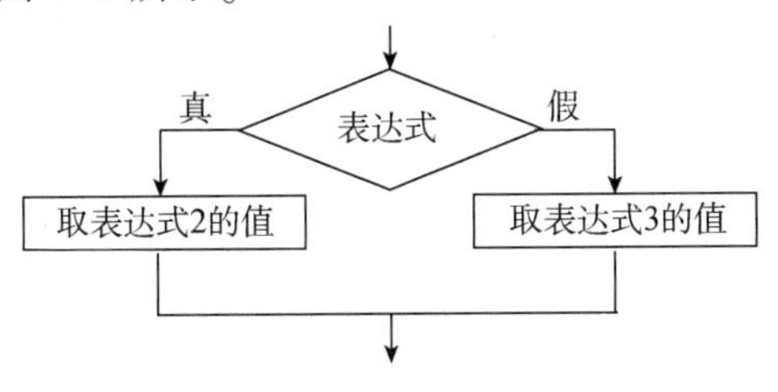

图 4-5　条件表达式的取值

其中“(表达式 1)?表达式 2:表达式 3”是由条件运算符构成的条件表达式，即当表达式 1 的值为“真”时，将表达式 2 的值赋给变量 x；当表达式 1 的值为“假”时，将表达式 3 的值赋给变量 x。

条件表达式的一般形式如下：

```
表达式 1?表达式 2:表达式 3
```

条件运算符是 C 语言中唯一的三目运算符，它要求有 3 个操作对象。其求值规则：如果表达式 1 的值为真，则以表达式 2 的值作为整个条件表达式的值，否则以表达式 3 的值作为整个条件表达式的值。条件表达式通常用于赋值语句之中。

条件运算符的优先级低于关系运算符和算术运算符，高于赋值运算符。

例如，条件表达式

```
max=(a>b)?a:b;
```

也可写成

```
max=a>b?a:b;
```

条件运算符的结合方向为从右至左。

例如，条件表达式

```
a>b?a:c>d?c:d
```

相当于

```
a>b?a:(c>d?e:d)
```

例 4-6　编程实现：输入 3 个数 a、b、c，输出其中最大的数。

方法一：用 if 语句实现。参考程序如下：

```
#include<stdio. h>
void main()
{
    float a,b,c,max;
    scanf("% f,% f,% f",&a,&b,&c);
    if(a>b)
```

```
        max=a;
    else
        max=b;
    if(c>max)
        max=c;
    printf("max=%.2f\n",max);
}
```

方法二：用条件表达式实现。参考程序如下：

```
#include<stdio.h>
void main()
{
    float a,b,c,max;
    scanf("%f,%f,%f",&a,&b,&c);
    max=(a>b)?a:b;
    max=(c>max)?c:max;
    printf("max=%.2f\n",max);
}
```

本程序也可用嵌套结构的 if 语句实现，请读者自己动手完成。

4.4 switch 语句

if 语句只有两个分支可供选择，而实际问题常常需要进行多分支的选择，尽管可以通过 if 语句的嵌套形式来实现多分支选择，但这样做的结果使得 if 语句的嵌套层次太多，降低了程序的可读性。当然，也可以用多个非嵌套的 if 语句来解决多分支选择的问题，但程序显得不够简洁。在 C 语言中，switch 语句是专门用来实现多分支选择的语句。

switch 语句的一般形式如下：

```
switch(表达式)
{
    case 常量表达式 1:语句序列 1
    case 常量表达式 2:语句序列 2
    ⋮
    case 常量表达式 n:语句序列 n
    [default:语句序列 n+1]
}
```

其中，“[default：语句序列 n+1]”是可选项，而每个语句序列都可以是零到多条语句。

switch 语句的执行过程：首先计算 switch 后面圆括号内表达式的值，若此值等于某个 case 后面的常量表达式的值，则转向该 case 后面的语句去执行；若表达式的值不等于任何

case 后面的常量表达式的值，则转向 default 后面的语句去执行，如果没有 default 部分，则不执行 switch 语句中的任何语句，而直接转到 switch 语句后面的语句去执行。

说明：

(1) switch 后面圆括号内的表达式允许为任何类型，但是 case 后面的常量表达式的值，都必须是整型或字符型，不允许是其他类型；

(2) 同一个 switch 语句中的所有 case 后面的常量表达式的值都必须不同；

(3) switch 语句中的 case 和 default 的出现次序是任意的，也就是说 default 也可以位于 case 的前面，且 case 的次序也不要求按常量表达式的大小顺序排列；

(4) 由于 switch 语句中的“case 常量表达式”部分只起语句标号的作用，而不进行条件判断，所以，在执行完某个 case 后面的语句序列后，将自动去执行后面其他的语句序列，直到遇到 switch 语句的右花括号或“break”语句为止。例如：

```
switch(n)
{
    case 1:x=1;
    case 2:x=2;
}
```

当 n=1 时，将连续执行下面两个语句：

```
x=1;
x=2;
```

如果希望在执行完一个 case 分支后，跳出 switch 语句，转去执行 switch 语句的后续语句，可在该 case 的语句序列后，加上一个 break 语句，当执行到该 break 语句时，将立即跳出 switch 语句。例如：

```
switch(n)
{
    case 1:x=1;break;
    case 2:x=2;break;
}
```

对于上面的 switch 语句，由于在“case 1:”的语句序列后有 break 语句，因此当 n=1 时，只执行语句“x=1;”而不再执行语句“x=2;”。

例 4-7　编程实现：从键盘上输入星期号，显示对应的英文星期名字。

分析：

(1) 输入一个整数，放入整型变量 a 中；

(2) 对 a 进行除分析；

(3) 如果 a 在 1~7 之间，则输出对应的"Monday"、"Tuesday"、…、"Sunday"；

(4) 如果 a 不在 1~7 之间，则输出"error"。

参考程序如下：

```
#include <stdio. h>
void main()
```

```
{
    int a;
    printf("Input integer number:");
    scanf("% d",&a);
    switch(a){
        case 1:printf("Monday\n");break;
        case 2:printf("Tuesday\n");break;
        case 3:printf("Wednesday\n");break;
        case 4:printf("Thursday\n");break;
        case 5:printf("Friday\n");break;
        case 6:printf("Saturday\n");break;
        case 7:printf("Sunday\n");break;
        default:printf("error\n");break;
    }
}
```

例 4-8 编程实现：从键盘输入一个百分制成绩，输出成绩等级'A'、'B'、'C'、'D'、'E'。其中，90 分以上为'A'，80~89 分为'B'，70~79 分为'C'，60~69 分为'D'，60 分以下为'E'。

分析：

(1)输入一个百分制成绩，放入整型变量 score 中；

(2)对 score 进行除 10 的运算，即 score/10；

(3)列出 score/10 可能产生的各个值；

(4)将各个值对应的成绩等级放入变量 grade 中。

(5)输出 grade。

参考程序如下：

```
#include<stdio. h>
void main()
{
    int score;char grade;
    scanf("% d",&score);
    switch(score/10)
    {
        case 1:
        case 2:
        case 3:
        case 4:
        case 5:grade='E';break;
        case 6:grade='D';break;
        case 7:grade='C';break;
        case 8:grade='B';break;
        case 9:
```

```
            case 10:grade='A';break;
            default:grade='*';
        }
    if(grade=='*')printf("成绩输入错误!\n");
    else printf("%d 分的成绩等级为%c\n",score,grade);
}
```

以上程序表面上看当成绩输入错误时会给出相应的提示，事实上并非所有的错误输入都能检查出来，如输入 105 时输出的是'A'，而 105 已超出百分制的范围。以下是改进后的程序：

```
#include<stdio.h>
void main()
{
    int score;char grade;
    scanf("%d",&score);
    if(score<0||score>100)
    printf("成绩输入错误!\n");
    else
    {switch(score/10)
        {
            case 1:
            case 2:
            case 3:
            case 4:
            case 5:grade='E';break;
            case 6:grade='D';break;
            case 7:grade='C';break;
            case 8:grade='B';break;
            case 9:
            case 10:grade='A';
        }
        printf("%d 分的成绩等级为%c\n",score,grade);
    }
}
```

4.5　拓展案例

案例 4-1　解方程 $ax^2+bx+c=0$。程序流程图如图 4-6 所示。

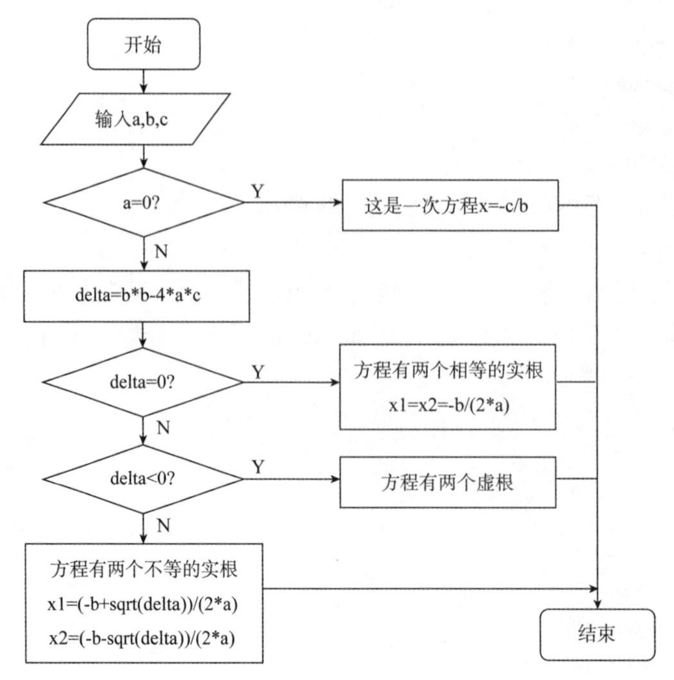

图 4-6　案例 4-1 的程序流程图

案例分析：

从代数知识可以知道：

(1)若 $b^2-4ac>0$，有两个不等的实根；

(2)若 $b^2-4ac=0$，有两个相等的实根；

(3)若 $b^2-4ac<0$，有两个虚根。

案例 4-1　程序及运行结果

程序运行结果如图 4-7 所示。

本案例中，用到了标准库函数 fabs( )求绝对值，sqrt( )求平方根，它们的函数原型都在头文件 math. h 中，所以用#include 命令将 math. h 包括进来。用 fabs(delta)<=1e-6 来判别 delta 的值是否为 0，是因为实数 0 在机器内存储时存在微小的误差，往往是以一个非常接近 0 的实数存放。

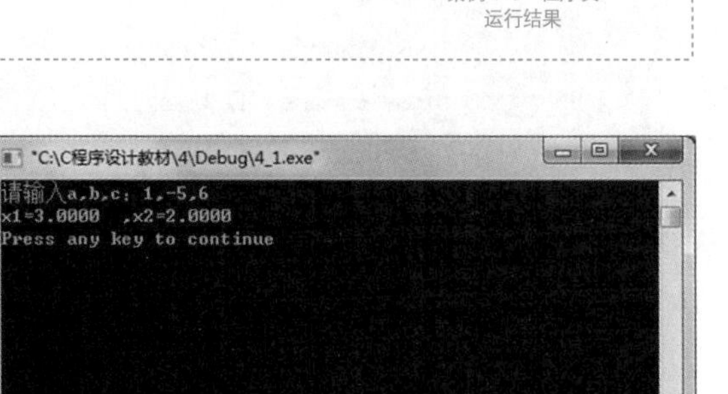

图 4-7　案例 4-1 程序运行结果

案例 4-2　设某公司的业务员工资计算办法：工资=基本工资+提成。提成办法：当销售额在 1 万元以下时，只发基本工资 1 000 元；当销售额在 1 万元以上时，可以拿提成。提成的比率：当销售额 2 万元以下时，超出 1 万元的部分可按 5%提成；当销售额在 2 万元以上 5 万元以下时，超出 2 万元的部分可按 6%提成；当销售额在 5 万元以上 10 万元以下时，超出 5 万元的部分可按 7%提成；当销售额在 10 万元以上时，超出 10 万元的部分可按 8%提成。输入一个业务员的销售额，计算他应发的工资额。

案例分析：

分析提成的标准如下：

销售额 m(元)	提成的百分比
$m\leq 10\ 000$	0
$10\ 000<m\leq 20\ 000$	5%
$20\ 000<m\leq 50\ 000$	6%
$50\ 000<m\leq 100\ 000$	7%
$m>100\ 000$	8%

例如，某个业务员的销售额为 85 000 元，则他应发的工资额包括：

销售额在 1 万元以下的部分，提成为 0 元；

销售额在 1 万元以上 2 万元以下的部分，提成为 10 000 * 5% = 500 元；

销售额在 2 万元以上 5 万元以下的部分，提成为 30 000 * 6% = 1 800 元；

销售额在 5 万元以上的部分，提成为 35 000 * 7% = 2 450 元。

他应发的工资额：

基本工资(1 000 元)+提成(500+1 800+2 450 = 4 750 元)；

工资总额 1 000+4 750 = 5 750 元。

案例 4-2 程序及运行结果

在计算提成时，switch 语句可采用分段计算的方法。为了使 case 后面的常量表达式的值能与 switch 后面的表达式的值相对应，将销售额除以 10 000 与相应的提成等级相对应。

程序运行结果如图 4-8 所示。

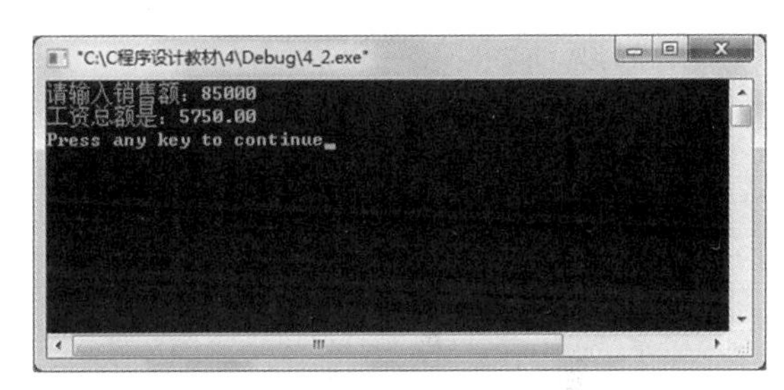

图 4-8 案例 4-2 程序运行结果

案例 4-3 大学里对不同性质的学生听课收费不同。某校规定：本校全日制学生不收费；本校夜大学生选课 12 学分及以下付 200 元，然后每增加一个学分付 20 元；对外校学生选课 12 学分及以下付 600 元，然后每增加一个学分付 60 元。编程实现：输入某个学生的编号、选课学分及学生类型，计算该学生应付的学费。

案例分析：

学分——n，收费——x，编号——number，学生的类别——p。根据题意，分 3 种情况考虑：

(1)本校全日制：x = 0

(2)本校夜大：n≤12，x = 200

n>12，x = 200+(n-12) * 20

(3)外校：n≤12，x = 600

n>12，x = 600+(n-12) * 60

案例 4-3 程序及运行结果

程序运行结果如图 4-9 所示。

```
"C:\C程序设计教材\4\Debug\4_3.exe"
          学生收费管理
      ==============
      1-本校全日制学生
      2-本校夜大学生
      3-外校学生
      请输入学生的类别（1~3）：2
      请输入学生的编号和学分：1001,34
      学生1001应交费 640元。
Press any key to continue
```

图 4-9　案例 4-3 程序运行结果

本章小结

(1)本章详细介绍了关系运算符和关系表达式，逻辑运算符和逻辑表达式。读者应掌握这些运算符的运算规则、优先级，能够用这些关系表达式或逻辑表达式来描述日常生活中的判断条件。

(2)本章详细介绍了用 if 语句来实现选择结构程序设计的方法，用 if 语句的嵌套实现多分支结构的程序设计方法。其中，if 语句的嵌套是本章学习的难点。

(3)本章还介绍了用 switch 语句实现多分支结构程序设计的方法。应注意在 switch 语句中通常应配合使用 break 语句。

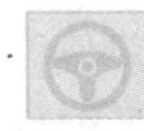

习题

一、选择题

1. 当把以下 4 个表达式用作 if 语句的控制表达式时，有一个选项与其他 3 个选项含义不同，这个选项是(　　)。

A. k%2　　B. k%2==1　　C. (k%2)!=0　　D. !k%2==1

2. 设 ch 是 char 型变量，其值为 C，则表达式

```
ch=(ch>='A'&&ch<='Z')?(ch+32):ch
```

的值是(　　)。

A. C　　B. c　　C. Z　　D. z

3. 设 a=5、b=6、c=7、d=8、m=2、n=2，执行

```
(m=a<b)||(n=c>d)
```

后 n 的值为(　　)。

A. 1　　B. 2　　C. 3　　D. 4

4. 若 x 和 y 代表整型数，以下表达式中不能正确表示数学关系 $|x-y|<10$ 的是(　　)。

A. abs(x-y)<10　　B. x-y>-10&&x-y<10

C. !(x-y)<-10||!(y-x)>10　　　　D. (x-y) * (x-y)<100

5. 有以下程序段：

```
int k=0,a=1,b=2,c=3;
k=a<b?b:a;k=k>c?c:k;
```

执行该程序段后，k 的值是(　　)。

A. 3　　　　B. 2　　　　C. 1　　　　D. 0

6. 若整型变量 a、b、c、d 中的值依次为 1、4、3、2，则条件表达式“a<b?a:c<d?c:d”的值为(　　)。

A. 1　　　　B. 2　　　　C. 3　　　　D. 4

7. 以下程序段中与语句“k=a>b?(b>c?1:0):0;”功能等价的是(　　)。

A. if((a>b)&&(b>c))k=1;

B. if((a>b)||(b>c))k=1
　else k=0;

C. if(a<=b)k=0;
　else if(b<=c)k=1;

D. if(a>b)k=1;
　else if(b>c)k=1;
　else k=0;

8. 有以下程序：

```
#include<stdio. h>
void main()
{
    int a=0,b=0,c=0,d=0;
    if(a=1){b=1;c=2;}
    else d=3;
    printf("% d,% d,% d,% d\n",a,b,c,d);
}
```

运行后程序输出(　　)。

A. 1 1 2 0　　　　B. 1，2，2，0　　　　C. 1，1，2，0　　　　D. 1 1，2 0

9. 有以下程序：

```
#include<stdio. h>
void main()
{
    int i=1,j=2,k=3;
    if(i++==1&&(++j==3||k++==3))
    printf("% d % d % d\n",i,j,k);
}
```

程序运行后的输出结果是(　　)。

A. 1 2 3　　　　B. 2 3 4　　　　C. 2 2 3　　　　D. 2 3 3

10. 若a、b、c1、c2、x、y均是整型变量，则正确的switch语句是________。

A.

```
switch(a+b);
{
    case 1:y=a+b;break;
    case0:y=a- b;break;
}
```

B.

```
switch(a*a+b*b)
{
    case 3:
    case1:y=a+b;break;
    case3:y=b- a;break;
}
```

C.

```
switch a
{
    case c1:y=a- b;break;
    case c2:x=a*b;break;
    default:x=a+b;
}
```

D.

```
switch(a- b)
{default:y=a*  b;break;
    case3:case 4:x=a+b;break;
    case10:case 11:y=a- b;break;
}
```

二、填空题

1. 以下程序运行后的输出结果是________。

```
#include <stdio. h>
void main()
{
    int a=3,b=4,c=5,t=99;
    if(b<a&&a<c)t=a;a=c;c=t;
    if(a<c&&b<c)t=b;b=a;a=t;
    printf("% d% d% d\n",a,b,c);
}
```

2. 以下程序用于判断a、b、c能否构成三角形，若能，输出YES，否则输出NO。当输入三角形3条边长a、b、c时，要判断a、b、c能否构成三角形，构成三角形应同时满足3个条件：a+b>c，a+c>b，b+c>a。请填空。

```
#include <stdio. h>
void main()
{
    float a,b,c;
    scanf("% f% f% f",&a,&b,&c);
    if(________)printf("YES\n");
    else printf("NO\n");
}
```

3. 以下程序运行后的输出结果是________。

```
#include <stdio. h>
void main()
{
    int a=2,b=-1,c=2;
    if(a<b)
    if(b<0)c=0;
    else c++;
    printf("% d\n",c);
}
```

4. 以下程序运行后的输出结果是________。

```
#include <stdio. h>
void main()
{
    int x=1,y=0,a=0,b=0;
    switch(x)
    {
        case1:switch(y)
        {case0:a++;break;
        case1:b++;break;}
        case2:a++;b++;break;
    }
    printf("% d % d\n",a,b);
}
```

5. 以下程序运行后的输出结果是________。

```
#include <stdio. h>
void main()
{
    int a=0,i;
    for(i=1;i<5;i++)
    {
        switch(i)
```

```
        {
            case0:
            case3:a+=2;
            case1:
            case2:a+=3;
            default:a+=5;
        }
    }
    printf("% d\n",a)
}
```

6. 以下程序运行后的输出结果是________。

```
#include<stdio. h>
void main()
{
    int a=3,b=7;
    printf("% d\n",(a++)+(++b));
    printf("% d\n",b% a);
    printf("% d\n",!a>b);
    printf("% d\n",a+b);
    printf("% d\n",a&&b);
}
```

三、编程题

1. 由键盘输入 3 个整数 a、b、c，用条件运算符编程，求出其中最大值和最小值。

2. 编程实现：从键盘上输入一个整数，如果是偶数，输出"YES"，否则输出"NO"。

3. 某市不同车牌的出租车 3 公里的起步价和计费分别为：夏利 7 元，3 公里以外 2.1 元/公里；富康 8 元，3 公里以外 2.4 元/公里；桑塔那 9 元，3 公里以外 2.7 元/公里。编程实现：从键盘输入乘车的车型及行车公里数，输出应付车资。

第5章　循环结构程序设计

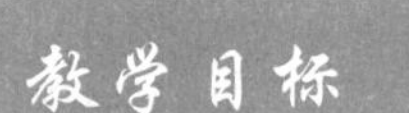

教学目标

掌握 while 语句、do…while 语句和 for 语句的格式和执行过程，能够运用这些语句编写出循环结构程序，并掌握循环结构程序设计的基本方法。

本章要点

- while 语句
- do…while 语句
- for 语句
- continue 及 break 语句
- 循环结构程序设计

人们在处理事务过程中，常常需要完成重复性、规律性的操作，大自然也有重复性、规律性的现象，如日出日落，春、夏、秋、冬周而复始，这便是循环。在用 C 程序求若干数的和、求一个数的阶乘值等时，都需要用到循环语句。几乎所有的实用程序都包含循环。循环结构是结构化程序设计的基本结构之一，它和顺序结构、选择结构共同作为各种复杂程序的基本构造单元。因此，熟练掌握选择结构和循环结构的概念及使用是程序设计的最基本的要求。

在 C 语言中有 3 种循环语句：while 语句、do…while 语句和 for 语句。另外，用 goto 语句和 if 语句也可以构成循环。

案例引入

掷骰子游戏

案例描述

小时候玩游戏经常会用到骰子，它虽然很小，但是作用却很大。本案例便是一个关于掷骰子的游戏，规则：一盘游戏中，两人轮流掷骰子 5 次，并将每次掷出的点数累加，5 局之后，累计点数较大者获胜，点数相同则为平局。要求：通过编程算出 50 盘之后的最终胜利者(50 盘中赢的盘数多者，即最终胜利者)。

案例分析

(1)每次掷出的点数都是 1~6 的一个随机数。

(2)为了分出每盘的胜负，必须把两人骰子点数的累加值分别记录下来。

(3)为了分出整体的胜负，必须把两人胜利的盘数分别记录下来。

本案例中骰子的点数将使用随机数函数生成，在实现本案例之前，需要先学习随机数函数相关知识。

案例实现

案例设计

(1)引入需要用到的 3 个头文件。

(2)在主函数中调用 srand( )函数设置随机数种子。

(3)外层循环实现 50 盘游戏中两人胜负盘数的累计，内层循环计算两人每盘掷出的随机点数。

(4)循环结束后，得出最终结果，经过比较分出胜负并输出结果。

案例代码

```
#include <time. h>
#include <stdlib. h>
#include <stdio. h>
int main()
{    int d1,d2,c1,c2,i,j;
     srand((unsigned int)time(NULL));        //使用系统定时器的值作为随机数种子
     c1=c2=0;
     for(i=1;i<=50;i++)                      //表示 50 盘游戏
     {    d1=d2=0;
          for(j=1;j<=6;j++)                  //循环 6 次,把骰子点数累加
          {    d1=d1+rand()% 6+1;            //生成 1~6 的随机数
               d2=d2+rand()% 6+1;
          }
          printf("% d\t% d\n",d1,d2);
          if(d1>d2)                          //如果累加点数 d1 大于 d2,第一个人胜局+1
          c1++;
          else if(d1<d2)                     //如果累加点数 d1 小于 d2,第二个人胜局+1
          c2++;
     }
     printf("两人获胜局数:甲---%d 局\t 乙---%d 局\n",c1,c2);
     if(c1>c2)                               //如果第一个人的总胜局多于第二个人
     {printf("\n 甲取得胜利。\n");            //第一个人取得胜利
```

```
    }
    else
    { if(c1<c2)                      //如果第一个人的总胜局少于第二个人
        printf("\n 乙取得胜利。\n");    //第二个人取得胜利
        else                          //如果两人获胜局数相等
        printf("\n 甲乙打成平手。\n");  //二人打成平手
    }
    return 0;
}
```

程序运行结果

程序运行结果如图 5-1 所示。

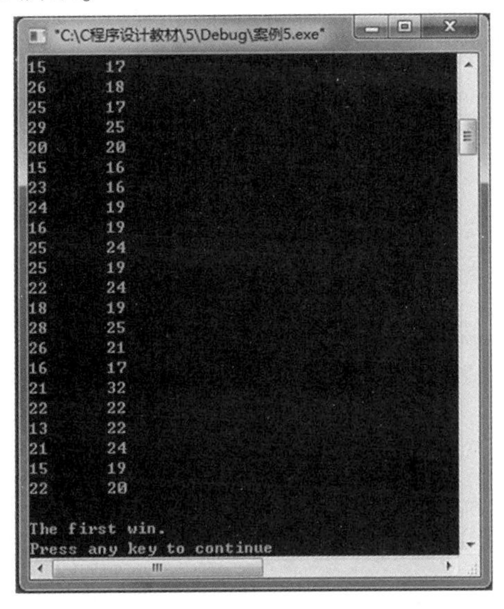

图 5-1　案例"掷骰子游戏"程序运行结果

5.1　while 语句

while 语句通过判断循环控制条件是否满足来决定是否执行循环。其一般形式如下：

```
while(表达式)
    循环体语句
```

这里，表达式为循环控制条件，当表达式的值为非 0 值时，就执行 while 中的循环体语句；当表达式的值为 0 值时，就转去执行 while 语句的下一句。while 语句执行过程如图 5-2 所示。

从图中看出，当程序执行到 while 语句时，首先计算表达式，如果表达式的值为非 0，就执行循环体语句，然后自动回到表达式处再进行表达式的计算，若表达式的值还为非 0 值，则继续执行循环体语句，如此反复，直到表达式的值为 0，结束循环，转去执行程序中

while 语句的下一句。对于 while 语句，若表达式的值一开始就为 0，则循环体语句一次都不被执行。

C 语言规定，循环体语句只能是一条语句，如果由多条语句构成一个循环体，应该用花括号括起来构成一条复合语句。

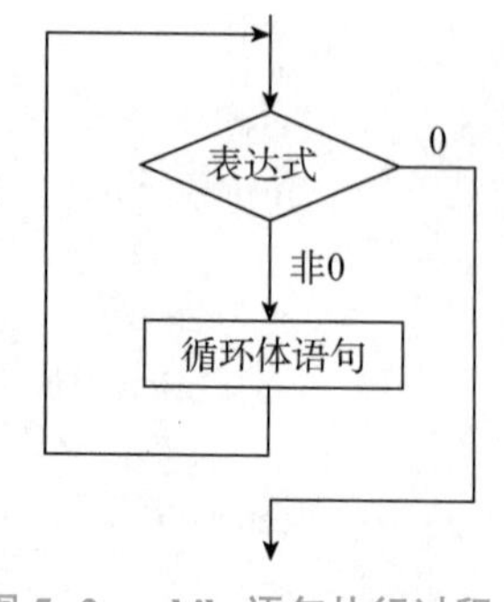

图 5-2　while 语句执行过程

例 5-1　编程实现：输入 10 个学生的成绩，求平均成绩。

分析：

(1)人数从 0 计。

(2)当“人数<10”时，做以下工作：

①输入一个分数；

②累计总分；

③人数加 1。

(3)重复第(2)步，直到“人数为 10”结束。

参考程序如下：

```
#include <stdio. h>
void main()
{    int n=0;                              /*n 用来存放学生数,初值为 0*/
     float score,average=0;                /*average 用来存放平均成绩,初值为 0*/
     while(n<10)                           /*当没有输入完 10 个学生成绩时继续循环*/
     {    scanf("% f",&score);             /*输入一个学生的分数*/
          average+=score;                  /*累计总分*/
          n++;                             /*学生数加 1*/
     }
     average/=n;                           /*求平均成绩 average*/
     printf("% 6. 2f\n",average);          /*输出 average,保留两位小数*/
}
```

5.2　do…while 语句

do…while 语句是先执行循环体语句，再通过判断表达式的值来决定是否继续循环。其一般形式如下：

```
do
     循环体语句
while(表达式);
```

do 后面是循环体语句，while 后面的表达式为循环控制条件。

do…while 语句的执行过程：先执行一次循环体语句，然后计算表达式的值，当表达式的值为非 0(“真”)时，便重复执行一次循环体语句。如此反复，直到表达式的值为 0 时，就结束循环，如图 5-3 所示。

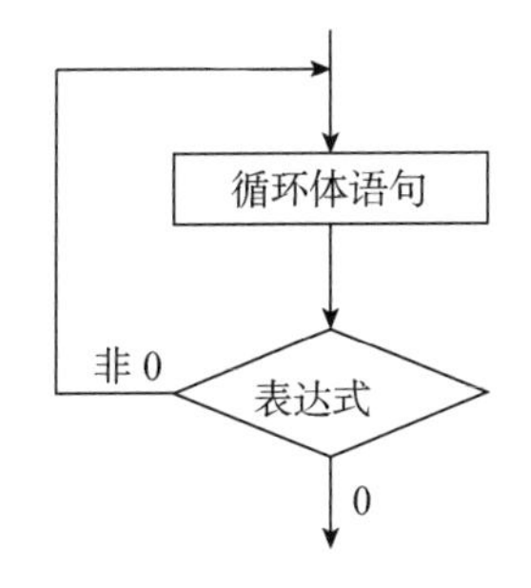

图 5-3　do…while 语句的执行过程

do…while 中的循环体语句至少要被执行一次，因为它是先执行循环体语句，再判断表达式。当循环体部分由多条语句组成时，也必须用花括号括起来，使其构成一条复合语句。

对于例 5-1 用 do…while 语句编写程序如下：

```
#include <stdio. h>
void main()
{   int n=0;                                /*n 用来存放学生数,初值为 0*/
    float score,average=0;                  /*average 用来存放平均成绩,初值为 0*/
    do
    {   scanf("% f",&score);                /*输入一个学生的分数*/
        average+=score;                     /*累计总分*/
        n++;                                /*学生数加 1*/
    } while(n<10);                          /*当没有输入完 10 个学生成绩时继续循环*/
    average/=n;                             /*求平均成绩 average*/
    printf("% 6. 2f\n",average);            /*输出 average,保留两位小数*/
}
```

注意：

在使用 while 语句和 do…while 语句时，循环控制表达式中的变量值，必须在循环体内有所改变，否则会造成死循环。

例如：

```
i=1;
while(i<=10)
    printf("% 3d\n",i);
    i++;
```

这个循环永远不会结束，是一个死循环，不断输出“1”这个值。因为语句“i++;”不属于循环体中的语句，循环控制表达式中的 i 值没有在循环体内被改变。应该改为：

```
i=1;
while(i<=10)
{   printf("% 3d\n",i);
    i++;
}
```

这条循环语句执行的结果是以每个数占 3 个字符宽输出 1~10 之间的 10 个数。也可以将它改成 do…while 语句：

```
i=1;
do
{    printf("%3d\n",i);
     i++;
}while(i<=10);
```

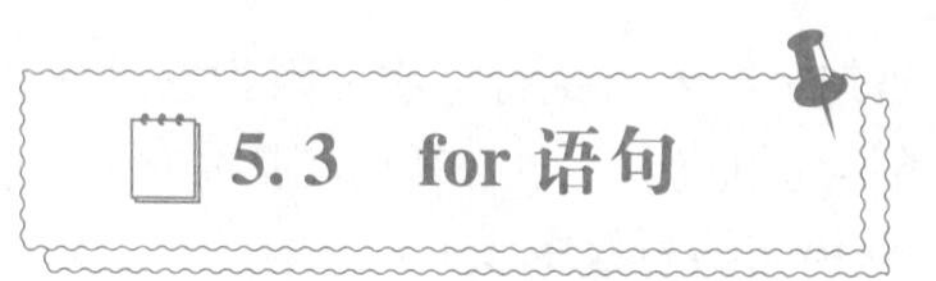

5.3.1 for 语句的一般形式

for 语句是 C 语言中最有特色的循环语句，使用最为灵活方便，因此是程序中为了实现循环而使用最多的循环语句。for 语句的一般形式如下：

```
for(表达式 1;表达式 2;表达式 3)
    循环体语句
```

其执行过程如图 5-4 所示。

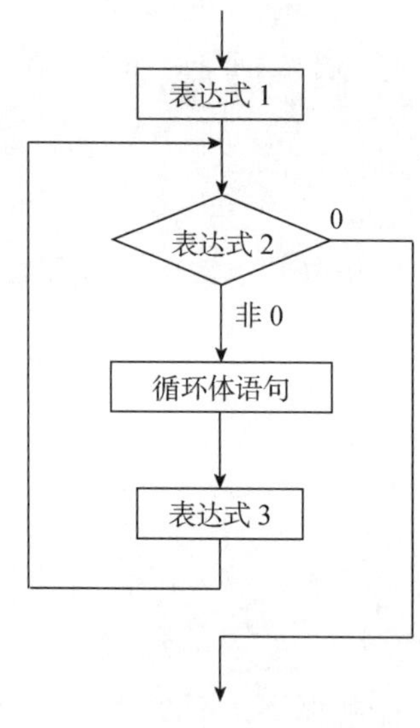

图 5-4　for 语句执行过程

5.3.2 for 语句中的各部分含义

表达式 1：初值表达式，用于循环开始前，为循环变量设置初始值。

表达式 2：循环控制表达式，它控制循环执行的条件，决定循环次数。

表达式3：修改循环控制变量值表达式。

循环体语句：被重复执行的语句。

5.3.3 for语句的执行过程

for语句的执行过程如下：

(1)计算表达式1的值；

(2)计算表达式2的值，若表达式2的值为0(“假”)，则结束for循环；

(3)执行循环体语句；

(4)计算表达式3，然后转向步骤(2)。

for语句中循环体部分由多条语句组成时，也必须用花括号括起来，使其构成一条复合语句。

对于例5-1用for语句编写程序如下：

```
#include <stdio. h>
void main()
{    int n;
     float score,average=0;
     for(n=1;n<=10;n++)                    /*从第一个学生到最后一个学生*/
     {    scanf("% f",&score);
          average+=score;
     }
     average/=10;                          /*求平均成绩*/
     printf("% 6. 2f\n",average);
}
```

思考：

这里求平均成绩的语句是“average/=10;”而不是例5-1中的“average/=n;”，为什么要做这样的改变？

5.3.4 for语句与while语句的比较

for语句等价于下列语句序列：

```
表达式1;
while(表达式2)
{    循环体语句
     表达式3;
}
```

可以看出，for语句可以取代while语句，且for语句结构显得整齐、紧凑、清晰。

5.3.5 for语句应用举例

例 5-2 用 for 语句，求 s=1+2+3+…+100 的值。

分析：

设 s 的初值为 0，循环控制变量 i 从 1 增加到 100，循环体如下：

```
s=s+i;                /*i=1,2,…,100*/
```

参考程序如下：

```
#include <stdio.h>
void main()
{    int i,s=0;
     for(i=1;i<=100;i++)
          s=s+i;
     printf("s=%d\n",s);
}
```

例 5-3 用 for 语句求 n!。

分析：

对于 i(1≤i≤n)，i! 可以表示成 i*(i-1)!，如果用变量 fact 存放 i!，则 fact 的初值应为 1。

参考程序如下：

```
#include <stdio.h>
void main()
{    int i,n;
     long fact=1;                    /*阶乘的值增加很快,为防止溢出,还可定义为 float 型*/
     scanf("%d",&n);
     for(i=1;i<=n;i++)
     fact=fact*i;
     printf("%d!=%ld\n",n,fact);
}
```

运行该程序，若输入 10↙，则输出结果如下：

```
10!=3628800
```

5.3.6 for语句的变形

1. 表达式的省略

for 语句中的 3 个表达式，可以根据情况省略其中一个、两个，也可全都省略。当表达式被省略时，其后的分号不可省略。

对于例 5-2，其循环语句可以写成如下形式。

(1)省略表达式 1。例如：

```
i=1;                                   /*在for语句之前给循环变量赋初值*/
for(;i<=100;i++)                       /*此处省略了表达式1*/
    s=s+i;
```

(2)省略表达式3。例如：

```
for(i=1;i<=100;)                       /*此处省略了表达式3*/
{   s=s+i;
    i++;                               /*修改循环控制变量*/
}
```

(3)省略表达式1和表达式3。例如：

```
i=1;
for(;i<=100;)
{   s=s+i;
    i++;
}
```

(4)将3个表达式全都省略。

如果3个表达式全都省略，则for语句就没有了循环控制条件，循环将无限进行下去，此时可在循环体中利用break语句来终止循环。例如：

```
i=1;
for(;;)                                /*此处省略了三个表达式*/
{   s=s+i;
    i++;
    if(i>100)break;                    /*如果i>100,则退出循环*/
}
```

2. for语句中的逗号表达式

逗号表达式的主要应用就是在for语句中。for语句中的表达式1和表达式3可以是逗号表达式。例如：

```
for(s=0,i=1;i<=100;i++)                /*此处表达式1为逗号表达式*/
    s=s+i;
```

3. 循环体为空语句

对for语句，循环体为空语句的一般形式如下：

```
for(表达式1;表达式2;表达式3)
    ;
```

例如，求s=1+2+3+…+100可以用如下循环语句完成：

```
for(s=0,i=1;i<=100;s=s+i,i++);
```

上述for语句的循环体为空语句，不做任何操作。实际上是把求累加和的运算放入表达式3中了。

循环体语句为空语句的情况在while语句和do…while语句中也经常被使用。这是C语言的一个特点。例如：

```
while(putchar(getchar())!='#');
```

这个循环语句的作用是在显示器上复制输入的字符，当输入的字符为'#'时，结束循环。这里循环体是空语句。

5.4 break 语句、continue 语句和 goto 语句

break 语句、continue 语句和 goto 语句的功能是改变程序的执行顺序，使程序的执行从其所在的位置转向另一处。

5.4.1 break 语句

break 语句的一般形式如下：

```
break;
```

break 语句是限定转向语句，它使流程跳出所在的结构，把流程转向所在结构之后。前面已经在 switch 语句中使用过 break 语句，目的是使流程跳出 switch 结构。break 语句在循环结构中的作用是跳出所在的循环结构，转向执行该循环结构后面的语句。例如：

```
#include <stdio. h>
void main()
{    int i=1,s=0;
     for(;;)
     {    s=s+i;
          i++;
          if(i>100)break;                    /*如果 i>100,则退出循环*/
     }
     printf("s=% d\n",s);
}
```

在本程序执行过程中，当 i>100 时，强行终止 for 循环(从循环体中跳出)，继续执行 for 语句的下一条语句，即输出 s 的值。

例 5-4 编程实现：求圆的面积。

参考程序如下：

```
#include <stdio. h>
#define PI 3. 1415926
void main()
{int r;
     float s;
     for(r=1;r<=10;r++)
     {    s=PI*r*r;
```

```
        if(s>100)break;                          /*如果 s>100,则退出循环*/
        printf("s=%.2f\n",s);
    }
}
```

本程序在执行时，半径从 1~10 变化，对于每一个半径值，求出相应的圆面积值 s。如果 s>100，则退出循环，否则输出 s。从程序中看出 for 循环有两种结束方式，一是当 r>10 时，二是当 s>100 时。

break 语句不能用于循环语句和 switch 语句之外的任何其他语句。如果在多重(层)嵌套的结构中使用 break 语句，则 break 仅仅退出所在的那层结构，即 break 语句不能使程序控制退出一层以上的结构。

5.4.2　continue 语句

continue 语句的一般形式如下：

```
continue;
```

continue 语句被称为继续语句。该语句的功能是使本次循环提前结束，即跳过循环体中 continue 语句后面尚未执行的循环体语句，继续进行下一次循环的条件判断。continue 语句只能出现在循环体语句中，不能用在其他的地方。

例 5-5　编程实现：显示输入的字符，如果按的是<Esc>键，则退出循环；如果按的是<Enter>键，则不做任何处理，继续输入下一个字符。

参考程序如下：

```
#include <stdio.h>
#include "conio.h"
void main()
{   char ch;
    for(;;)
    {   ch=getch();                          /*将输入的字符放入 ch 中*/
        if(ch==27)break;                     /*<Esc>键的 ASCII 值为 27*/
        if(ch==13)continue;                  /*<Enter>键的 ASCII 值为 13*/
        putch(ch);                           /*显示输入的字符*/
    }
    getch();                                 /*程序暂停,按任意键继续,目的是查看程序的运行情况*/
}
```

说明：

getch( )和 putch( )的作用与 getchar( )和 putchar( )相似。不同的是：

(1) getch( )不显示键盘输入的字符。

(2) getchar( )输入字符时，要按<Enter>键，计算机才会响应，而用 getch( )时，输入字符不需要按<Enter>键。

(3) 需要的头文件不同。使用 getch( )和 putch( )时，所需的头文件是 conio.h，而使用 getchar( )和 putchar( )时，所需的头文件是 stdio.h。

在实际编程中，continue 语句很少使用。实际上，例 5-5 中的循环体语句

```
if(ch==13)continue;
putch(ch);
```

改为

```
if(ch!=13)putch(ch);
```

程序的功能是一样的。

5.4.3 goto 语句

goto 语句被称为无条件转移语句，它的一般形式如下：

```
goto 标号;
```

执行 goto 语句使程序流程转移到相应标号所在的语句，并从该语句继续执行。语句标号用标识符表示。带标号语句的形式如下：

```
标号:语句
```

即标号和语句之间用冒号隔开。

下面的程序是用 goto 语句来求 s=1+2+3+…+100 的值：

```
#include <stdio.h>
void main()
{    int i=1,s=0;
loop: s=s+i;
     i++;
     if(i<=100)
          goto loop;
     printf("s=%d\n",s);
}
```

goto 语句只能使流程在函数内转移，不得转移到该函数外。需要从多重嵌套的结构中转移到最外层时，可以使用 goto 语句。

大量使用 goto 语句会打乱各种有效的控制语句，导致程序结构不清晰，程序的可读性变差，再加上 goto 语句可以用别的语句代替，因此要尽量避免使用 goto 语句。

5.5 循环的嵌套

在循环体语句中又包含另一个完整的循环结构的形式，称为循环的嵌套。嵌套在循环体内的循环结构称为内循环，外面的循环结构称为外循环。如果内循环体中又有嵌套的循环语句，则构成多重循环。while、do…while 和 for 3 种循环可以互相嵌套。

例 5-6 编写程序输出如下结果：

```
*
* *
* * *
* * * *
* * * * *
```

分析：

(1)用循环控制变量i(1≤i≤5)控制图形的行数：

```
for(i=1;i<=5;i++)
输出第 i 行;
```

(2)每行上'＊'的个数随着控制变量i值的变化而变化：

```
i=1 时,执行 1 次 putchar('*');
i=2 时,执行 2 次 putchar('*');
……
i=5 时,执行 5 次 putchar('*');
```

如果用循环控制变量j(1≤j≤i)来控制图形中每行'*'的个数，则内循环体语句应如下：

```
for(j=1;j<=i;j++)
putchar('*');
```

完整的程序如下：

```
#include <stdio. h>
void main()
{    int i,j;
     for(i=1;i<=5;i++)
     {    for(j=1;j<=i;j++)
               putchar('*');               /*或 printf("*");*/
          putchar('\n');                   /*或 printf("\n");*/
     }
}
```

本例中是两重for循环嵌套。其实3种循环语句可以互相嵌套。例如：

```
while()                                    /*互相嵌套(1)*/
{    …
     for(;;)
     {…}
     …
}

do                                         /*互相嵌套(2)*/
{    …
     while()
     {…}
```

```
    …
}while();

for(;;)                                        /*互相嵌套(3)*/
{   …
    while()
    {…}
    …
}
```

循环嵌套的程序中，要求内循环必须被包含在外层循环的循环体中，不允许出现内外层循环体交叉的情况。例如：

```
do
{   …
    while()
    {…
    }while();
    …
}
```

在 do…while 循环体内开始 while 循环，但是 do…while 循环结束在 while 循环体内，它们相互交叉，这是非法的，如图 5-5 所示。

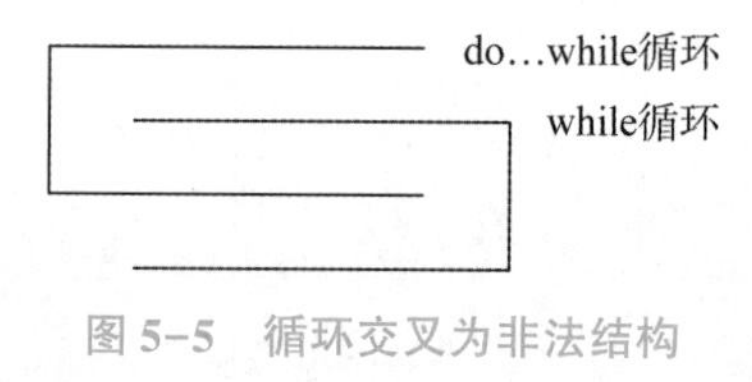

图 5-5　循环交叉为非法结构

5.6　拓展案例

案例 5-1　编程实现：求 3~100 间的全部素数。

案例分析：

(1)素数是只能被 1 和本身整除的自然数(1 除外)，如 2、3、5、7 是素数，1、4、6、8、10 不是素数。

(2)判断某数 i 是否为素数的一个简单办法是用 2，3，4，…，i-1 这些数据逐个去除 i，只要被其中的一个数整除了，则 i 就不是素数。数学上已证明，对于自然数 i 只需用 2，3，4，…，$i^{1/2}$ 测试，即从 2 开始到 i 的平方根的值即可。

程序运行结果如图 5-6 所示。

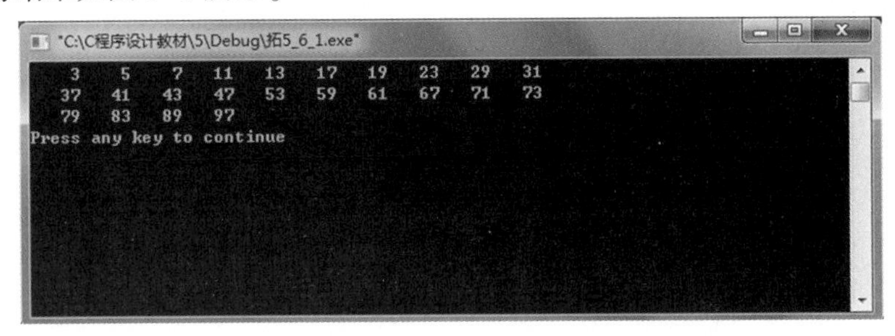

图 5-6　案例 5-1 程序运行结果

案例 5-2　编程实现：求兔子数列{1，1，2，3，5，8，…}前 20 项。

案例分析：

(1) 兔子数列又称斐波那契数列、黄金分割数列，因数学家列昂那多·斐波那契以兔子繁殖为例而引出，故得此名。

案例 5-2　程序及运行结果

(2) 一对兔子在出生两个月后，每个月能生出一对小兔子。该数列的前两项都是 1，从第 3 项开始的每一项都是前两项的和：

$f_1=1(n=1)$

$f_2=1(n=2)$

⋮

$f_n=f_{n-1}+f_{n-2}(n>=3)$

(3) 迭代循环：其中 f3 为当前新求出的兔子数，f1 为前一个月的兔子数，f2 为前两个月的兔子数，为下一次迭代做准备；进行如下的赋值 f1=f1+f2，f2=f2+f1。

程序运行结果如图 5-7 所示。

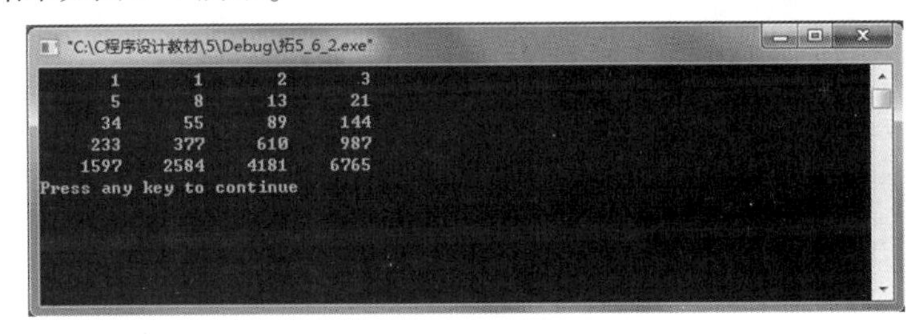

图 5-7　案例 5-2 程序运行结果

案例 5-3　编程实现：在显示器上输出“九九乘法表”。

案例描述：

乘法口诀是中国古代筹算中进行乘法、除法、开方等运算的基本计算规则，沿用至今已有两千多年。古时的乘法口诀，自上而下，从“九九八十一”开始，到“一一如一”为止，与现在使用的顺序相反，因此古人用乘法口诀开始的两个字“九九”作为此口诀的名称。本案例要求通过编程在显示器上输出九九乘法表。

案例 5-3　程序及运行结果

案例分析：

(1)九九乘法表一共有9行。每行等式的数量和行号相等，如第二行包含两个等式，第六行包含6个等式，以此类推，第九行包含9个等式。根据其特点可知应该使用双层循环来解决此问题。

(2)定义整型变量/控制行数的输出，定义整型变量/控制等式数量的输出。

(3)第一个for循环用来控制乘法表中每行的第一个因子和表的行数，很明显/的取值范围为1~9。

(4)第二个for循环中变量/取值范围的确定建立在第一个for循环的基础上，它的最大取值是第一个for循环中变量的值。也就是说，/的取值范围根据行数变化，运行到第几行，的最大值就是几。

(5)为了控制格式，将乘法表分行，需要在每行的末尾输出一个换行符。

程序运行结果如图5-8所示。

```
"C:\C程序设计教材\5\Debug\拓5_6_3.exe"
1*1=1
1*2=2 2*2=4
1*3=3 2*3=6 3*3=9
1*4=4 2*4=8 3*4=12 4*4=16
1*5=5 2*5=10 3*5=15 4*5=20 5*5=25
1*6=6 2*6=12 3*6=18 4*6=24 5*6=30 6*6=36
1*7=7 2*7=14 3*7=21 4*7=28 5*7=35 6*7=42 7*7=49
1*8=8 2*8=16 3*8=24 4*8=32 5*8=40 6*8=48 7*8=56 8*8=64
1*9=9 2*9=18 3*9=27 4*9=36 5*9=45 6*9=54 7*9=63 8*9=72 9*9=81
Press any key to continue
```

图5-8　案例5-3程序运行结果

案例5-4　百钱白鸡问题。

案例描述：

中国古代数学家张丘建在他的《算经》中提出了一个著名的“百钱百鸡问题”：一只公鸡值五钱，一只母鸡值三钱，三只小鸡值一钱，现在要用百钱买百鸡，请问公鸡、母鸡、小鸡各多少只？

案例分析：

(1)如果用一百钱只买一种鸡，那么，公鸡最多20只，母鸡最多33只，小鸡最多300只。但题目要求买100只，所以小鸡的数量在0~100之间，公鸡数量在0~20之间，母鸡数量在0~33之间。把公鸡、母鸡和小鸡的数量分别设为cock、hen、chicken，通过上述分析可知：

①0<=cock<=20；

②0<=hen<=33；

③0<=chicken<=100；

④cock+hen+chicken=100；

案例5-4　程序及运行结果

⑤5 * cock+3 * hen+chicken/3 = 100。

与此同时，可知母鸡、小鸡和公鸡的数量相互限制，可以使用三层循环嵌套来解决此问题。

(2)先定义 3 个整型变量分别用来存储公鸡、母鸡和小鸡。

(3)第一层 for 循环控制公鸡的数量，第二层 for 循环控制母鸡的数量，第三层 for 循环控制小鸡的数量。

(4)根据这三层循环可以得到很多种方案，但是其中有很多是不符合条件的，要把合理的方案筛选出来，即把满足“cock+hen+chicken = 100”和“5 * cock+3 * hen+chicken/3 = 100”的方案输出。

程序运行结果如图 5-9 所示。

图 5-9　案例 5-4 程序运行结果

案例 5-5　验证冰雹猜想。

案例描述：

冰雹猜想又称“角谷猜想”，是由日本数学家角谷静夫发现的一种数学现象，同时角谷静夫提出一切自然数都具此种性质的设想，故称“角谷猜想”。它的具体内容：以一个正整数 n 为例，如果 n 为偶数，就将它变为 n/2；如果除后变为奇数，则将它乘 3 加 1(即 3n+1)。不断重复这样的运算，经过有限步后，是否一定可以得到 1？据日本和美国的数学家攻关研究，所有小于 7×10^{11}的自然数，都符合这个规律。

在数学文献里，冰雹猜想也常常被称为“3X+1 问题”，因为对于任意一个自然数，若为偶数则除以 2，若为奇数则乘以 3 再加 1，将得到的新自然数按照此规则继续算下去，若干次后得到的结果必然为 1。

案例分析：

(1)以自然数 10 为例，根据冰雹猜想的规则，其变化过程如下：

$$10\rightarrow5\rightarrow16\rightarrow8\rightarrow4\rightarrow2\rightarrow1$$

经过多步操作后的最终结果为 1，所以 n = 10 时猜想成立。

(2)针对自然数 27，按照上述方法进行运算，则它的上浮下沉异常剧烈：首先，27 要经过 77 步的变换到达顶峰值 9 232，然后又经过 32 步到达谷底值 1。全部的变换过程(称作“雹程”)需要 111 步，所以 n = 27 时猜想成立。

案例 5-5　程序及运行结果

(3) 编程实现：先定义一个整型变量 n 来存储数字，然后再定义一个整型变量 count 作为计数器，输出数字时显示在数字前作为序号。

(4) 从键盘接收一个自然数后直接进入 do…while 循环；然后根据 n 奇偶性的不同，执行不同的操作，当 n=1 时退出循环。

(5) 当 n 为奇数时，把 n 乘以 3 再加 1；当 n 为偶数时，把 n 除以 2。

程序运行结果(部分)如图 5-10 所示。

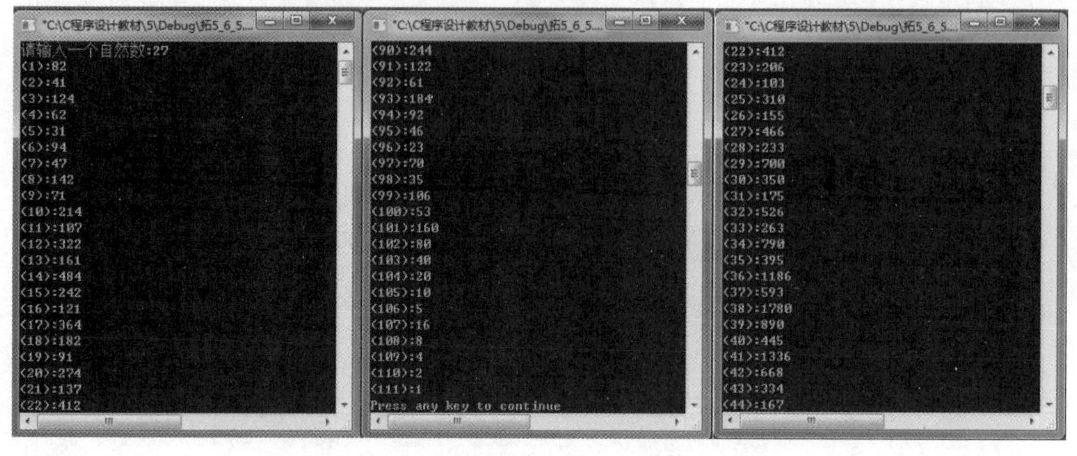

图 5-10　案例 5-5 程序运行结果(部分)

本章小结

(1) 本章主要介绍了 3 种构成循环的语句：while 语句、do…while 语句、for 语句。读者应熟练掌握语句的一般形式和语句的执行过程。对于用 if 和 goto 语句构成的循环结构，只作一般性的了解即可。

(2) 本章还介绍了循环结构中常用到的两个语句：break 语句和 continue 语句。读者要注意两者的区别：break 语句是结束整个循环，continue 语句只是结束本次循环。

(3) 在介绍循环程序设计方法的同时，本章还介绍了循环嵌套的概念，读者应重点掌握用 for 语句构成的二重循环的应用，对于多重循环只要求作一般性的了解。

习题

一、选择题

1. 在下列选项中，没有构成死循环的程序段是(　　)。

A.
```
int i=100;
while(1)
{    i=i%100+1;
     if(i>100) break;
```

```
    }
B. int k=10;
   do
   { ++k;
   } while(k>=100);
C. for( ; ; );
D. int s=36;
   while(s);
   --s;
```

2. 要求通过 while 循环不断读入字符，当读入字母 N 时结束循环。若变量已正确定义，则以下程序段正确的是(　　)。

A. while((ch=getchar())!='N')　printf("%c", ch);

B. while(ch=getchar()!='N')　printf("%c", ch);

C. while(ch=getchar()=='N')　printf("%c", ch);

D. while((ch=getchar()=='N')　printf("%c", ch);

3. 设变量已正确定义，则以下能正确计算 f=n! 的程序段是(　　)。

A. f=0;
   for(i=1; i<=n; i++)f*=i;

B. f=1;
   for(i=1; i<n; i++)f*=i;

C. f=1;
   for(i=n; i>1; i++)f*=i;

D. f=1;
   for(i=n; i>=2; i--)f*=i;

4. 以下程序运行后的输出结果是(　　)。

```
#include <stdio. h>
void main()
{     int i=0,s=0;
      for(;;)
      {
            if(i==3||i==5)continue;
            if(i==6)break;
            i++;
            s+=i;
      }
      printf("% d\n",s);
}
```

A. 10　　B. 13　　C. 21　　D. 程序进入死循环

5. 以下程序运行后的输出结果是(　　)。

```
#include <stdio. h>
void main()
```

```
{
    int x=0,y=5,z=3;
    while(z-->0&&++x<5)y=y-1;
    printf("%d,%d,%d\n",x,y,z);
}
```

A. 3，2，0　　B. 3，2，-1　　C. 4，3，-1　　D. 5，-2，-5

6. 以下程序运行后的输出结果是(　　)。

```
#include <stdio.h>
void main()
{
    int i,n=0;
    for(i=2;i<5;i++)
    {
        do{if(i%3)continue;
            n++;
        }while(!i);
        n++;
    }
    printf("n=%d\n",n);
}
```

A. n=5　　B. n=2　　C. n=3　　D. n=4

二、填空题

1. 以下程序的功能是输出100以内(不含100)能被3整除且个位数为6的所有整数，请填空。

```
#include <stdio.h>
void main()
{
    int i,j;
    for(i=0;________;i++)
    {   j=i*10+6;
        if(________)continue;
        printf("%d  ",j);
    }
}
```

2. 以下程序功能是求分数序列{2/1，3/2，5/3，8/5，13/8……}的前20项之和，请填空。

```
#include <stdio.h>
void main()
{
    int n,t;
    float x=2,y=1,s=0;
    for(n=1;n<=20;n++)
```

```
    {   ________;
        ________;
        ________;
        ________;
    }
    printf("the sum is:%.2f\n",s);
}
```

3. 以下程序的功能是计算 s=1+12+123+1234+12345，请填空。

```
#include <stdio.h>
void main()
{
    int t=0,s=0,i;
    for(i=1;i<=5;i++)
    { t=i+________;s=s+t;
    }
    printf("s=%d\n",s);
}
```

三、编程题

1. 编程实现：求 s=1+1/2+1/3+…+1/100 的值。

2. 编程实现：100 依次减去 1，2，3，…，x，直到其结果第一次变负时，输出相应的 x 值。

3. 编程实现：输入 10 个学生的成绩，输出其中最高分和最低分。

4. 编程实现：输出所有的“水仙花数”。所谓“水仙花数”是指一个三位数，其中各位数字的立方和等于该数本身。例如 $153=1^3+5^3+3^3$。

5. 编程实现：输出如下图形：

6. 编程实现：输出前 100 个素数(第一个素数是2)。

第6章　函数与编译预处理

教学目标

熟练掌握函数的概念、定义和调用的方法。能够运用模块化思想将一个大的程序按功能分成若干个模块，经过逐层细化从而完成带自定义函数的C程序的设计。掌握递归调用的思想和递归算法的实现。掌握不同变量存储类型的特性和差异，在应用时，可以根据程序中对变量影响范围的要求，预先合理定义变量的存储类型，以便在各函数间方便地进行数据交换和传递，实现程序执行的高效率。通过对C语言多种预处理命令的理解和应用，使C程序源代码更加清晰；提高程序的可读性和易修改性；充分体现模块化程序设计思想；实现编程的高效率和通用性。

本章要点

- 模块化程序设计
- 函数的概念、定义和调用
- 函数的递归调用
- 全局变量、局部变量和外部变量的作用域
- 静态存储、动态存储
- 宏定义、文件包含、条件编译

案例引入

计算器

案例描述

计算器是一种很方便的小工具，无论是学校的小卖部，还是集市的小摊位，常常可以见到计算器的身影。随着科技的发展、计算机的普及，虽然计算器已经逐渐销声匿迹，但计算机、手机中仍然保存着这个简单的小程序。本案例将参照计算器进行简单模拟，实现针对两

个整数的四则运算。

案例分析

本案例需要实现加、减、乘、除四则运算，其中加、减、乘运算除运算符选择之外，其他操作完全一致，因此此处以乘法操作为例，对计算过程进行分析。

执行乘法操作的细节如下：

(1)由用户输入一个数据，作为第一个操作数；

(2)用户输入一个运算符，此处应输入乘法符号；

(3)用户输入第二个操作数；

(4)用户按下<Enter>键，将数据传入计算机内进行计算，计算器操作之后输出结果。除法运算与乘法运算也基本相同，只是在输入第二个操作数时，需要进行判断，当第二个操作数不为 0 时才能继续往下执行。

案例实现

案例设计

本案例模拟一个简单的计算器，实现基础的四则运算，每一个运算由一个函数独立完成。程序应实现与普通计算机相同的输入与输出，因此计算器应能判断用户要求执行的为哪种操作。本案例中使用一个字符变量记录用户输入的运算符，将运算符传递到 switch 语句中，让程序判断并选择要使用的函数。因为在进行运算时需要操作数，所以每个函数的参数列表设置两个形式参数，用来接收用户输入的两个操作数。计算器在打开之后应能一直进行操作，因此案例中使用 while 语句使程序循环执行。

案例程序

```
#include <stdio. h>
float sum;                              //全局变量,记录计算结果
void Add(float op1,float op2)           //加法函数
{    sum=(float)op1+op2;
     printf("%. 2f\n",sum);
}
void Sub(float op1,float op2)           //减法函数
{    sum=op1- op2;
     printf("%. 2f\n",sum);
}
void Mult(float op1,float op2)          //乘法函数
{    sum=op1*op2;
     printf("%. 2f\n",sum);
}
void Div(float op1,float op2)           //除法函数
{    if(op2==0)
```

```
        printf("被除数不能为 0!");
        else
        {    sum=op1/op2;
             printf("%.2f\n",sum);
        }
}
int main()                                    //主函数
{    float op1,op2;                           //定义两个操作数变量
     charch;                                  //定义一个运算符
     while(1)
     {    scanf("% f% c% f",&op1,&ch,&op2);
          switch(ch)
          {    case '+':Add(op1,op2);break;
               case '- ':Sub(op1,op2);break;
               case '*':Mult(op1,op2);break;
               case '/':Div(op1,op2);break;
               default:break;
          }
     }
     return 0;
}
```

程序运行结果如图 6-1 所示。

图 6-1　案例“计算器”程序运行结果

6.1　模块化程序设计与函数

在前五章中所出现的程序都只有一个 main( ) 函数，用一个 main( ) 函数编写的程序会很长，不利于开发大型程序(或软件)，也不利于程序的阅读和调试。在这种情况下提出了一种好的办法，就是把一个解决大问题的程序，分解成多个解决小问题的小程序块(即模块)。

从组成上看，各个功能模块彼此间有一定的联系，功能上又各自独立；从开发过程上看，可能不同的模块由不同的程序员开发，然后将各模块组合成求解原问题的方案，这就是“自顶向下”的模块化设计方法。由功能模块组成的程序结构如图 6-2 所示。

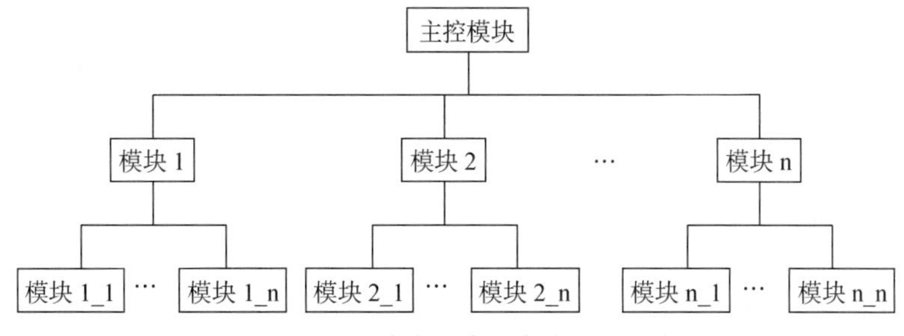

图 6-2　由功能模块组成的程序结构

在 C 语言中，用函数实现功能模块的定义，一个文件中可以包含多个函数，每个函数均可完成一定的功能，依一定的规则调用这些函数，就可组成解决某个特定问题的程序。因此，C 语言程序设计符合结构化程序设计的思想。

在结构化程序设计中，主要采用功能分解法进行模块划分。功能分解是一个自顶向下，逐步求精的过程。模块划分的基本原则：高聚合、低耦合。具体地说，模块划分应该遵循以下主要原则。

1. 模块独立

模块的独立性表现在模块能完成独立的功能，和其他模块间的关系简单，各模块可以单独调试。修改某一模块，不会造成整个程序的混乱。要做到模块的独立性应注意以下 3 点。

(1) 每个模块完成一个相对独立的特定子功能。若一些模块完成相似的子功能，则可以把它们综合起来考虑，找出它们的共性，把它们做成一个完成特定功能的单独模块。

(2) 模块之间的关系力求简单。模块之间最好只通过数据传递发生联系。

(3) 数据的局部化。数据的局部化就是模块内使用的数据也具有独立性，即一个模块内的数据只属于这个模块，不允许其他模块使用，同时也不影响其他模块中的数据。C 语言的局部变量，就是数据局部化的需要。

2. 模块规模适当

模块不能太大，但也不能太小。如果模块的功能复杂，可读性就不好，可以考虑再进行分解。而模块太小，也会增加程序的复杂度。

3. 分解模块要注意层次

对于一个较复杂的问题，不要直接把它分解成许多模块，而应按层次进行分解，这就是要注意对问题进行抽象化。不要一开始就注意细节，要做到逐步细化求精。

6.2　函数的定义与调用

C 语言的程序通常是用程序员编写的新函数和 C 标准库中的函数组成的。C 标准库中提供了丰富的标准库函数，这些函数能够完成常用的数学计算、字符串操作、字符操作、输入/输出及其他许多有用的操作。这些函数给程序员提供了很多的功能、减少了的工作量、节省了开发时间、使程序具有更高的可移植性。标准库函数存放在不同的头文件中，使用时只要把头文件包含在用户程序中(即在程序开始部分用如下形式：#include <头文件名> 或#include "头文件名")，就可以直接调用相应的库函数了。在前面的程序中已经使用过一些标准库函数，如 getchar()、sqrt()等，但事实上，仅靠 C 语言的标准库函数往往是不够的。

在实际编程时，用户可根据自己的需要，编写完成指定功能的函数，这些函数称为“自定义函数”。因此，学会自己编写函数以解决特定的问题是本章要解决的主要任务。

函数是 C 语言源程序的基本组成单位。一个 C 程序由一个 main()主函数和若干个函数构成。主函数可以调用其他函数，其他函数之间也可以相互调用。

基于用户使用函数的角度，函数分为标准库函数和用户自定义函数；基于函数定义形式的角度，函数还可以分为有参函数和无参函数。

6.2.1 函数的定义

函数的定义就是编写函数的程序以实现函数的功能。下面举一个函数定义及调用的例子。

例 6-1 编写程序，求长方形的周长。

参考程序如下：

```
#include <stdio. h>
void main()
{
      float x,y,s;
      float peri(float x,float y);                    /*对调用函数的声明*/
      scanf("% f% f",&x,&y);
      s=peri(x,y);                                    /*调用函数*/
      printf("The perimeter is:%. 2f\n",s);
}
float peri(float x,float y)                           /*定义 peri()函数*/
{
      float z;
      z=(x+y)*2;
      return z;                                       /*返回函数值*/
}
```

若运行时输入“10 15↙”，则输出为“The perimeter is：50. 00”。

上面的程序由两个函数组成，一个是 main()函数，一个是自定义函数 peri()。peri()函数有两个参数 x 和 y。它的功能是用周长公式求长方形周长，并将其值返回给主函数。通过这个程序可以看出函数定义的形式。

1. *有参函数的定义*

有参函数定义的一般形式如下：

```
类型名 函数名(形式参数类型说明列表)
{    局部变量说明
     语句序列
}
```

按照函数的定义形式，可以将求两个数中较大者的功能，写成以下函数：

```
int max(int a,int b)                    /*函数定义和形式参数类型说明*/
{    int z;                             /*局部变量说明*/
     z=x>y?x:y;
     return t;                          /*返回较大者*/
}
```

2. 无参函数的定义

无参函数定义的一般形式如下：

```
类型名 函数名()
{    局部变量说明
     语句序列
}
```

例如：

```
void fun()
{
     inti;
     for(i=0;i<10;i++)
     printf("*");
}
```

由上可知，一个函数分为函数说明和函数体两大部分。

1) 函数说明

(1) 函数说明部分包括类型名、函数名、参数表及参数类型的说明，即函数的原型也就是函数定义的第一行。

(2) 类型名是指函数的类型，用来说明该函数返回值的类型，如果没有返回值，则其类型说明符应为“void”，即空类型。例如，例6-1中的peri( )函数是一个float型的函数，其返回的函数值是一个实数。如果函数的返回值是整型可以省略；函数类型缺省时，其类型为int型。

(3) 函数名必须是一个合法的标识符，与变量的命名规则相同，且不能与其他函数或变量重名。

(4) 形式参数(即形参)是各种类型的变量，并且可有可无。如果有，则各形参之间用逗号间隔。形参的值是由主调函数在调用时传递过来的，其一般形式如下：

```
类型名 参数,类型名 参数,…
```

如果无形参，则此函数为无参函数。

2) 函数体

函数定义花括号“{ }”里的部分是函数体。函数体一般由两部分组成：一部分是变量定义，用来定义在函数体中使用的变量；另一部分是函数功能实现，通常由可执行语句构成。

如果函数有返回值，则在函数体中需要使用返回语句 return。return 语句的一般形式如下：

```
return(表达式);
```

或

```
return 表达式;
```

在执行 return 语句时，先计算出表达式的值，再将该值返回给主调函数。如果函数的类型与 return 语句的表达式的类型不一致，则以函数的类型为准，系统将自动进行数据类型转换。

如果没有 return 语句或 return 语句不带表达式并不表示没有返回值，而是返回一个不确定的值。若不希望有返回值，则必须在定义函数时说明函数类型为 void 无返回值类型。

6.2.2 函数的调用

定义一个函数的目的是使用，因此只有在程序中调用该函数时才能执行它的功能。C 语言的函数调用遵循先定义，后调用的原则。如果对某函数的调用出现在该函数定义之前，必须用说明语句先对函数进行声明，再对函数进行调用。

1. 函数的声明

在调用某一已经定义了的函数时，一般还应在主调函数中对被调用函数进行声明(说明)。用函数原型来进行函数声明，即函数声明的形式如下：

```
类型名 函数名(形式参数类型说明列表);
```

其中，形式参数类型说明列表中可以省略参数名，但参数类型名和数目必须与定义函数时一致。例如，“float power(float，int);”与“float power(float x，int n);”意义相同，都是对 power()函数进行声明。

对于以下情况，编译环境通常允许省略函数声明：

(1)函数定义出现在主调函数之前，即定义在先调用在后。

(2)函数的类型为 int 型。

2. 函数的调用

根据函数有参和无参两种不同形式，函数调用也分有参和无参两种。

有参函数调用的一般形式如下：

```
函数名(实际参数列表);
```

无参函数调用的一般形式如下：

```
函数名();
```

根据程序的需要，函数的调用可用函数调用语句独立实现，也可以在表达式中进行函数的调用。

3. 形参与实参

定义有参函数时，函数名后圆括号里的参数，称为形式参数，简称形参。形参一般为变量名。调用函数时，函数名后圆括号里的参数表达式，称为实际参数，简称实参。实参可以是常量也可以是变量或表达式。对于一个具体的函数来说，实参与形参必须一一对应，即数量相同、类型一致。

4. 参数的传递

当主调函数调用被调函数，且被调函数是一个有参函数时，其数据传递是通过实际参数和形式参数结合完成的，即主调函数将实参的值传给形参。被调函数运行时，系统根据形式参数的类型为其分配内存单元，并将实参传递来的值放入形参内存单元中，调用结束后形参所占内存单元立即被释放。

例 6-2　编写函数，输出两个数中的最小值。

参考程序如下：

```
#include <stdio. h>
int min(int a,int b)
{    int z;
     if(a<b)return a;
     else return b;
}
void main()
{    int x,y,z;
     int max(int,int);
     scanf("% d,% d",&x,&y);
     z=min(x,y);                         /*调用函数 min(),a 和 b 已有具体的值*/
     printf("The minimum is:% d\n",z);
}
```

若运行时输入“50，5↙”，则输出为“The minimum is：5”。

当调用 max( ) 函数时，按顺序把实参 x 的值传给形参 a，把实参 y 的值传给形参 b。实参和形参之间数据传递情况如图 6-3 所示。

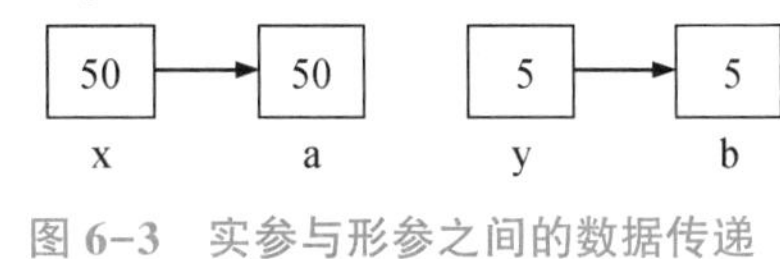

图 6-3　实参与形参之间的数据传递

关于形式参数和实际参数说明如下。

(1) 形参是变量，它在函数被调用时才被分配内存。当函数执行完毕返回时，形参占用的内存空间便被释放。

(2) 实参可以是变量、常量和表达式，但实参必须有确定的值。

(3) 形参和实参的类型必须一致。

(4) 对应的实参和形参是两个独立实体，因为它们分别占据不同的内存空间，它们之间只有单向的值的传递，即将实参的值传递给形参。若形参的值在函数中被改变了，其改变不会影响到实参。

5. 函数的嵌套调用

C 语言函数定义是独立的、相互平行的，即函数不允许嵌套定义，但允许嵌套调用。若在某函数体中调用了另一个函数，则在该函数被调用的过程中将发生另一次函数调用。这种调用现象称为函数的嵌套调用，即在被调用中又调用其他函数。函数的嵌套调用关系如图 6-4 所示。

在调用一个函数时，其实参又是一个函数调用，也称为函数的嵌套调用，如“max(min(a，b)，c)；”。

main()　　f2()　　f1()

调用 f2()　　调用 f1()

图 6-4　函数嵌套调用关系

例 6-3　编程计算 $1^3!+2^3!$。

分析：

本题可以编写两个函数，一个是计算立方的函数 cubic()，另一个是用来计算阶乘的函数 fact()。主函数先调用 cubic()计算出立方值，再以立方值为实参，调用 fact()计算其阶乘值，然后返回 cubic()，再返回主函数，在循环程序中累加和。

参考程序如下：

```
#include <stdio. h>
long cubic(int p)
{     int k;
      long r;
      long fact(int);
      k=p*p*p;
      r=fact(k);
      return r;
}
long fact(int q)
{     int i;
      long t=1;
      for(i=1;i<=q;i++)
            t=t*i;
      return t;
}
void main()
{     int i;
      long s=0;
      for(i=1;i<=2;i++)
            s=s+cubic(i);
      printf("1³!+2³!=% ld\n",s);
}
```

程序运行结果为如下：

```
40321
```

6.3　函数的递归调用

函数在执行过程中直接或间接调用自身，称为函数的递归调用。一个函数在其函数体内直接调用其自身，称为直接递归。某函数调用其他函数，而其他函数又调用了某函数，称为间接递归。

1. 直接递归

直接递归的一般形式如下：

```
void f1()
{   …
    f1();
    …
}
```

2. 间接递归

间接递归的一般形式如下：

```
void f1()
{   …
    f2();
    …
}
void f2()
{   …
    f1();
    …
}
```

在递归调用中，直接递归较为常见。递归在解决某些问题时，是一个十分有用的方法：第一，有的问题本身就是递归定义的；第二，递归可以使某些看起来不易解决的问题变得容易解决和容易描述，使一个蕴含递归关系且结构复杂的程序变得简洁精炼，可读性好。

例 6-4 编程实现：用递归方法计算 n!。

分析：

用递归法计算 n! 可用下述公式表示：

$$\begin{cases} 1, & n=0、1 \\ n*(n-1)!, & n>1 \end{cases}$$

设求 n! 的函数为 fact(n)，依据上述公式采用直接递归的方式求出 n!。

参考程序如下：

```
#include<stdio. h>
long fact(int n)
{
    if(n==0||n==1)
        return 1;
    else
        return n*fact(n- 1);                /*递归调用,求(n- 1)!*/
    }
void main()
{   int n;
```

```
long f;
    printf("Input an inteager number:\n");
    scanf("% d",&n);
    f=fact(n);/*调用 fact(n)求 n!*/
    printf("% d!=% ld\n",n,f);
}
```

若运行时输入“7↙”，则输出如下：

```
Input an inteager number:
7
7!=5040
```

程序运行过程分析：

主函数中语句“f=fact(n);”引起第 1 次对函数 fact()的调用。进入函数后，因形参 n=7，应执行计算表达式“7 * fact(6)”。为了计算 fact(2)，又引起对函数 fact()的第 2 次调用(递归调用)，重新进入函数 fact()，形参 n=6，应执行计算表达式“6 * fact(5)”。为了计算 fact(5)，第 3 次调用函数 fact()，再次进入函数 fact()，……，以此类推，最终执行“fact(1); return 1;”返回到调用处。求 7! 的递归过程如图 6-5 所示。

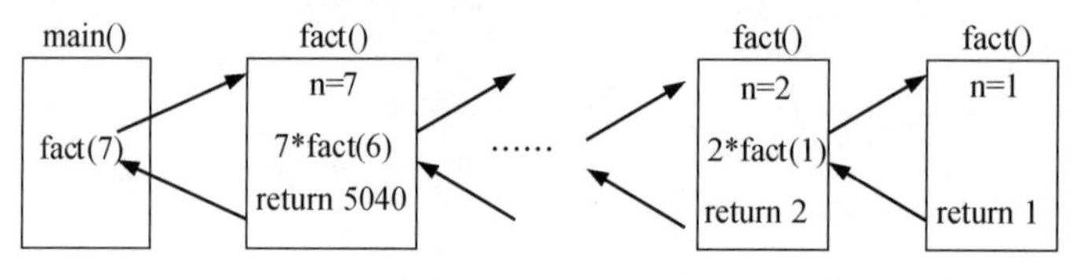

图 6-5　求 7! 的递归过程

从求 n! 的递归程序中可以看出，递归定义有以下两个要素。

(1)递归边界条件。

也就是所描述问题的最简单情况，它本身不再使用递归的定义，即程序必须终止。如上例，当 n=1 时，fact(n)= 1。

(2)递归定义使问题向边界条件转化的规则。

递归定义必须能使问题越来越简单，即参数越来越小，如上例 n! 由(n-1)! 定义，越来越靠近 1，即越来越靠近边界条件。

6.4　变量作用域与存储方式

实际上，C 语言定义变量时给出了变量的 3 个方面信息：变量存储类型、变量类型和变量名。变量类型我们已熟悉，变量存储类型似乎比较陌生，这是因为前面章节中变量的存储类型都为缺省，系统根据上下文自动确认其默认值。C 语言中，变量的存储类型共有 4 种：自动型(auto)、外部型(extern)、静态型(static)和寄存器型(register)。变量的存储类别决定了变量的作用域和生命期。

C 语言中变量的定义有 3 个基本位置：函数内部的声明部分、复合语句中的声明部分、所有函数的外部。变量定义的位置不同，作用域也不同。变量的作用域(定义域)就是某一个变量在某个程序模块内有效(可以在这个程序模块内使用该变量)，就称这个模块为该变量的作用域。按变量的作用域范围可分为两种，即局部变量和全局变量。

6.4.1　局部变量

局部变量是在函数内定义的变量。其作用域仅限于函数内，在函数内才能引用它们。在作用域以外，使用它们是非法的。例如：

```
#include <stdio. h>
void fun()
{
    printf("a=% d\n",a);
    printf("b=% d\n",b);                    /*引用 main()中的变量 a,b 是非法的*/
}
void main()
{   int a=4,b=7;
    fun();
    printf("a=% d,b=% d\n",a,b);
}
```

编译提示出错：

```
error C2065:'a':undeclared identifier
error C2065:'b':undeclared identifier
```

说明：main( )中定义的 a 和 b 在 fun( )中不能使用。

由于局部变量只在定义它的函数中有效，因此在不同的函数中局部变量可以同名。例如：

```
#include <stdio. h>
void fun()
{   int a=4,b=7;                        /*定义 fun()的局部变量 a,b*/
    printf("a=% d,b=% d\n",a,b);        /*输出 fun()中的 a 和 b*/
}
void main()
{   int a=1,b=2;                        /*定义 main()的局部变量 a,b*/
    fun();
    printf("a=% d,b=% d\n",a,b);        /*输出 main()中的 a,b*/
}
```

代码运行结果如下：

```
a=4,b=7
a=1,b=2
```

在函数 main( )和 fun( )中都定义了变量 a 和 b，但它们代表不同的内存空间，是相互独立的，main( )中 a、b 的值不会因为 fun( )的调用而改变。

对于局部变量有以下说明。

(1)主函数的变量只能用于主函数中，不能在其他函数中使用。同时，主函数中也不能使用其他函数中定义的变量。因为主函数也是一个函数，它与其他函数是平行关系。这一点是与其他语言不同的，应予以注意。

(2)局部变量可以同名。也就是说，允许在不同的函数中使用相同的变量名，它们代表不同的对象，分配不同的单元，互不干扰，也不会发生混淆。形参和实参的变量同名也是允许的。

(3)形参与实参范围不同，形参变量是属于被调函数的局部变量，实参数量是属于主调函数的局部变量。

(4)在一个函数内部，可以在复合语句内定义变量，这些变量只在本复合语句内有效。

6.4.2 全局变量

全局变量又称外部变量，是定义在函数之外的变量，它的作用域是从定义它的位置开始，到它所在文件的结束，即从定义之处起，可以在本文件中的它后面的所有函数中使用。例如：

```
#include <stdio. h>
int a=4,b=7;                          /*定义全局变量 a,b*/
int max(int a,int b)
{    int c;                           /*定义 max()的局部变量 c*/
     c=a>b?a:b;
     return c;
}
void main()
{    int a=8;                         /*定义 main()的局部变量 a*/
     printf("Max is% d。\n",max(a,b));
}
```

代码运行结果如下：

```
Max is 8。
```

对于全局变量有以下说明。

(1)全局变量的定义：全局变量就是外部变量，只能定义一次，定义的位置在所有函数之外，系统根据全局变量的定义分配内存单元。对全局变量的初始化只能在定义时进行。

完整的定义形式如下：

```
extern 类型说明符 变量名,变量名……
```

这里 extern 可以省略。例如：

```
int a,b;
```

等效于

```
extern int a,b;
```

(2)全局变量的声明：从全局变量声明与外部变量声明来看，两者也是相同的。外部变量的声明用于说明该变量是一个已在外部定义过的变量，现要在本函数中使用这个变量。

C 语言中，用 extern 声明一个外部变量的格式如下：

```
extern 类型说明符 外部变量名;
```

①在一个文件内声明外部变量。

在定义点之后的函数引用外部变量，可以不用声明，直接引用；在定义点之前的函数想引用外部变量，应该在引用之前用关键字 extern 对该变量作声明，表示该变量是一个已经定义的外部变量。有了此声明，就可以合法的使用该外部变量。全局变量定义只能有一次，全局变量声明可以在多个函数中出现。因此，只有在考虑变量的作用域时，才区分全局变量与外部变量。

例 6-5 用 extern 声明外部变量，扩展程序文件中的作用域。

参考程序如下：

```
#include <stdio. h>
int a;                                  /*定义全局变量 a*/
int fun(int x,int y)
{    int d;
     d=x*y;
     return d;
}
void main()
{    extern int B;                      /*外部变量声明*/
     a=4;
     printf("% d\n",fun(a,B));
}
int B=7;                                /*定义全局变量 B*/
```

程序运行结果如下：

```
28
```

本程序中，全局变量 B 在最后定义，因此在前面函数中要使用变量 B 必须声明。

②在多个文件的程序中声明外部变量。

一个 C 程序可以由一个或多个源程序文件组成。如果一个程序包含两个文件，在两个文件中都要使用同一个外部变量，此时不能在两个文件中各自定义相同名称的外部变量，否则就会出错。正确的做法是在其中一个文件中定义一个外部变量，而在另一个文件中用 extern 进行声明。

例如，在文件 file1. c 中定义了全局变量“int a;”，如果在另一个文件 file2. c 的函数 fun1( ) 中需要使用这个 a 变量，则应作如下处理：

```
fun1()
{    extern int a;
     …
}
```

这里，“extern int a;”是外部变量声明。通过外部变量声明，全局变量 a 的作用域便扩展到文件 file2. c 的 funl( )中。需要注意的是，对外部变量的声明只是扩展该变量的作用域而不再为该变量分配内存。如果外部变量声明写在文件的头部，就可在该文件的任何函数内对该变量进行操作。例如：

```
extern int a;
fun1()                              /*file2 的函数 fun1();*/
{ a++;…}
fun2()
{ a* =7;…}
```

在 fun1( )和 fun2( )中都引用了外部变量 a。

(3)同一源文件中，允许全局变量和局部变量同名。在局部变量的作用域内，全局变量被屏蔽(程序对变量的引用遵守最小作用域原则)。

例 6-6 在同一源文件中定义同名全局变量和局部变量。

参考程序如下：

```
#include <stdio. h>
int l=3,w=4,h=5;                    /*定义全局变量 l,w,h*/
int vs(int l,int w)
{    extern int h;
     int v;                         /*定义局部变量 v*/
     v=l*w*h;
     return v;
}
void main()
{    extern int w,h;
     int l=5;                       /*定义局部变量 l*/
     printf("v=%d\n",vs(l,w));
}
```

程序运行结果如下：

```
v=100
```

(4)由于全局变量可在多个函数中使用，降低了函数的独立性，从模块化程序设计的观点来看这是不利的，因此尽量不要使用全局变量。

6. 4. 3 静态存储与动态存储

从变量的生存周期来分，可以将数据的存储类型分为静态存储和动态存储。

当用户定义了一个变量以后，C 编译系统就要根据该变量的类型分配相应字节数的内存单元，用来存放变量的值。计算机中的寄存器和内存单元都可以存放数据，而内存中用来存放数据的数据区又分为静态存储区和动态存储区。

(1)静态存储变量通常是在变量定义时就分配内存单元并一直保持不变，直至整个程序结束。前面介绍的全局变量属于此类。

(2)动态存储变量是在程序执行过程中，使用它时才分配内存单元，使用完毕立即释放。典型的例子是函数的形式参数，在函数定义时并不给形参分配内存单元，只是在函数被调用时，才予以分配，函数调用完毕立即释放。如果一个函数被多次调用，则会多次分配、多次释放形参变量的内存单元。

因此，在定义变量时，应根据变量在程序中的作用考虑变量的数据类型、变量的存储类型等属性。

变量定义的一般形式如下：

```
存储类型 数据类型 变量名,变量名…
```

在 C 语言中，变量的存储类型说明有 4 种：auto（自动型）、register（寄存器型）、static（静态型）、extern（外部型）。

6.4.4　自动变量（auto）

自动变量用关键字 auto 作存储类型说明符，采用动态存储。自动变量是 C 语言程序中使用最广泛的一种存储类型。函数内凡未加存储类型说明的变量均视为自动变量，自动变量可省去说明符 auto。

在前面各章的程序中所定义的变量都是自动变量。例如：

```
{   int a,b;
    char c;
    …
}
```

等价于

```
{   auto int a,b;
    auto char c;
    …
}
```

自动变量具有以下特点。

（1）自动变量的作用域仅限于定义该变量的结构内。在函数中定义的自动变量，只在该函数内有效。在复合语句中定义的自动变量只在该复合语句中有效。例如：

```
int fun(int x,int y)
{
    auto int a;
    {   auto char c;
        …
    }
    …
}
```

（2）自动变量采用动态存储，只有定义该变量的函数被调用时才给它分配内存单元，开始它的生存期。函数调用结束，释放内存单元，结束生存期。因此函数调用结束之后，自动变量的值不能保留。在复合语句中定义的自动变量，在退出复合语句后也不能再使用，否则将引起错误。例如，以下程序就会出现此类错误：

```
#include <stdio. h>
void main()
{     auto int a=1,b;
      if(a>0)
      {     auto int c;                        /*在复合语句内定义变量 c*/
            c=a;
            b=c*a;
      }
      printf("c=%d b=%d\n",c,b);              /*在复合语句外引用 c,是非法的*/
}
```

c 是在复合语句内定义的自动变量，只在该复合语句内有效。而程序却在退出复合语句之后用 printf( ) 函数输出 c、b 的值，这显然会引起错误。

(3)由于自动变量的作用域和生存期都局限于定义它的个体内(函数或复合语句内)，因此不同的个体中允许使用同名的变量而不会混淆。即使在函数内定义的自动变量也可与该函数内部的复合语句中定义的自动变量同名。例如：

```
#include <stdio. h>
void main()
{     int a=4,b=7;
      {     int b=10;
            printf("a=%d,b=%d\n",a,b);
      }
      printf("b=%d ",b);
}
```

代码运行结果：

```
a=4,b=10
b=7
```

6.4.5 寄存器变量(register)

前面介绍的变量都是内存变量，都是由编译程序在内存中分配存储单元。静态变量被分配在内存的静态存储区，动态变量被分配在内存的动态存储区。C 语言还允许程序员使用 CPU 中的寄存器存放数据，即可以通过变量访问寄存器。这种变量的值存放在 CPU 的寄存器中，使用时，不需要访问内存，而直接从寄存器中读写，从而提高了效率。寄存器变量用关键字 register 作存储类别说明符。定义寄存器变量的一般形式如下：

```
register int d;
registcr char c;
```

对于反复使用的变量均可定义为寄存器变量。寄存器是 CPU 中的一个很小的临时存储器，其存取速度比主存快。寄存器变量只限于整型、字符型和指针型的局部变量。寄存器变量是动态变量，而且数目有限，一般仅允许说明两个寄存器变量。

例 6-7　用寄存器变量输出 0~4 的阶乘值。

参考程序如下：

```
#include <stdio. h>
int fact(int n)
{     register int i,f=1;
      for(i=1;i<=n;i++)
            f*=i;
      return f;
}
void main()
{     int i;
      for(i=0;i<5;i++)
      printf("% d!=% d\n",i,fact(i));
}
```

程序运行结果如下：

```
0!=1
1!=1
2!=2
3!=6
4!=24
```

6.4.6　静态变量(static)

静态变量的内存单元被分配在内存的静态存储区中，属于静态存储类型，但是属于静态存储类型的变量不一定就是静态变量。例如，外部变量虽属于静态存储类型，但不一定是静态变量。

静态变量用关键字 static 作存储类别说明符。定义静态变量的一般形式如下：

```
static 类型名 变量名,变量名……
```

局部变量和全局变量都可以说明为 static 类型。

1. 局部静态变量

在局部变量的类型说明前加上 static 说明符就构成局部静态变量。局部静态变量的生存期与全局变量相同，作用域与局部变量相同。例如：

```
{     static int a,b;
      static float x;
      …
}
```

局部静态变量属于静态存储方式，它具有以下特点。

(1)局部静态变量在函数内定义，但它的生存期为整个程序的运行期。也就是说，局部静态变量的作用域虽在函数内，但它的值在整个程序运行期间一直保持，直到程序运行结束。

(2)局部静态变量的生存期虽然为整个程序的运行期，但其作用域仍与自动变量相同，即只能在定义该变量的函数内使用该变量。

(3)对于局部自动变量来说，如果定义时不赋初值则它的值是一个不确定的值。而对于局部静态变量来说，若在定义时不赋初值，编译时系统自动赋初值0(对数值型变量)或空字符(对于字符型变量)。

(4)对局部静态变量是在编译时赋初值的，并且只赋初值一次，即在程序运行时它已有初值，以后每次调用函数时不再重新赋初值而只是保留上次函数调用结束时的值。因此，当多次调用一个函数且要求在调用之间保留某些变量的值时，可将这些变量定义成局部静态变量。而对自动变量赋初值，不是在编译时进行的，而是在函数调用时进行，每调用一次函数重新赋一次初值，相当于执行一次赋值语句。

例 6-8 演示静态局部变量值的变化情况。

参考程序如下：

```
#include <stdio. h>
int f(int a)
{    int b=3;
     static int c=5;
     b+=2;
     c+=2;
     return(a+b+c);
}
void main()
{    int i,a=2;
     for(i=0;i<3;i++)
     printf("% d\n",f(a));
}
```

程序运行结果如下：

```
14
16
18
```

2. 全局静态变量

在全局变量的类型说明之前加上 static，就构成了全局静态变量。全局变量本身就是静态存储类型，全局静态变量当然也是静态存储类型。这两者的区别在于作用域的扩展：非静态全局变量的作用域可以扩展到构成该程序的其他源程序文件中，而全局静态变量的作用域则限制在定义它的源文件内，只能为该源文件内的函数公用。因此，若不希望其他源文件引用本文件中定义的全局变量，可在定义全局变量时加上 static。

例如，在 file1. c 中，定义了全局静态变量“static int a;”，在 file2. c 中就不能进行外部变量说明“extern int a;”。

从以上分析可以看出，把局部变量改变为局部静态变量后是改变了它的存储类型，改变了它的生存期。把全局变量改变为全局静态变量后是限制了它的作用域。因此，static 说明符在不同的地方所起的作用是不同的。

6.5 内部函数和外部函数

函数本质上是全局的，因为一个函数要被另外的函数调用，但是，也可以指定函数不能被其他源文件调用。

6.5.1 内部函数

如果一个函数只能被本文件中其他函数所调用，则称为内部函数。定义内部函数的一般形式如下：

```
static 类型标识符 函数名(形参表)
```

例如：

```
static int fun(int x,int y)
```

在不同的文件中可以有同名的内部函数，互不干扰。

6.5.2 外部函数

外部函数就是允许其他文件调用的函数。定义外部函数的一般形式如下：

```
extern 类型标识符 函数名(形参表)
```

C 语言规定，如果在定义函数时省略 extern，则隐含为外部函数。本书前面章节所用的函数都是外部函数。

6.6 编译预处理

在 C 语言程序中，用“#”作为编译预处理的标志，编译预处理包括宏定义、文件包含、条件编译等。预处理是 C 语言的一个重要功能，合理地使用预处理功能，可使编写的程序易于阅读、修改、移植和调试，也有利于模块化程序设计。

6.6.1 宏定义

宏定义又称宏替换，是用一个标识符来表示一个字符串，标识符称为“宏名”。在编译预处理时，对程序中所有出现的“宏名”，都用宏定义中的字符串去代换，称为“宏代换”。在 C 语言中，宏分为无参宏和有参宏两种。

1. 无参宏定义

无参宏的宏名后不带参数。定义的一般形式如下：

```
#define 标识符 字符串
```

“#”表示这是一条预处理命令，“define”为宏定义命令，“标识符”为所定义的宏名。“字符串”可以是常数、表达式、格式串等。符号常量的定义就是一种不带参数的宏定义。对程序中多处使用的表达式进行宏定义，将给程序书写带来很大的方便。例如：

```
#define S(x*x+2*x*y+y*y)
```

在编写源程序时，所有的(x＊x+2＊x＊y+y＊y)都可由S代替，对源程序作编译时，将先由预处理程序进行宏代换，即用表达式(x＊x+2＊x＊y+y＊y)去置换所有的宏名S，然后进行编译。

为了与程序中的变量相区分，宏名一般用大写字母表示。对于宏定义有以下说明。

(1)宏定义是用宏名来表示一个字符串，在宏代换时以该字符串取代宏名，只是一种简单的代换。

(2)宏定义不是类型说明或语句，在行末不加分号。

(3)宏定义必须写在函数之外，其作用域为从宏定义命令起到源程序结束。

如要终止宏定义的作用域可使用#undef命令。例如：

```
#include <stdio. h>
#define PI 3. 14159
void main()
{
    …
}
#undef PI                                    /*终止PI的作用域*/
f1()
{
    …
}
```

表示PI只在main()函数中有效，在f1()中无效。

(4)程序中出现的用引号括起来的宏名，预处理程序不对其作宏代换。例如：

```
#include <stdio. h>
#define BOOK 100
void main()
    {printf("BOOK");
}
```

代码运行结果是输出“BOOK”这个字符串，而不是100。

(5)已经定义的宏名可以出现在后续宏定义的字符串中，即宏定义允许嵌套。在宏展开时由预处理程序层层代换。例如：

```
#define PI 3. 1415926
#define S PI*r*r
```

对“printf("%f", S);”作宏代换，变为“printf("%f", 3. 1415926＊r＊r);”。

2. 有参宏定义

有参宏定义的一般形式如下：

```
#define 宏名(形参表)字符串
```

对有参宏，在调用时，不仅要宏展开，而且要用实参去代换形参。

有参宏调用的一般形式如下：

```
宏名(实参表);
```

例如：

```
#include <stdio. h>
#define MAX(x,y)x>y?x:y
void main()
{     int a,b,max;
      scanf("% d% d",&a,&b);
      max=MAX(a,b);
      printf("max=% d\n",max);
}
```

语句“max=MAX(a，b);”为宏调用，实参a、b将代换形参x、y。宏展开后该语句为：

```
max=a>b?x:y;
```

对于有参宏定义有以下说明。

(1)有参宏定义中，宏名和形参表之间不能有空格出现。否则系统认为是一个无参宏定义，并把形参表理解为是字符串的一部分。

(2)有参宏定义中的形参不同于函数中的形参，在宏调用时只是用实参的符号去代换形参，即只是符号代换，不存在值传递的问题。

(3)有参宏定义中的形参是标识符，有参宏调用中的实参可以是表达式。

(4)对有参宏定义中字符串里的形参最好用括号括起来，以避免代换时出错。

例如：

```
#include <stdio. h>
#define SQR(y)   (y)* (y)
void main()
{     int a,sqr;
      scanf("% d",&a);
      sqr=SQR(a+1)
      printf("% 5d\n",sqr);
}
```

若运行时输入“7↙”，则输出为“64”。

(5)有参宏定义可由函数来实现。由于程序中每使用一次宏调用都要进行一次带换操作，所以，如果在程序中多次使用宏，程序的目标代码可能比使用函数要长一些。一般用宏来表示一些简单的表达式。

6.6.2 文件包含

文件包含是C预处理程序的另一个重要功能。文件包含是指一个源文件可以将另外一个源文件的全部内容包含进来，即将另外的文件包含到本文件之中。文件包含命令的一般形式如下：

```
#include "文件名"或#include <文件名>
```

命令中的文件名用双引号和用尖括号括起来是有区别的。若用双引号，则系统先在使用此命令的文件所在的目录中查找，若找不到，再按系统指定的标准方式在其他目录中寻找；而用尖括号则仅查找按系统指定的标准方式指定的目录。

一个#include命令只能指定一个被包含文件，若有多个文件要包含，则需要用多个#include命令。文件包含允许嵌套，即在一个被包含的文件中又可以包含另一个文件。

在程序设计中，许多公用的符号常量或宏定义等可单独组成一个文件，在其他文件的开头用包含命令包含该文件即可使用。这样，可避免在每个文件开头都去书写那些公用量，从而节省时间，并减少出错。

6.6.3 条件编译

预处理命令提供了条件编译功能，可以按不同的条件去编译程序的不同部分，而产生不同的目标代码文件。这对于程序的移植和调试是很有用的。条件编译有以下3种形式。

(1)第一种形式如下：

```
#ifdef 标识符
程序段 1
[#else
程序段 2]
#endif
```

功能：如果标识符已被#define命令定义过，则对程序段1进行编译；否则若有#else部分，则对程序段2进行编译。

例如，在调试程序时，常常希望输出一些所需的信息，而在调试完成后不再输出这些信息，可在源程序中插入以下的条件编译段：

```
#ifdef DEBUG
printf("x=% d,y=% d,z=% d\n",x,y,z);
#endif
```

若在它前面有“#define DEBUG”，则在程序运行时输出x、y、z的值，调试完成后只需将这个#define删除即可。

(2)第二种形式如下：

```
#ifndef 标识符
程序段 1
[#else
```

```
程序段 2]
#endif
```

第二种将“ifdef”改为“ifndef”，与第一种形式的功能正好相反：如果标识符未被#define命令定义过则对程序段 1 进行编译，否则若有#else 部分，则对程序段 2 进行编译。

(3)第三种形式如下：

```
#if 常量表达式
程序段 1
[#else
程序段 2]
#endif
```

功能：如果常量表达式的值为真(非 0)，则对程序段 1 进行编译，否则若有#else 部分，则对程序段 2 进行编译。

6.7　拓展案例

前面已经介绍过，解决复杂问题的程序是由许多功能模块组成的，功能模块又由多个函数实现。因此，设计函数是编写 C 程序最基本的工作。本节将通过举例，介绍函数的功能确定和函数的接口设计。

案例 6-1　编程计算 $s=1^k+2^k+3^k+\cdots+n^k(0\leqslant k\leqslant 5)$。

案例分析：

为了便于计算 s，可以定义两个函数“p(int i，int k)”和“f(int n，int k)”。其中，“p(int i，int k)”用来计算 i^k，“f(int n，int k)”用来计算 $1^k+2^k+3^k+\cdots+n^k$。

案例 6-1　程序及运行结果

程序运行结果如图 6-6 所示。

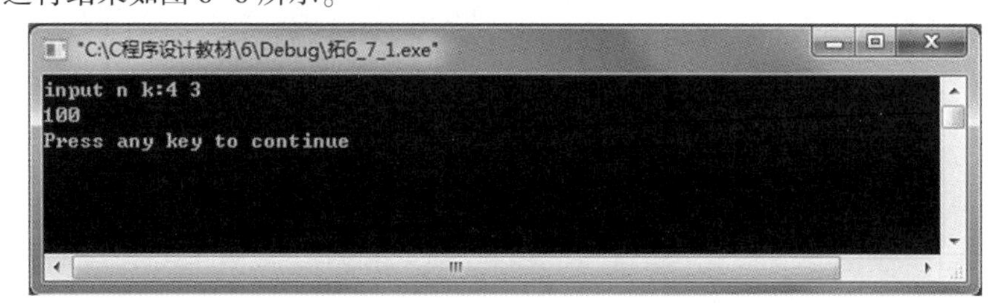

图 6-6　案例 6-1 程序运行结果

案例 6-2　汉诺塔。

案例描述：汉诺塔是一个可以使用递归算法解决的经典问题，它源于印度的一个古老传说：“大梵天创造世界的时候做了 3 根金刚石柱子，一根柱子从下往上按照从大到小的顺序摞着64片黄金圆盘。大梵天命令婆罗门把圆盘从下面开始按照从大到小的顺序重新摆放在另一根柱子上，并规定，小圆盘上不能放大圆盘，3根柱子之间一次只能移动一个圆盘。”问一共需要移动多少次，才能按照要求移完这些圆盘。3根柱子与圆盘的摆放方式如图6-7所示。

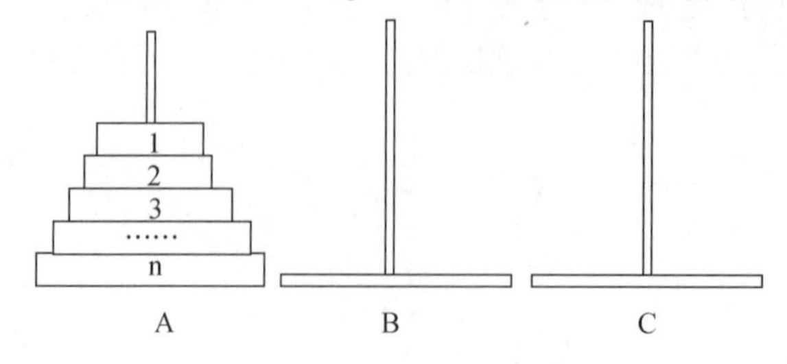

图6-7　3根柱子与圆盘的摆放方式

案例分析：

将A柱子上的n个盘子通过B柱子转移到C柱子上(其中，盘子从上往下越来越大，从上往下的排序为1~n)。

案例6-2　程序及运行结果

当n=1时，直接将A柱子上的盘子移动到C柱子上。

当n>1时，分三步：

(1)将A柱子排序为1~(n-1)的盘子移动到B柱子上，且保证移动到B柱子上的盘子从上往下越来越大；

(2)将A柱子排序为n的盘子移动到A柱子上；

(3)将A柱子上排序为1~(n-1)的盘子移动到C柱子上，且保证移动到C柱子上的盘子从上往下越来越大。

程序运行结果如图6-8所示。

图6-8　案例6-2程序运行结果

本章小结

(1)C程序是由函数构成的。

C语言在提供了丰富的库函数给用户使用同时还允许用户自己定义函数时，除了明确自定义函数完成什么功能，还应考虑以下内容。

①函数是否需要返回一个值，如果需要，该返回值应该是什么类型的？如果函数不需要返回一个值，则应将函数的类型定义为void类型。

②给函数起一个适当的名字。

③函数需不需要形参，需要几个形参，每个形参应是什么类型的？

④按照函数应完成的功能，编写函数体部分。函数如果有参数，应考虑在函数体中如何使用该参数。

(2) 函数定义的一般形式如下：

```
函数类型 函数名(形式参数列表)
{
    变量说明部分
    执行部分
}
```

(3) 函数声明的一般形式如下：

```
函数类型说明符   被调函数名(参数类型 1,参数类型 2…);
函数类型说明符   被调函数名(参数类型 1   形参 1,参数类型 2   形参 2……);
```

(4) 函数的实参、形参。

函数的实参、形参是函数间传递数据的通道，二者应类型一致、个数相同。在函数中调用另一个函数时，实参的值传递到形参中，实现了参数的传递。

(5) 变量的存储类型。

变量的存储类型有 4 种：自动型(auto)、静态型(static)、寄存器型(register)和外部型(extern)。变量的存储类型决定了其作用域和生存期。

(6) 局部变量。

局部变量又称内部变量，其作用域限制在所定义的函数中。局部自动变量是用得最多的一种变量。静态局部变量具有一定的特殊性，它在程序运行的整个过程中都占用内存单元，但只在定义它的函数中才可以被使用，函数调用结束后，该变量虽然仍在内存中，但是不可以被使用，即它的作用域和生存期不一致。

(7) 全局变量的作用域。

全局变量的作用域是从全局变量定义到该源文件结束。通过用 extern 作引用说明，全局变量的作用域可以扩大到整个程序的所有文件。但全局变量增加了程序的不稳定性。

(8) 内部函数与外部函数。

只能被本文件中其他函数所调用的函数称为内部函数；允许其他文件调用的函数称为外部函数。

(9) 编译预处理命令。

以“#”开头的行称为编译预处理命令。

(10) 宏定义的格式：

```
#define 标识符 字符串
```

(11) 文件包含预处理的格式：

```
#include "文件名"
#include <文件名>
```

习题

一、选择题

1. 以下叙述中正确的是(　　)。

A. C 语言编译时不检查语法

B. C 语言的子程序有过程和函数两种

C. C 语言的函数可以嵌套定义

D. C 语言的函数可以嵌套调用

2. 以下程序运行后变量 s 中的值是(　　)。

```
#include<stdio. h>
int f1(double a)
{ return a*=a;
}
int f2(double x,double y)
{    double a=0,b=0;
     a=f1(x);b=f1(y);return(int)(a+b);
}
void main()
{    double s;
     s=f2(1. 1,2. 0);
     printf("% f\n",s);
}
```

A. 5. 21　　B. 5　　C. 5. 0　　D. 0. 0

3. 在一个 C 源程序文件中所定义的全局变量，其作用域为(　　)。

A. 所有文件的全部范围

B. 所有程序的全部范围

C. 所有函数的全部范围

D. 由具体定义位置和 extern 说明来决定范围

4. 下面的函数调用语句中 function( ) 函数的实参个数是(　　)。

```
function(f2(v1,v2),(v3,v4,v5),(v6,f1(v7,v8));
```

A. 3　　B. 4　　C. 5　　D. 7

5. 以下程序运行后的输出结果是(　　)。

```
#include <stdio. h>
void f(int v,int w)
{int t;
    t=v;v=w;w=t;
}
void main()
{int x=1,y=3,z=2;
```

```
    if(x>y)f(x,y);
    else if(y>z)f(y,z);
    else f(x,z);
    printf("%d,%d,%d\n",x,y,z);
}
```

A. 1，2，3　　B. 3，1，2　　C. 1，3，2　　D. 2，3，1

6. 以下程序运行后的输出结果是(　　)。

```
#include <stdio.h>
char fun(char x,char y)
{   if(x<y)return x;
    return y;
}
void main()
{   int a='9',b='8',c='7';
    printf("%c\n",fun(fun(a,b),fun(b,c)));
}
```

A. 函数调用出错　　B. 8　　C. 9　　D. 7

7. 在C语言中，只有在使用时才占用内存单元的变量，其存储类型为(　　)。

A. auto register　　B. extern register

C. auto static　　D. static register

8. 若程序中有宏定义：

```
#define MOD(x,y)x%y
```

则执行以下语句的输出为(　　)。

```
int s,a=15,b=100;
s=MOD(b,a);
printf("%d\n",s++);
```

A. 11　　B. 10　　C. 6　　D. 宏定义不合法

9. 以下叙述中正确的是(　　)。

A. 预处理命令行必须位于源文件的开头

B. 在源文件的一行上可以有多条预处理命令

C. 宏名必须用大写字母表示

D. 宏替换不占用程序的运行时间

10. 以下程序运行后的输出结果是(　　)。

```
#include <stdio.h>
#define f(x) (x*x)
void main()
{
    int i1,i2;
    i1=f(8)/f(4);
```

```
    i2=f(4+4)/f(2+2);
    printf("% d,% d\n",i1,i2);
}
```

A. 64，28　　B. 4，4　　C. 4，3　　D. 64，64

二、填空题

1. 以下程序运行后的输出结果是________。

```
#include <stdio. h>
void swap(int x,int y)
{   int t;
    t=x;x=y;y=t;
    printf("% d % d",x,y);
}
void main()
{   int a=3,b=4;
    swap(a,b);
    printf("% d % d\n",a,b);
}
```

2. 有以下程序：

```
#include <stdio. h>
int sub(int n)
{return(n/10+n% 10);
}
void main()
{   int x,y;
    scanf("% d",&x);
    y=sub(sub(sub(x)));
    printf("% d\n",y);
}
```

若运行时输入“1234↙”，则程序的输出结果是________。

3. 以下程序运行后的输出结果是________。

```
#include <stdio. h>
fun(int a)
{   int b=0;
    static int c=3;
    b++;
    c++;
    return(a+b+c);
}
void main()
{   int i,a=5;
    for(i=0;i<3;i++)
    printf("% d % d",i,fun(a));
```

```
        printf("\n");
}
```

4. 以下程序中，for 循环体执行的次数是________。

```
#include <stdio. h>
#define N 2
#define M N+1
#define K M+1*M/2
void main()
{     int i;
      for(i=1;i<K;i++)
      {;;;}
}
```

三、编程题

1. 编程实现：定义两个函数，分别求两个整数的最大公约数和最小公倍数，用主函数调用这两个函数，并输出结果，两个整数由键盘输入。

2. 编程实现：求方程 $ax^2+bx+c=0$ 的根，用 3 个函数分别求当 b^2-4ac 大于 0，等于 0 和小于 0 时的根并输出结果。从主函数输入 a、b、c 的值。

3. 编程实现：从键盘输入 n，采用递归方法求出 1！+2！+3！+…+n！的值。

第7章 数 组

教学目标

掌握数组的概念、定义和初始化。掌握如何用字符数组处理字符串。掌握用数组作为函数的参数去调用函数。能够在程序设计中正确运用数组。

本章要点

- 一维、二维数组的定义及初始化
- 字符数组与字符串
- 数组作为函数的参数
- 数组的应用

前面章节程序中使用的数据都是属于基本类型(整型、字符型、实型)，它们通常用于解决一些简单的问题，输入和输出的数据也是少量的。而在实际编程时经常要处理大量类型相同的数据，如在数学问题中有一个 10 行 10 列的矩阵，该怎样存储？有 50 个字符串又该如何处理？为了解决这样的复杂问题，可以用 C 语言中提供的数组来解决。

数组是一种构造数据类型，是有序并具有相同类型的数据的集合。当要处理大量的、同类型的数据时，利用数组是很方便的。在使用数组时，也必须先定义，后使用。本章介绍在 C 语言中如何定义和使用数组。

案例引入

神秘幻方

案例描述

在《射雕英雄传》中有一个困扰了瑛姑很多年的题目：将一至九这九个数字排成三列，不论纵横斜角，每三个相加都是十五，如何排列？被黄蓉分分钟解决：二四为肩，六八为足，右三左七，戴九履一，五居中央。

这其实是一个幻方，又称“纵横图”，是指组成元素为自然数 1，2，…，n^2 的 n×n 方阵，其中每个元素值都不相等，且每行、每列以及主、副对角线上各 n 个元素之和都相等。

案例分析

幻方有很多建构方法。例如，用于双偶阶幻方(当 n 可以被 4 整除时的偶阶幻方)的海尔法，用于单偶阶幻方(当 n 不可以被 4 整除时的偶阶幻方)的斯特拉兹法，感兴趣的同学可以自己查阅相关资料学习。本案例使用的是用于奇数阶幻方的罗伯法。

罗伯法又叫作连续摆数法，助记口诀：1 立首列中，右一上一，受阻下一。

具体填写的方法：

把 1(或最小的数)放在第一行正中，按以下规律排列剩下的(n×n-1)个数：

(1)每一个数放在前一个数的右上一格；

(2)如果这个数所要放的格已经超出了顶行且超出了最右列，那么就把它放在前一个数的下一行同一列的格内；

(3)如果这个数所要放的格已经超出了顶行那么就把它放在底行，仍然要放在右一列；

(4)如果这个数所要放的格已经超出了最右列那么就把它放在最左列，仍然要放在上一行；

(5)如果这个数所要放的格已经有数填入，那么就把它放在前一个数的下一行同一列的格内。

案例实现

案例设计

(1)将幻方阶数定义为符号常量 N。

(2)使用二维数组表示幻方。

(3)先放置最小数 1。

(4)按照规则使用单重循环依次放置 2~N＊N。

(5)使用双重循环输出幻方，每 N 个数据后换行。

案例程序

```
#define N 5
#include "stdio. h"
void main()
{
    int a[N][N],i,j,k;
    for(i=0;i<N;i++)
    for(j=0;j<N;j++)
    {
        a[i][j]=0;                  /*先令所有元素都为 0*/
    }
    j=(N- 1)/2;                     /*判断 j 的位置*/
    a[0][j]=1;                      /*将 1 放在首行中间列*/
    for(k=2;k<=N*N;k++)             /*从 2 开始处理*/
    {
        i=i- 1;                     /*存放的行比前一个数的行数减 1*/
```

```
        j=j+1;                    /*存放的列比前一个数的列数加1*/
        if((i<0)&&(j==N))         /*前一个数是第一行第N列时,把下一个数放在上一个数的下面*/
        {
            i=i+2;
            j=j-1;
        }
        else
        {
            if(i<0)               /*当行数减到第一行,返回到最后一行*/
                i=N-1;
            if(j>N-1)             /*当列数加到最后一列,返回到第一列*/
                j=0;
        }
        if(a[i][j]==0)            /*如果该元素为0,继续执行程序*/
            a[i][j]=k;
        else                      /*如果该元素不为0,就说明要填的数的位置已经被占,则该数放在
                                    上一个数的下面*/
        {
            i=i+2;
            j=j-1;
            a[i][j]=k;
        }
    }
    printf("%d 阶幻方为:\n\n",N);
    for(i=0;i<N;i++)              /*输出数组*/
    {
        for(j=0;j<N;j++)
            printf("%5d",a[i][j]);
        printf("\n\n");
    }
}
```

程序运行结果

程序运行结果如图 7-1 所示。

图 7-1　案例“神秘幻方”程序运行结果

7.1 一维数组

7.1.1 一维数组的定义

C 语言规定使用数组前必须先定义数组。一维数组定义的一般形式如下：

```
类型说明符 数组名[常量表达式];
```

功能：定义一个一维数组，其中常量表达式的值，是数组元素的个数。例如：

```
int a[10];                /*定义具有 10 个元素的一维整型数组 a*/
```

说明：

(1)用标识符来命名数组。

(2)数组元素的下标从 0 开始。若有如下定义：

```
int a[10];
```

则 a 数组的 10 个元素分别为 a[0]，a[1]，a[2]，…，a[9]。

(3)常量表达式中可以有常量和符号常量，但不能有变量，C 语言不允许用变量对数组的大小进行定义，即使变量已有值也不可以。例如，下面 a 数组的定义是错误的：

```
int n=5;
int a[n];
```

7.1.2 一维数组元素的引用

数组元素的引用就是对数组元素进行赋值、运算及输出等。C 语言规定只能逐个引用数组元素，不能一次引用整个数组。

数组元素的一般形式如下：

```
数组名[下标]
```

其中，下标可以是整型常量或整型表达式。例如：

```
a[0],a[i],a[i+j]
```

> **注意**：
> 表示下标的整型常量或整型表达式的值，必须在下标的取值范围内。

7.1.3 一维数组的初始化

可以在定义数组的同时给数组元素赋以初值，这一过程称为数组的初始化，其一般形式如下：

```
类型说明符 数组名[常量表达式]={常量列表};
```

可用以下几种方式对数组进行初始化。

(1)给全部数组元素均赋以初值。例如：

```
int a[10]={0,1,2,3,4,5,6,7,8,9};
```

可写成

```
int a[]={0,1,2,3,4,5,6,7,8,9};
```

即可以不指定数组长度。

(2)只给前面部分元素赋初值。例如：

```
int a[10]={1,2,3,4,5};
```

将1~5这5个数赋给a[0]~a[4]这5个元素，此时C语言默认其余元素a[5]~a[9]值为0。因此，若使一个数组中全部元素值为0，可以写成：

```
int a[10]={0};
```

注意：

若只是定义数组，而不对其进行初始化，则数组中每个元素的值都是不确定的。这与变量的情况是相同的，即一个变量定义后，若不给它赋初值，则该变量的值是一个不确定的值。

7.1.4 一维数组应用举例

例7-1 编程实现：从键盘输入10个整数，然后按逆序输出。

参考程序如下：

```
#include "stdio. h"
void main()
{
    int i,a[10];
    for(i=0;i<10;i++)
        scanf("% d",&a[i]);
    for(i=9;i>=0;i- - )                    /*注意,这里i是从9到0*/
        printf("% 3d",a[i]);
}
```

例7-2 编程实现：用数组求斐波那契数列的前20项并输出。

```
#include "stdio. h"
void main()
{
    int i,f[20]={1,1};
    for(i=2;i<20;i++)
        f[i]=f[i- 2]+f[i- 1];
    for(i=0;i<20;i++)
```

```
    {   if(i%4==0)
        printf("\n");
        printf("%d\t",f[i]);
    }
}
```

程序运行结果如下：

```
1      1      2      3
5      8      13     21
34     55     89     144
233    377    610    987
1597   2584   4181   6765
```

例 7-3　编程实现：线性查找。

思路：从数组的第一个元素开始，依次将要查找的数和数组中元素比较，直到找到该数或找遍整个数组为止。

参考程序如下：

```
#include "stdio.h"
void main()
{
    int table[10]={2,4,6,8,10,12,14,16,18,20};
    int find=0,i,x;
    printf("请输入要找的数:");
    scanf("%d",&x);
    for(i=0;i<10;i++)
        if(x==table[i])
        {find=1;break;}
    if(find==1)
        printf("%d 在 table[%d]中。\n",x,i);
    else
        printf("没有找到数%d。\n",x);
}
```

程序运行结果如下：

```
没有找到数 5。请输入要找的数:5↙
```

重新查找一个数，代码运行结果如下：

```
请输入要找的数:8↙
8 在 table[3]中。
```

在程序中，若找到所需的数即可退出循环，不必要搜索所有数组元素，这样可以减少程序的运行时间，当数据比较多的时候，这点尤为重要。

对本程序做一定的改动，可实现运行一次程序查找多个数据。请读者自己完成。

例 7-4　编程实现：用冒泡法(起泡法)对 10 个数按由小到大排序。

分析：排序是程序设计中常见的问题，实现排序的方法(算法)有多种，冒泡法是较为常见的一种。冒泡法的算法思想是将相邻两个数比较，将小的调到前头，具体可描述如下：

第1遍：在数组a的n个数据中，从前往后(或从后往前)每相邻两数据两两进行比较，并且每比较一次都形成“小者在前，大者在后；如若不是，则交换之”；因而，经过这样n-1次比较后，总可以使数组a的第n个(即最后一个)数据为第1大(即最大)。

第2遍：在数组a的前n-1个数据(即除已选出的最大者外的各数据)中，经过类似的n-2次比较后，总可以使数组a的第n-1个(即次后一个)数据为第2大(即次大)。

……

第i遍：在数组a的前n-i+1个数据中，经过类似的n-i次比较后，总可以使数组a的第n-i+1个数据为第i大。

……

第n-1遍：在数组a的前2个数据中，经过类似的1次比较后，总可以使数组a的第2个数据为第n-1大(即次小)，而第1个数据为第n大(即最小)。

若将参加排序的10个数赋给a[0]~a[9]，可写出如下程序：

```
#include "stdio. h"
void main()
{
    int i,j,t,a[10];
    for(i=0;i<10;i++)
        scanf("% d",&a[i]);
    for(i=0;i<10- 1;i++)
        for(j=0;j<10- i;j++)
            if(a[j]>a[j+1])
            {t=a[j];a[j]=a[j+1];a[j+1]=t;}
    for(i=0;i<10;i++)
        printf("% d ",a[i]);
}
```

7.2 二维数组

7.2.1 二维数组的定义

二维数组定义的一般形式如下：

```
类型说明符 数组名[常量表达式1][常量表达式2];
```

功能：定义一个二维数组。常量表达式1是数组的行数，常量表达式2是数组的列数。例如：

```
float a[3][4],b[5][10];
```

定义a为3×4(3行4列)的数组，b为5×10(5行10列)的数组。二维数组的行下标和列下标均从0开始。

可以把二维数组看作一种特殊的一维数组，它的元素是一个一维数组。例如，a[3][4]，可以把a看作一个特殊的一维数组，它有3个元素：a[0]、a[1]、a[2]，每个元素又是一个包含4个元素的一维数组。可以把a[0]、a[1]、a[2]看作3个一维数组的名字。C语言的这种处理方法在数组初始化和用指针表示时显得很方便，这在以后章节中会体会到。

在C语言中，二维数组元素在内存中是按行的顺序存放的，即在内存中先顺序存放第一行的元素，再存放第二行的元素。

除二维数组外，多维数组一般很少用到，其原因一是很少有这方面的应用要求，二是多维数组往往需要占用大量的内存空间，而对多维数组的访问效率也很低。所以本节重点讨论二维数组。

7.2.2 二维数组元素的引用

二维数组元素的一般形式如下：

```
数组名 [下标][下标]
```

下标的使用规则与一维数组情况相同。例如：

```
int a[3][4];
```

定义a为3×4的二维数组，有12个元素：

```
a[0][0],a[0][1],a[0][2],a[0][3]
a[1][0],a[1][1],a[1][2],a[1][3]
a[2][0],a[2][1],a[2][2],a[2][3]
```

数组a可用的行下标最大值为2，列下标最大值为3，即a[2][3]。

7.2.3 二维数组的初始化

可以在定义二维数组的同时对数组元素赋以初值。一般形式如下：

```
类型说明符 数组名[常量表达式 1][常量表达式 2]={常量列表};
```

可用以下2种方式对二维数组进行初始化。

(1)给全部数组元素均赋以初值。例如：

```
int a[3][4]={{0,1,2,3},{4,5,6,7},{8,9,10,11}};
```

若省略里层的花括号，写成如下形式：

```
int a[3][4]={0,1,2,3,4,5,6,7,8,9,10,11};
```

亦可以省略常量表达式1，而表示列数的常量表达式2不可省略，如上例可写成：

```
int a[][4]={ 0,1,2,3,4,5,6,7,8,9,10,11};
```

(2)只给一部分元素赋初值。例如：

```
int a[3][4]={{1},{2},{3}};
```

将1赋给a[0][0]，2赋给a[1][0]，3赋给a[2][0]，而其余的元素值默认为0。若将里层花括号去掉，写成如下形式：

```
int a[3][4]={1,2,3};
```

则1、2、3分别赋给a[0][0]、a[0][1]、a[0][2]，而其余的元素值默认为0。

若要使一个二维数组中全部元素值为0，可以写成：

```
int a[5][5]={0};
```

7.2.4 二维数组应用举例

例7-5 求一个3×3矩阵主对角线元素之和。

参考程序如下：

```
#include "stdio. h"
void main()
{
    int a[3][3]={1,2,3,4,5,6,7,8,9};
    int i,sum=0;
    for(i=0;i<3;i++)
        sum=sum+a[i][i];
    printf("sum=% d\n",sum);
}
```

运行结果：

```
sum=15
```

例7-6 求一个3×4矩阵中的最大值，并指出它所在的行和列。

参考程序如下：

```
#include "stdio. h"
void main()
{
    int a[3][4]={18,21,7,35,14,6,59,60,5,68,37,49};
    int i,j,max,r,c;
    max=a[0][0];r=0;c=0;
    for(i=0;i<3;i++)
        for(j=0;j<4;j++)
            if(a[i][j]>max)
            {max=a[i][j];r=i;c=j;}
    printf("max=% d,r=% d,c=% d\n",max,r,c);
}
```

程序运行结果如下：

```
max=68,r=2,c=1
```

例7-7 矩阵转置，即将一个二维数组行和列元素互换，存到另一个二维数组中。

例如：

$$a=\begin{bmatrix}1 & 2 & 3\\4 & 5 & 6\end{bmatrix}\quad b=\begin{bmatrix}1 & 4\\2 & 5\end{bmatrix}$$

参考程序如下：

```
#include "stdio. h"
void main()
{
    int a[2][3]={{1,2,3},{4,5,6}};
    int b[3][2],i,j;
    printf("array a:\n");
    for(i=0;i<=1;i++)
    {
        for(j=0;j<=2;j++)
        {
            printf("% 5d",a[i][j]);
            b[j][i]=a[i][j];
        }
        printf("\n");
    }
    printf("array b:\n");
    for(i=0;i<=2;i++)
    {
        for(j=0;j<=1;j++)
            printf("% 5d",b[i][j]);
        printf("\n");
    }
}
```

程序运行结果如下：

```
array a:
    1  2  3
    4  5  6
array b:
    1  4
    2  5
    3  6
```

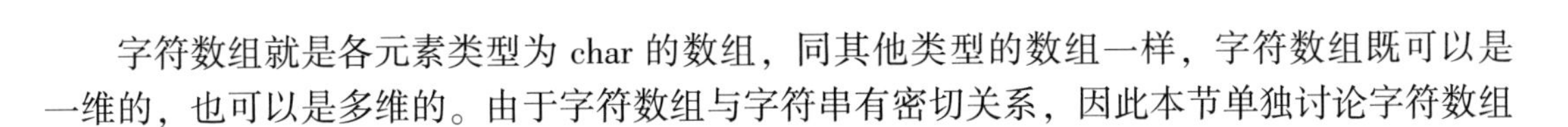

7.3 字符数组与字符串

字符数组就是各元素类型为 char 的数组，同其他类型的数组一样，字符数组既可以是一维的，也可以是多维的。由于字符数组与字符串有密切关系，因此本节单独讨论字符数组与字符串。

7.3.1 字符数组

用来存放字符数据的数组是字符数组。字符数组中的每一个元素存放一个字符。

1. 字符数组的定义

一维字符数组定义的一般形式如下：

```
char 数组名[常量表达式];
```

二维字符数组定义的一般形式如下：

```
char 数组名[常量表达式 1][常量表达式 2];
```

例如：

```
char c1[10],c2[10][20];
```

c1 为一维字符数组，c2 为二维字符数组。

2. 字符数组的初始化

对字符数组初始化，最容易理解的方式是逐个字符赋给数组中各元素。例如：

```
char c[5]={ 'a','b','c','d','e'};
```

把'a'、'b'、'c'、'd'、'e'这 5 个字符常量分别赋给 c[0]~c[4]的 5 个元素。

说明：

(1)如果花括号中提供的初值个数(即字符个数)大于数组长度，则作语法错误处理。

(2)如果初值个数小于数组长度，则只将这些字符赋给数组中前面那些元素，其余元素自动定为空字符('\0')。例如：

```
char [10]={ 'a','b','c','d','e'};
```

数组 c 的存储状态如图 7-2 所示。

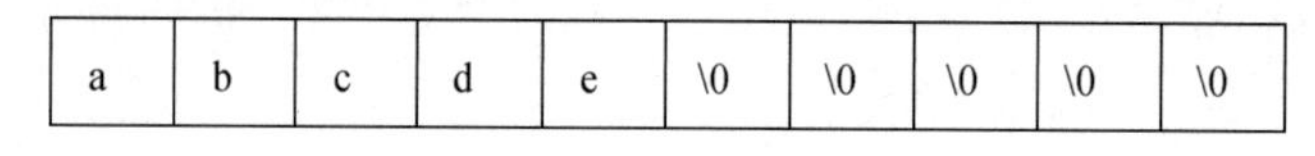

a	b	c	d	e	\0	\0	\0	\0	\0

图 7-2 数组 c 的存储状态

(3)如果提供的初值个数与预定的数组长度相同，在定义时可以省略数组长度，系统会自动根据初值个数确定数组长度。例如：

```
char c[]={'a','b','c','d','e'};
```

数组 c 的长度定义为 5。

同样，可以定义和初始化二维数组。例如：

```
char c[2][3]={{ 'a','b','c'},{'d','e','f'}};
```

也可写成

```
char c[2][3]={ 'a','b','c','d','e','f'};
```

3. 字符数组的引用

例 7-8 编程输出一串已知的字符。

参考程序如下：

```
#include "stdio. h"
void main()
{
    char c[21]={'I','','l','o','v','e','','m','y','','m','o','t','h','e','r','l','a','n','d','. '};
    int i;
    for(i=0;i<21;i++)
        printf("% c",c[i]);
    printf("\n");
}
```

程序运行结果如下：

```
I love my motherland.
```

7. 3. 2 字符串的概念及存储

1. 字符串和字符串结束标志

字符串即字符串常量是用双引号括起来的一串字符，实际上也被隐含处理成一个无名的字符型数组。C 语言约定用' \0'作为字符串的结束标志，它占一个字节的内存空间，但不计入字符串的长度。' \0'代表 ASCII 值为 0 的字符，从 ASCII 表中可以查到，ASCII 值为 0 的字符不是一个可以显示的字符，而是一个“空操作符”，即它什么也不干。用它来作为字符串结束标志不会产生附加的操作或增加有效的字符，只是一个供识别的标志。

在 C 语言中，字符串可以存放在字符型一维数组中，故可以用字符型一维数组处理字符串。

2. 用字符串常量给字符数组赋初值(初始化)

在 7. 3. 1 小节中，是用字符常量给字符数组赋初值，其实也可以用字符串常量给字符数组赋初值。例如：

```
char c[6]={"abcde"};
```

也可写成

```
char c[6]="abcde";
```

说明：

(1) 如果字符串常量所包含的字符个数大于数组长度，则系统报错；

(2) 如果字符串常量所包含的字符个数小于数组长度，则在最后一个字符后系统自动添加' \0'作为字符串结束标志。

3. 通过赋初值隐含确定数组长度

例如：

```
char c[]="China";
```

在内存中数组 c 的状态如图 7-3 所示。

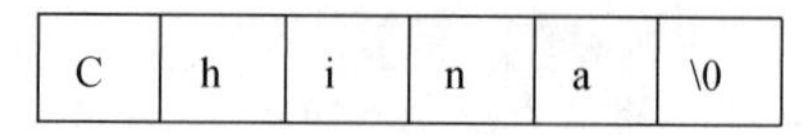

图 7-3　内存中数组 c 的状态

从图中看出，用字符串常量对字符数组初始化，系统自动在最后添加'\0'，所以数组 c 的长度为 6。因此，对有确定大小的字符数组用字符串初始化时，数组长度应大于字符串长度。例如：

```
char s[7]="program";
```

由于数组长度不够，结束标志符'\0'未能存入 s 中，而是存在 s 数组之后的一个单元里，这可能会破坏其他数据，应特别注意。可以改为：

```
char s[8]="program";
```

7.3.3　字符串的输入和输出

1. 字符串的输出方法

1)用 printf()函数输出字符串

可以用 printf()函数的“%c”或“%s”格式来输出字符串。前一种格式像一般数组输出一样使用循环一个元素一个元素输出，后一种格式为整体输出字符串。

例 7-9　字符串输出示例 1。

参考程序如下：

```
#include "stdio. h"
void main()
{
    char str[30]="I love China!";
    int i;
    printf("%s\n",str);                 /*输出字符数组 str 中的字符串*/
    for(i=0;str[i]!='\0';i++)
        printf("%c",str[i]);            /*一个一个字符地输出*/
    printf("\n");
}
```

程序运行结果如下：

```
I love China!
I love China!
```

例 7-9 中使用了两种方法输出 str 的内容。第一种方法使用了 printf()函数的“%s”格式符来输出字符串，实现时从数组的第一个字符开始逐个字符输出，直到遇到第一个'\0'为止(其后即使还有字符亦不输出)。第二种方法是用“%c”格式，按一般数组的输出方法，即用循环实现每个元素的输出。

2)用 puts()函数输出字符串

函数原型：int puts(char * str)；

调用格式：puts(str)；

函数功能：将字符数组 str 中包含的字符串或 str 所代表的字符串输出，同时将字符串结束标志'\0'转换成'\n'，即换行符。

因此，用 puts()函数输出一行字符串时，不必另加换行符'\n'，这一点与 printf()函数的“%s”格式不同，后者不会自动换行。

说明：函数原型中的形参形式为 char * str，这是第 8 章将要讨论的指针变量的形式，现在不必深究。这种形式的形参在本章中都可以用数组来作实参，在后面 7.3.4 小节中介绍的字符串函数的参数作同样的处理。

例 7-10　字符串输出示例 2。

参考程序如下：

```
#include <stdio. h>
void main()
{
    char str[22]="I love my motherland.";
    puts(str);                              /*输出 str 中的字符串*/
    puts("I love the people.");             /*用 puts()函数输出字符串常量*/
}
```

程序运行结果如下：

```
I love my motherland.
I love the people.
```

字符串的输出可以使用 printf()与 puts()两个函数，要注意它们的差别，根据需要来选用。前者可以同时输出多个字符串，而后者一次只能输出一个字符串。若有定义：

```
char s1[]="C++",s2[]="Turbo C";
```

则语句

```
puts(s1,s2);
```

是错误的。而语句

```
printf("% s,% s",s1,s2);
```

是正确的。

2. 字符串的输入方法

1)使用 scanf()函数输入字符串

若有如下定义：

```
char s[14];
```

则可以使用语句“scanf("%s", s);”来输入字符串到数组 s 中。

其中，“%s”是字符串格式符，在用 scanf()函数输入字符串时，输入项直接用数组名，而不要加取地址符“&”，因为数组名就代表了该字符数组的起始地址。在具体输入时，直接在键盘上输入字符串，最后以回车或空格作为结束。系统将输入的字符串的各个字符按顺序赋给字符数组的各元素，直到遇到回车符或空格为止，并自动在字符串末尾加上字符串结束标志符'\0'。由于在这种字符串输入方式中，空格和回车都是输入结束符，因此无法将包含有空格的字符串输入到字符数组中。例如，若按如下方法输入：

```
How do you do? ↙
```

则数组 s 的内容如图 7-4 所示。

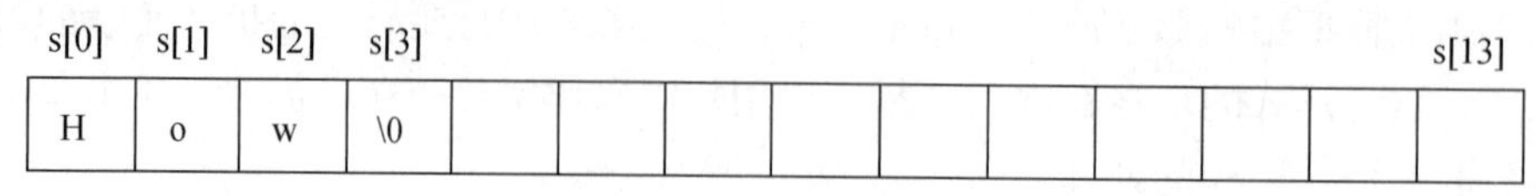

图 7-4 数组 s 的内容

2)使用 gets()函数输入字符串

函数原型：char * gets(char * str)；

调用格式：gets(str)；

函数功能：从键盘输入一个字符串到 str 中，并自动在末尾加字符串结束标志符'\0'。

str 是一个字符数组(或者是第 8 章将介绍的指针)。gets()的原型在 stdio.h 中说明。用 gets()函数输入字符串时以回车结束输入，因此可以用 gets()函数输入含空格符的字符串。例如：

```
char s[15];
gets(s);
```

若输入如下字符串：

```
How do you do? ↙
```

则数组 s 的内容如图 7-5 所示。

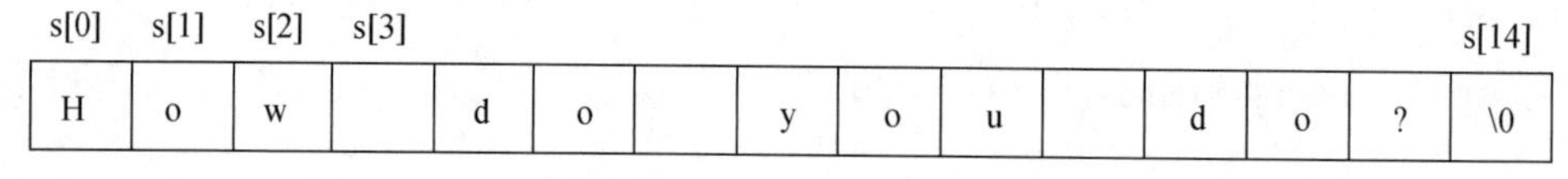

图 7-5 数组 s 的内容

例 7-11 字符串输入示例。

参考程序一：

```
#include <stdio.h>                    /*方法一*/
void main()
{
    char s1[20];
    scanf("%s",s1);
    printf("%s\n",s1);
}
```

程序运行结果如下：

```
How do you do? ↙
How
```

参考程序二：

```
#include <stdio. h>                    /*方法二*/
void main()
{
    char s1[20],s2[20];
    scanf("% s% s",s1,s2);
    printf("s1 = % s,s2 = % s\n",s1,s2);
}
```

程序运行结果如下：

```
How do you do? ↙
s1 = How,s2 = do
```

参考程序三：

```
#include <stdio. h>                    /*方法三*/
void main()
{
    char s1[20];
    gets(s1);
    puts(s1);
}
```

程序运行结果如下：

```
How do you do? ↙
How do you do?
```

例 7-11 中使用了 scanf( )与 gets( )两个函数来实现字符串的输入。scanf( )输入的字符串不能含空格，如方法一中，虽然输入为“How do you do?”，但由于“How”后是空格，所以 s 中只接收了“How”。scanf( )可以同时输入多个字符串到不同的字符数组中，如方法二。函数 gets( )一次只能输入一个字符串，但输入的字符串中可以包含空格。

7.3.4 字符串处理函数

由于字符串应用广泛，为方便用户对字符串的处理，C 语言编译系统中，提供了很多有关字符串处理的库函数，其函数原型说明在 string. h 中。下面介绍几个常用的字符串处理函数。

1. 字符串连接函数 strcat( )

函数原型：char * strcat(char * str1， char * str2)；

调用格式：strcat(str1， str2)；

函数功能：把字符串 str2 连接到字符串 str1 的最后一个非'\0'字符后面。连接后的新字符串在 str1 中，字符串 str2 的值不变。函数调用后得到一个函数值，即 str1 的地址。例如：

```
char c1[13] = "China ",c2[7] = "people";
strcat(c1,c2);
```

连接前后 c1 与 c2 的内容如图 7-6 所示。

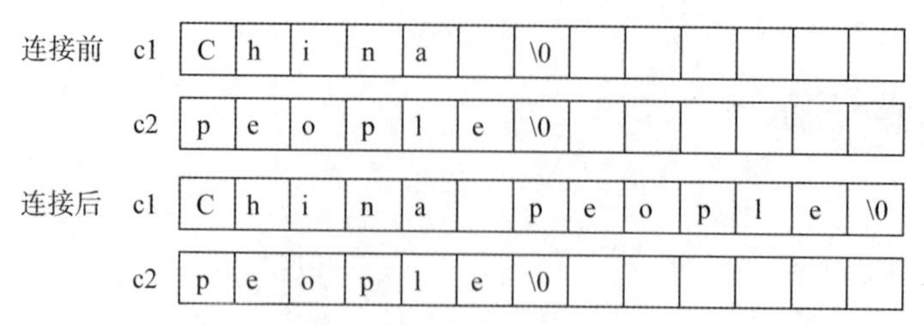

图 7-6　连接前后 c1 和 c2 的内容

> **注意：**
> 在进行字符串连接时，字符串 str1 必须足够大，以便能容纳连接后的新字符串。

2. 字符串拷贝(复制)函数 strcpy( )

函数原型：char * strcpy(char * str1，char * str2)；

调用格式：strcpy(str1，str2)；

函数功能：将字符串 str2 拷贝到字符数组 str1 中，str2 的值不变。例如：

```
char c1[7]="China",c2[7]="people";
strcpy(c1,c2);
```

拷贝前后 c1 与 c2 的内容如图 7-7 所示。

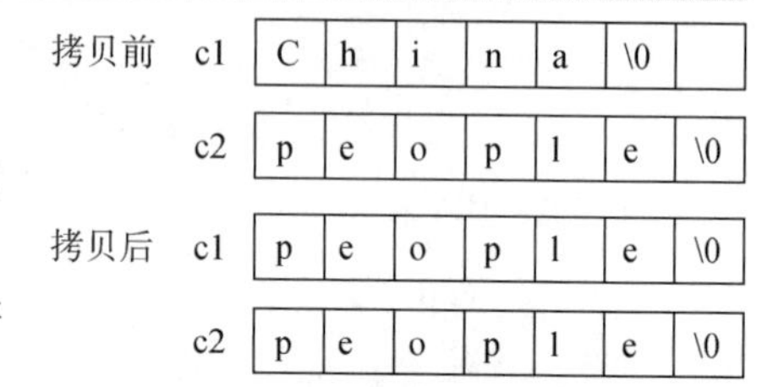

图 7-7　拷贝前后 c1 和 c2 的内容

说明：

(1)字符数组 str1 必须足够大，以便能容纳被拷贝的字符串。

(2)拷贝时连同字符串后面的' \0'一起拷贝到字符数组中。

(3)str1 应写成数组名形式，而 str2 可以是字符串常量，亦可以是字符数组名形式。例如：

```
char c[10];
strcpy(c,"people");
```

(4)由于数组不能进行整体赋值，所以不能用赋值语句来实现字符串的拷贝，而只能使用 strcpy( )函数进行字符串拷贝。例如，下面两个赋值语句是不合法的：

```
char str1[10],str2[10]="abcd";
str1=str2;
str1="abcd";
```

(5)可以用 strncpy( )函数将字符串中前面若干个字符拷贝到字符数组中去。例如：

```
strncpy(str1,str2,2);
```

作用：将 str2 中前面 2 个字符拷贝到 str1 中去，取代 str1 中最前面 2 个字符。

> **注意：**
> 用 strncpy( )函数时不复制' \0'。

3. 字符串比较函数 strcmp( )

函数原型：int strcmp(char * str1, char * str2)；

调用格式：strcmp(str1, str2)；

函数功能：比较字符串 str1 和字符串 str2。

若 str1=str2，函数值为 0；

若 str1>str2，函数值为正整数；

若 str1<str2，函数值为负整数。

注意：

在进行两个字符串的比较时，不是比字符串长短，而是按 ASCII 值大小进行比较。具体比较规则：将两个字符串自左至右逐个字符相比较，直到出现不同的字符或到'\0'为止。如果全部字符都相同，则认为相等，函数返回值为 0。如果出现不相同的字符，则以第一个不相同的字符的 ASCII 值大者为大，并将这两个字符的 ASCII 值之差作为比较结果由函数值带回。

比较两个字符串是否相等，一般用下面的语句形式：

```
if(strcmp(str1,str2)==0){…}
```

而不能直接判断，即以下形式是错误的：

```
if(str1==str2){…}
```

4. 求字符串长度函数 strlen( )

函数原型：unsigned int strlen(char * str)；

调用格式：strlen(str)；

函数功能：求字符串实际长度(不包括'\0')，由函数值返回。例如：

```
char str[10]="china";
int m,n;
m=strlen("good");
n=strlen(str);
```

m 的值为 4，n 的值为 5。

例 7-12 编程实现：从键盘上输入两个字符串，若不相等，将短的字符串连接到长的字符串的末尾并输出。

参考程序如下：

```
#include <stdio. h>
#include <string. h>
void main()
{
    char s1[80],s2[80];
    gets(s1);
    gets(s2);
    if(strcmp(s1,s2)!=0)
        if(strlen(s1)>strlen(s2))
```

```
            {    strcat(s1,s2);
                 puts(s1);
            }
        else
            {    strcat(s2,s1);
                 puts(s2);
            }
    else
        puts("Two strings are equaled");
}
```

若输入：

```
you↙
Thank↙
```

则输出：

```
Thank you
```

此外，与字符串有关的库函数还有很多。例如：

```
strlwr(str);
```

将字符串 str 中大写字母转换成小写字母。

```
strupr(str);
```

将字符串 str 中小写字母转换成大写字母。

注意：

在使用字符串处理函数时，需要将头文件 string. h 包含到程序中来。

7.4 数组作为函数的参数

数组作为函数的参数应用非常广泛。数组作为函数的参数主要有两种情况：一种是数组元素作为函数的实参，这种情况与普通变量作实参一样，是将数组元素的值传给形参。形参的变化不会影响实参数组元素，这种参数传递方式称为“值传递”；另一种是数组名作实参，此时要求函数形参是相同类型的数组或指针（参见第 8 章），这种方式是把实参数组的起始地址传给形参数组或指针，称为“地址传递”。由于形参数组接受的是实参数组传来的实参数组的首地址，所以对形参数组元素值的改变也就是对实参数组元素值的改变。

1. 数组元素作函数的实参

数组元素的使用与变量相同，因此，其作为函数实参亦与变量相同，仍是单向的值传递。

例 7-13 输出数组元素的奇偶性。

参考程序如下：

```
#include "stdio. h"
int fun(int x)
{
    if(x% 2)return 1;
    else return 0;
}
void main()
{
    int a[10]={5,8,4,9,7,12,1,27,6,3};
    int i;
    for(i=0;i<10;i++)
    printf("% d,",fun(a[i]));
    printf("\n");
}
```

程序运行结果如下：

```
1,0,0,1,1,0,1,1,0,1,
```

2. 用数组名作函数参数

用数组名作函数参数要求形参与实参都使用数组名，此时形参数组与实参数组的类型应相同，维数应一致。由于在C语言中数组名代表数组的起始地址，因此用数组名作函数参数在进行参数传递时是“地址传递”。此时，系统不为形参数组另行分配存储空间，而是将实参数组的首地址传给形参数组，使形参数组与实参数组共同对应同一片内存区域。由此得知，形参数组中各元素的值如果发生变化会使实参数组元素的值同时发生变化。

例7-14 编程实现：输入10个学生的成绩，求出平均成绩。

参考程序如下：

```
#include <stdio. h>
void main()
{
    int i;
    float score[10],aver;
    float average(float array[10]);
    printf("input 10 scores:\n");
    for(i=0;i<10;i++)
        scanf("% f",&score[i]);
    aver=average(score);
    printf("average score is %5. 2f\n",aver);
}
float average(float array[10])
{
    int i;
    float aver,sum=array[0];
    for(i=1;i<10;i++)
```

```
        sum=sum+array[i];
    aver=sum/10;
    return(aver);
}
```

程序在被调用函数 average( ) 中声明了形参数组 array 的大小为 10，但在实际上，指定其大小是不起任何作用的，因为 C 编译系统对形参数组大小不做检查，只是将实参数组的首地址传给形参数组。因此，形参数组可以不指定大小，而为了在被调用函数中处理数组元素的需要，可以另设一个参数，用来传递需要处理的数组元素的个数。

这样，例 7-14 中的 average( ) 函数可以改写为如下形式：

```
float average(float array[],int n)
{
    int i;
    float aver,sum=array[0];
    for(i=1;i<n;i++)
        sum=sum+array[i];
    aver=sum/n;
    return(aver);
}
```

相应的，在 main( ) 中的函数声明和调用语句应改为：

```
float average(float array[],int n);
aver=average(score,10);
```

例 7-15　编程实现：求 M×N 二维数组周边元素的平均值。

分析：将求二维数组周边元素平均值的任务交给一个函数去完成，主函数 main( ) 负责输入数组数据，调函数和输出结果。

参考程序如下：

```
#include <stdio. h>
#define  M  4
#define  N  5
double fun(int w[M][N])
{
    double s=0;
    int i,j;
    for(i=0;i<M;i++)
        for(j=0;j<N;j++)
            if(i==0||i==M-1||j==0||j==N-1)
                s+=w[i][j];
    return s/(N*2+(M-2)*2);
}
void main()
{
    int a[M][N];
```

```
    int i,j;
    double s;
    for(i=0;i<M;i++)
        for(j=0;j<N;j++)
            scanf("% d",&a[i][j]);
    s=fun(a);
    printf("s=%. 2f\n",s);
}
```

本例中函数 fun( )用来求二维数组周边元素的平均值。

思考：

若求二维数组周边元素的和，函数应作何改动？

例 7-16　编程实现：找出 N×N 数组 x 中每列元素的最大值，并按顺序依次存放于一维数组 y 中。

参考程序如下：

```
#include  <stdio. h>
#define  N  4
void fun(int a[N][N],int b[N])
{
    int i,j;
    for(i=0;i<N;i++)
    {   b[i]=a[0][i];
        for(j=1;j<N;j++)
            if(b[i]< a[j][i])b[i]=a[j][i];
    }
}
void main()
{
    int x[N][N]={ {12,5,8,7},{6,1,9,3},{1,2,3,4},{2,8,4,3} },y[N],i,j;
    printf("\nThe matrix:\n");
    for(i=0;i<N;i++)
    {   for(j=0;j<N;j++)printf("% 4d",x[i][j]);
        printf("\n");
    }
    fun(x,y);
    printf("\nThe result is:");
    for(i=0;i<N;i++)  printf("% 3d",y[i]);
    printf("\n");
}
```

例 7-17　某单位的工作证号码的最后一位是用来表示性别的，如 M 表示男，F 表示女。编程实现：输入 10 个人的工作证号码，输出其中的男女人数。

参考程序如下：

```
#include "stdio. h"
#include "string. h"
void main()
{
    int a=0,b=0,i,n;
    char c,s[10][20];
    for(i=0;i<10;i++)
    {   scanf("% s",s[i]);
        n=strlen(s[i]);
        c=s[i][n- 1];
        if(c=='M'||c=='m')
            a++;
        else
            b++;
    }
    printf("男人数为:% d\n 女人数为:% d\n",a,b);
}
```

以上程序也可写成如下函数调用的形式：

```
#include "stdio. h"
#include "string. h"
void main()
{
    int a=0,b=0,i;
    char s[20];
    int fun(char x[]);
    for(i=0;i<10;i++)
    {   scanf("% s",s);
        if(fun(s))
            a++;
        else
            b++;
    }
    printf("男人数为:% d\n 女人数为:% d\n",a,b);
}
int fun(char x[])
{
    char c;
    int n;
    n=strlen(x);
    c=x[n- 1];
    if(c=='M'||c=='m')return 1;
    else return 0;
}
```

7.5 拓展案例

案例 7-1 编程实现：输入3个字符串，输出其中最大者。

案例分析：

可以定义一个二维的字符数组 str，大小为 3×10，即有3行10列，每行存放一个字符串。

如前所述，可以把 str[0]、str[1]、str[2]看作3个一维字符数组，它们各有10个元素。可以把它们如同一维数组那样进行处理。可以用 gets()函数分别读入3个字符串。经过两次比较，就可得到值最大者，并把它放在一维字符数组 strmax 中。

程序运行结果如图 7-8 所示。

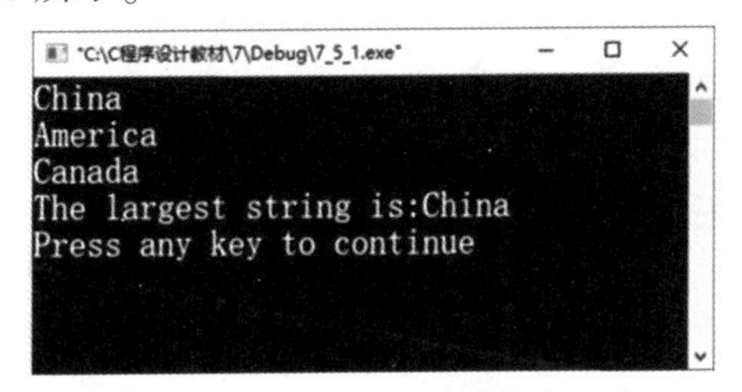

图 7-8 案例 7-1 程序运行结果

案例 7-2 编程实现：用直接插入排序法对数组元素进行排序。

案例分析：

直接插入排序是按元素原来的顺序，先将下标为0的元素作为已排好序的数据，然后从下标为1的元素开始，依次把后面的元素按大小插入到前面的元素中间，直到将全部元素插完为止，从而完成排序功能。

例如：

元素下标：(0 1 2 3 4)

初始数据：[5]3 4 1 2

要把上面的数据按升序排序，则直接插入排序过程如下(其中括号[ ]中的数表示已排好序)：

第1步插入： [3 5] 4 1 2

第2步插入： [3 4 5] 1 2

第3步插入： [1 3 4 5] 2

第4步插入： [1 2 3 4 5]

程序运行结果如图 7-9 所示。

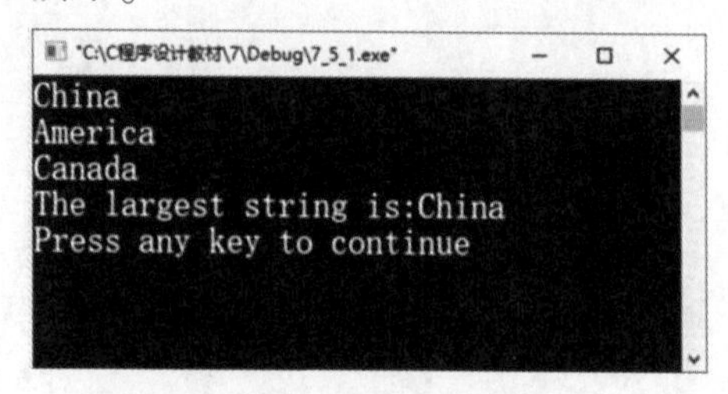

图 7-9　案例 7-2 程序运行结果

案例 7-3　编程实现：用高斯消元法求解线性方程组。

案例分析：

高斯消元法是一个经典的方法，也是解低阶方程组最常用的方法。它的基本思想是通过消元过程把一般方程组化成三角方程组，再通过回代过程求出方程组的解。

为不失一般性，下面来看一个 3 阶方程组的求解过程。3 阶方程组的一般形式如下：

$$\begin{cases} a_{11}x_1+a_{12}x_2+a_{13}x_3=b_1 & ① \\ a_{21}x_1+a_{22}x_2+a_{23}x_3=b_2 & ② \\ a_{31}x_1+a_{32}x_2+a_{33}x_3=b_3 & ③ \end{cases}$$

对应的矩阵形式如下：

$$AX=B$$

(1)消元过程。

根据线性代数的知识可进行以下运算：②-① $* a_{21}/a_{11}$ 以及③-① $* a_{31}/a_{11}$，得到下式：

$$\begin{cases} a_{11}x_1+a_{12}x_2+a_{13}x_3=b_1 & ①' \\ a'_{22}x_2+a'_{23}x_3=b'_2 & ②' \\ a'_{32}x_2+a'_{33}x_3=b'_3 & ③' \end{cases}$$

其中：

$$a'_{22}=a_{22}-a_{12} * a_{21}/a_{11}$$

$$a'_{23}=a_{23}-a_{13} * a_{21}/a_{11}$$

$$b'_2=b_2-b_1 * a_{21}/a_{11}$$

$$a'_{32}=a_{32}-a_{12} * a_{31}/a_{11}$$

$$a'_{33}=a_{33}-a_{13} * a_{31}/a_{11}$$

$$b'_3=b_3-b_1 * a_{31}/a_{11}$$

这样就消去了 a_{21} 和 a_{31} 两个元素，同样再进行以下运算：③′-①′ $* a_{32}/a_{22}$，得到下式：

$$\begin{cases} a_{11}x_1+a_{12}x_2+a_{13}x_3=b_1 & ①'' \\ a'_{22}x_2+a'_{23}x_3=b'_2 & ②'' \\ a''_{33}x_3=b''_3 & ③'' \end{cases}$$

其中：

$$a''_{33}=a'_{33}-a''_{23} * a'_{32}/a'_{22}$$

$$b''_3=b'_3-b'_2 * a'_{32}/a''_{22}$$

这样得到了一个上三角方程组，下面就可以通过回代过程来求出 x_1、x_2、x_3。

(2)回代过程。

根据③″式可以求出 x_3，将 x_3 代入②″式可以求出 x_2，将 x_2、x_3 代入①″式可以求出 x_1。至此，就得到了方程组的解。

上述过程可以推广到阶数为 N 的方程组，同时也可以看出，要想有解，矩阵 A 的对角元素不能为零。

案例 7-3 程序及运行结果

根据以上算法即可编制程序，矩阵 A 可以用一个二维数组表示，B 可以用一个一维数组表示，由于回代以后 B 的值不再有用，这样解 x 就可以放在 B 中，不用为 x 专门说明一个数组，从而简化了程序。

程序运行结果如图 7-10 所示。

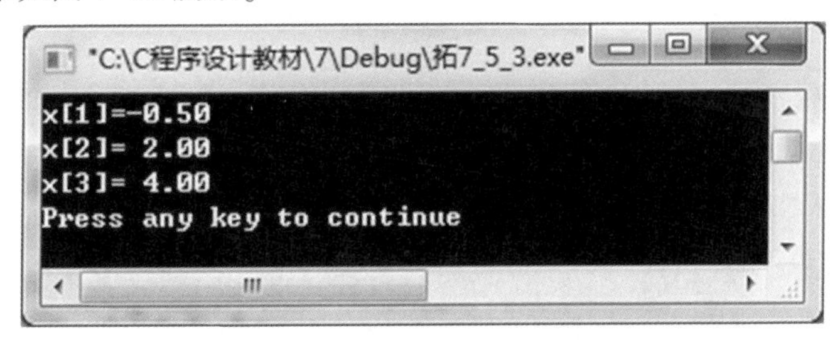

图 7-10 案例 7-3 程序运行结果

本章小结

(1)本章主要介绍了数组的概念，介绍了一维数组、二维数组的定义和初始化。

(2)介绍了字符串及字符数组的概念；字符串的输入与输出；常用的字符串处理函数。

(3)介绍了数组作为函数参数的方法；明确数组名代表的是数组的起始(首)地址；调用函数时，形参数组不另外分配内存空间；形参数组元素值的改变直接作用在实参数组上。

习题

一、选择题

1. 以下能正确定义一维数组的选项是(　　)。

A. int a[5]={0, 1, 2, 3, 4, 5};　　B. char a[]={0, 1, 2, 3, 4, 5};

C. char a={'A', 'B', 'C'};　　D. int a[5]="0123";

2. 以下能正确定义一维数组的选项是(　　)。

A. int num[];

B. #define N 100
int num[N];

C. int num[0...100];

D. int N=100;
int num[N];

3. 当调用函数时，实参是一个数组名，则向函数传递的是________。

A. 数组的长度　　　　B. 数组的首地址
C. 数组每一个元素的地址　　　　D. 数组每个元素中的值

4. 以下程序的输出结果是(　　)。

```
#include "stdio. h"
void main()
{
    int a[3][3]={{1,2},{3,4},{5,6}},i,j,s=0;
    for(i=1;i<3;i++)
        for(j=0;j<=i;j++)   s+=a[i][j];
    printf("% d\n",s);
}
```

A. 18　　B. 19　　C. 20　　D. 21

5. 以下程序的输出结果是(　　)。

```
#include "stdio. h"
int f(int b[],int m,int n)
{
    int i,s=0;
    for(i=m;i<n;i=i+2)   s=s+b[i];
    return s;
}
void main()
{
    int x,a[]={1,2,3,4,5,6,7,8,9};
    x=f(a,3,7);
    printf("% d\n",x);
}
```

A. 10　　B. 18　　C. 8　　D. 15

6. 函数调用"strcat(str1, strcpy(str2, str3))"的功能是(　　)。
A. 将字符串 str2 复制到字符串 str3 中后再连接到字符串 str1 之后
B. 将字符串 str1 复制到字符串 str2 中后再连接到字符串 str3 之后
C. 将字符串 str3 复制到字符串 str2 中后再连接到字符串 str1 之后
D. 将字符串 str2 复制到字符串 str3 中后再将字符串 str1 复制到字符串 str3 中

7. 若有以下语句:

```
chara[]="xyz";
charb[]={'x','y','z'};
```

则下列叙述正确的是(　　)。
A. 数组 a 和数组 b 等价
B. 数组 a 和数组 b 的长度相同
C. 数组 a 占用空间大小等于数组 b 占用空间大小
D. 数组 a 占用空间大小大于数组 b 占用空间大小

8. 若有以下语句:

```
int b;char c[10];
```

则正确的输入语句是(　　)。

A. scanf("%d%s", &b, &c);

B. scanf("%d%s", &b, c);

C. scanf("%d%s", b, c);

D. scanf("%d%s", b, &c);

9. 以下程序的输出结果是(　　)。

```
#include "stdio. h"
void main()
{    char s[]="abcde";
     s=s+2;
     printf("% d\n",s[0]);
}
```

A. 字符 a 的 ASCII 值

B. 字符 c 的 ASCII 值

C. 字符 c

D. 程序出错

10. 以下程序:

```
#include "stdio. h"
voidmain()
{    int x[3][2]={0},i;
     for(i=0;i<3;i++)scanf("% d",x[i]);
     printf("% 3d% 3d% 3d\n",x[0][0],x[0][1],x[1][0]);
}
```

若运行时输入"2　4　6↙",则输出结果为(　　)。

A. 2　0　0　　B. 2　0　4　　C. 2　4　0　　D. 2　4　6

二、填空题

1. 以下程序运行后的输出结果是________。

```
#include "stdio. h"
void main()
{
     inti,n[]={0,0,0,0,0};
     for(i=1;i<=4;i++)
     {    n[i]=n[i- 1]*  2+1;
          printf("% d   ",n[i]);
     }
}
```

2. 以下程序运行后的输出结果是________。

```
#include "stdio. h"
void main()
{
     int i,a[3][3]={1,2,3,4,5,6,7,8,9};
     for(i=0;i<3;i++)
     printf("% d,",a[i][2- i]);
}
```

3. 以下程序运行后的输出结果是________。

```
#include "stdio. h"
int f(int a[],int n)
{
    if(n>1)
        return a[0]+f(a+1,n- 1);
    else
        returna[0];
}
void main()
{
    int aa[10]={1,2,3,4,5,6,7,8,9,10},s;
    s=f(aa+2,4);
    printf("% d\n",s);
}
```

4. 以下程序中函数 fun( ) 的功能是求出小于或等于 lim 的所有素数并放在 aa 数组中，函数返回所求出的素数的个数。请填空。

```
#include <stdio. h>
#define MAX 100
int fun(int lim,int aa[MAX])
{
    int i,j,n=0;
    for(i=2;i<=lim;i++)
    {   for(j=________;j<=i- 1;j++)
        if(i% j==0)break;
        if(j>=i)aa[n++]=i;
    }
    return ________;
}
void main()
{
    int limit,i,sum;
    int aa[MAX];
    printf("输入一个整数");
    scanf("% d",&limit);
    sum=fun(limit,aa);
    for(i=0;i<sum;i++)
    {   if(i% 10==0 && i!=0)printf("\n");
        printf("% 5d",aa[i]);
    }
}
```

5. 以下程序中，m 个人的成绩存放在 score 数组中，函数 fun 的功能是将低于平均分的人数作为函数值返回，将低于平均分的分数放在 below 所指的数组中。例如，当 score 数组中的数据为 10，20，30，40，50，60，70，80，90 时，函数返回的人数应该是 4，below 中的数据应为 10，20，30，40。请填空。

```
#include <stdio. h>
#include <string. h>
int fun(int score[],int m,int below[])
{
    int i,n=0;float ave=0;
    for(i=0;i<m;i++)    ave=ave+score[i];
    ave=________;
    for(i=0;i<m;i++)
        if(score[i]<ave)    below[n++]=________;
    return n;
}
void main()
{
    inti,n,below[9];
    int score[9]={10,20,30,40,50,60,70,80,90};
    n=fun(score,9,below);
    printf("\nBelow the average score are:");
    for(i=0;i< n;i++)    printf("% d ",below[i]);
}
```

三、编程题

1. 编程实现：求一个 5×5 矩阵对角线元素之和。

2. 编程实现：从键盘输入 10 个学生的成绩，求出平均成绩。将高于平均分的学生成绩输出，并指出其所在的位置。

3. 编程实现：输入一个字符串，统计出其中空格的个数。

4. 编程实现：对于给定的 N×N 数组，将其上三角元素置 0。

5. 编程实现：输出以下的杨辉三角形(要求输出 10 行)：

```
1
1  1
1  2  1
1  3  3   1
1  4  6   4   1
1  5  10  10  5  1
…
```

6. 编程实现：将两个字符串连接起来，不要用库函数 strcat()。

7. 编程实现：将字符数组 s2 中的全部字符拷贝到字符数组 s1 中。不要用库函数 strcpy()。拷贝时，'\0'也要拷贝过去。'\0'后面的字符不拷贝。

8. 编程实现：输入 15 个正整数，放入 a 数组中。要求：奇数放在 a 数组的前部，偶数放在 a 数组的后部，再分别对奇数和偶数按由小到大排序，输出排序后的 a 数组。

第8章 指 针

教学目标

掌握指针的基本概念，掌握指针变量的定义、初始化和指针运算。能够在数组、字符串、函数中使用指针。

本章要点

- 指针的基本概念
- 指针变量的定义和初始化
- 指针运算
- 指针与数组
- 指针与字符串
- 指针与函数
- 带参数的主函数

当需要有效地表示复杂的数据结构，如引用一个具有很多元素的一个数组的值或多维字符数组描述的各字符串或元素时，能否有更简便的方法？能否通过调用函数得到多于 1 个的值？计算机所处理的信息都要通过内存进行交换，是否可以通过内存地址直接对存放于内存的数据进行操作，以便提高处理效率？在计算机中，为了提高存储效率，充分利用有限的内存空间，是否可以将连续的数据分散保存而又能方便地描述出各存储数据的关系？在 C 语言中，引入了指针的概念，可以方便地解决以上问题。

指针是 C 语言中的一个重要概念，也是 C 语言的精华所在。掌握指针的概念及指针的使用，可使程序变得简洁、高效、灵活。

案例引入

猜硬币游戏

案例描述

学生时代的生活虽然单一，但也有许多小游戏贯穿其中，给平淡的校园生活带来一丝欢乐，猜硬币就是其中之一。某个课间，甲和乙一起玩猜硬币的游戏：初始时，甲的左手握着一枚硬币，游戏开始后，甲进行有限次或真或假的交换，最后由乙来猜测这两只手中是否有硬币。

案例分析

由于该游戏比较主观，并且甲的手法和乙的眼力都能影响游戏的结果，因此本案例的目的在于模拟游戏过程。

因为游戏要执行有限次，所以需要首先确定交换进行的次数，通过循环执行每次交换；又因为每次交换是真是假并不确定，所以至少需要实现两个交换函数，一个函数真正地实现两个手中硬币的交换，另一个只需表面完成交换。而每次是否真正地交换硬币也是随机的，因此使用随机数发生器来决定每次选择执行的函数。

案例实现

案例设计

(1)使用基本类型的变量作为形参，构造交换函数。

(2)使用指针变量作为形参，在函数体中交换指针的指向。

(3)使用指针变量作为形参，在函数体中交换指针变量所指内存中存储的数据。

(4)使用随机数生成器确定交换发生的次数，选择每轮要执行的交换方法。

(5)使用 while 循环语句控制交换进行的轮数。

案例程序

```
#include <stdio. h>
#include <stdlib. h>
#include <time. h>
//函数声明
void exc1(int l,int r);
void exc2(int *l,int *r);
void exc3(int *l,int *r);
//游戏模拟
//使用随机函数获取交换的次数,和每次交换所选择的函数
int main()
```

```
{
    int a=0,i=0,j;
    int l=1,r=0;
    srand((unsigned int)time(NULL));
    i=5+(int)(rand()% 5);                    //随机设置交换次数
    j=i;
    printf("a:% d,i:% d\n",a,i);
    printf("原始状态:\n");
    printf("l=% d,r=% d\n\n",l,r);
    while(i > 0)
    {
        i--;
        a=1+(int)(rand()% 3);
        switch(a)
        {
            case 1:
                exc1(l,r);
                printf("exc1-第% d 次交换后的状态\n",j-i);
                printf("l=% d,r=% d\n\n",l,r);
                break;
            case 2:
                exc2(&l,&r);
                printf("exc2-第% d 次交换后的状态\n",j-i);
                printf("l=% d,r=% d\n\n",l,r);
                break;
            case 3:
                exc3(&l,&r);
                printf("exc3-第% d 次交换后的状态\n",j-i);
                printf("l=% d,r=% d\n\n",l,r);
                break;
            default:
                break;
        }
    }
    system("pause");
    return 0;
}
//函数定义
void exc1(int l,int r)
{
    int tmp;
    tmp=l;                                   //交换形参的值
    l=r;
    r=tmp;
```

```
}
void exc2(int *l,int *r)
{
    int *tmp;
    tmp=l;                          //交换形参的值
    l=r;
    r=tmp;
}
void exc3(int *l,int *r)
{
    int tmp;
    tmp=*l;                         //交换形参变量指向内容的值;
    *l=*r;
    *r=tmp;
}
```

程序运行结果

程序运行结果如图 8-1 所示。

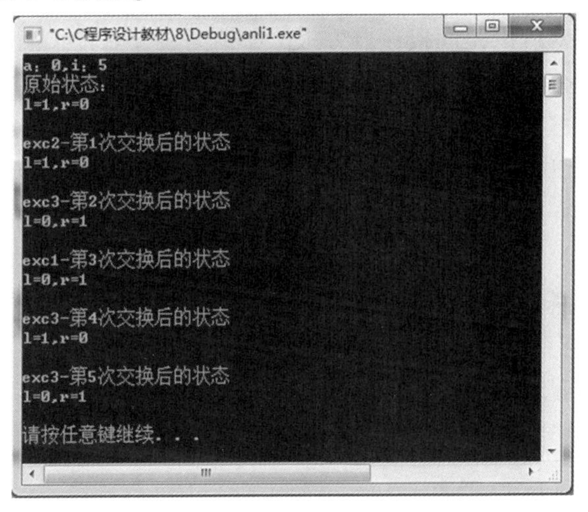

图 8-1 案例"猜硬币游戏"程序运行结果

8.1 指针概述

8.1.1 变量的地址和指针变量的概念

为了便于理解指针的概念，在此讨论一下计算机程序与数据在内存中的存储问题。程序要装入内存才能运行，数据也要装入内存才能处理。内存是以字节为单位的一片连续存储空间，为了便于访问，给每个字节单元一个唯一的编号，编号从0开始，以后各单元按顺序连续编号，这些单元编号称为内存单元的地址。利用地址来使用具体的内存单元，就像一栋大楼用房间编号来区别使用各个房间一样。

在C语言程序中定义一个变量，系统会根据变量类型的不同为其分配不同字节数的内存单元，所分配内存单元的首地址为变量的地址。例如，若有下列定义：

```
int a;
char c;
```

则给整型变量a分配4个字节的存储空间，给字符变量c分配1个字节的存储空间。如果分配给这两个变量的存储空间是相邻的(其实可以是不相邻的)，则空间分配如图8-2所示。

这里a的地址为6010，c的地址为6014。

在前面的C程序设计中，对数据的处理往往是直接使用变量。变量具有三要素：名字、类型与值。每个变量都通过变量名与相应的内存单元相联系，具体分配哪些存储单元给变量(或者说该变量的地址是什么)不需要程序员去考虑，C编译系统会完成变量名到对应内存单元地址的变换。变量的类型决定了所分配存储空间的大小，而变量的值则是指相应内存单元的内容。编程时直接按变量名存取变量值的方式称为直接存取方式。在前面章节程序中对变量的操作，都是这种方式。

与直接存取方式相对应的是间接存取方式。所谓间接存取方式就是先通过一个特殊的变量得到某变量的地址，然后根据该地址再去访问某变量相应的内存单元，如图8-3所示。系统为特殊变量p(用来存放地址的)分配的存储空间地址是6800，p中保存的是变量a的地址，即6010。这时要读取a变量的值35，可直接通过变量名a得到，即直接存取。也可通过变量p得到p的值6010，即a的地址，再根据地址6010读取它所指向单元的值35，即间接存取。

所谓“指针”就是内存中的一个地址。一个变量的指针即该变量的地址，如6010就是指向变量a的指针。专门存放地址的变量，称为指针变量。例如，在图8-3中，p是一个指针变量，它存放的是a的地址6010。

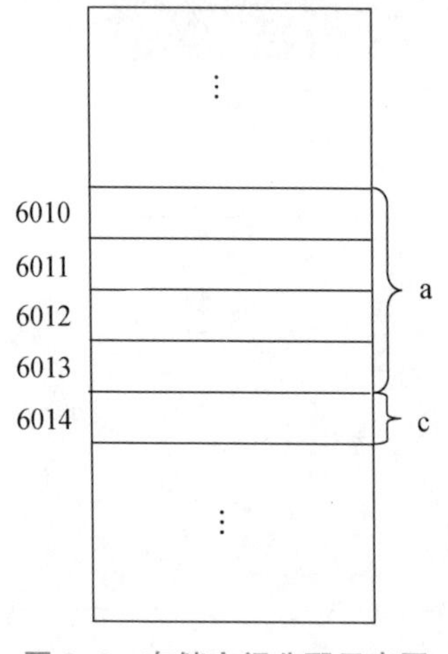

图8-2　存储空间分配示意图

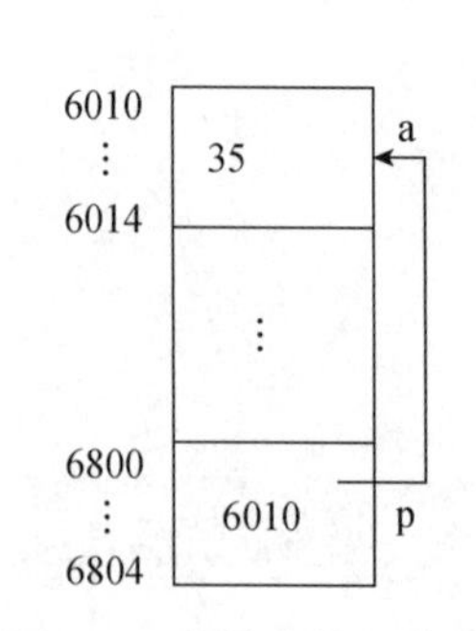

图8-3　间接存取示意图

8.1.2 指针变量的定义及初始化

1. 指针变量的定义

指针变量也要遵循先定义，后使用的原则。指针变量定义的一般形式如下：

```
类型标识符   *指针变量名;
```

例如：

```
int *p;                                   /*定义 p 为指向整型数据的指针变量*/
float *f;                                 /*定义 f 为指向单精度实型数据的指针变量*/
```

注意：

在指针变量定义中，* 是一个说明符，目的是与其他变量相区分，即 p 是指针变量，而不要认为 * p 是指针变量。

指针变量与前面学过的变量一样，也具有变量的三要素：变量名、变量类型与变量的值。指针变量名与普通变量名一样，使用标识符来命名。指针变量的数据类型，是其所指向的对象(或称目标)的数据类型。例如，float 型指针变量 f 只能指向单精度实型变量(或者说只能存放单精度实型变量的地址)。指针变量本身的类型只能是 int 型或 long 型，这与编译系统中所设定的编译模式(或存储管理模式)有关，与它所指向的对象的数据类型无关。指针变量的值是所指向的某个变量的地址值。

指针变量也是变量，它的值是可以改变的，即它可以指向同类型的不同变量。

2. 指针运算符与地址运算符

与指针有关的两个运算符：& 与 * 。

(1)&：取地址运算符。

(2) * ：指针运算符，或称指向运算符、间接访问运算符。其运算结果是得到指针变量所指的变量。

例如，若有如下定义和语句：

```
int a,*p;
p=&a;                                     /*将 a 的地址赋给 p*/
a=30;                                     /*对变量 a 进行赋值*/
*p=50;                                    /*对 p 指向的对象 a 进行赋值*/
printf("% d,% d",*p,a);                   /*以不同形式输出变量 a 的值*/
```

输出结果如下：

```
50,50
```

注意：

* 与 & 具有相同的优先级，结合方向从右到左。这样，&*p 即 &(*p)，是对变量 * p 取地址，它与 &a 等价；p 与 &(*p)等价，a 与 * (&a)等价。

3. 指针变量的初始化

在定义指针变量的同时给指针变量一个初始值，称为指针变量的初始化。例如：

```
int a;
int *p=&a;                        /*在定义指针变量p的同时将变量a的地址赋给p*/
```

第1行先定义了整型变量a，系统将为之分配4个字节的内存单元；第2行定义指针变量p，系统为指针变量p分配其自身所需的存储空间，同时通过取地址运算符&把已定义变量a的地址值取出保存在指针变量p中，从而使指针变量p定义时就指向确定的变量a。

其实，可将

```
int a;
int *p=&a;
```

写成

```
int a,*p=&a;
```

两种写法是等价的。

8.1.3 指向指针的指针

指针变量不但可以指向基本类型变量，亦可以指向指针变量，这种指向指针变量的指针，称为指向指针的指针，或称多级指针。

下面以二级指针为例来说明多级指针的定义与使用。

二级指针(指向指针的指针)定义的一般形式如下：

```
类型标识符    **指针变量名;
```

例如：

```
int a,*p,**pp;
a=5;
p=&a;
pp=&p;
```

假设变量a的地址为6010，指针p的地址为6800，二级指针pp的地址为8320。a、p、pp三者的关系如图8-4所示。

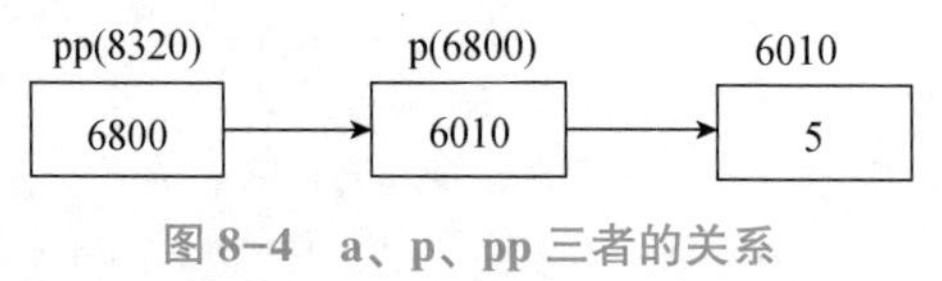

图8-4 a、p、pp三者的关系

图8-4中a的地址为6010，保存在指针变量p中，p指向a，p的地址值为6800，保存在pp中，即双重指针pp指向指针变量p，此时，要引用a的值，可用*p，亦可用**pp。

> **注意：**
> 虽然p、pp都是指针变量，但pp只能指向指针变量而不能直接指向普通变量。

例如，语句：

```
p=&a;
pp=&p;
```

是合法的，而语句

```
pp=&a;
```

是非法的。

二级指针与一级指针是两种不同类型的数据，尽管它们保存的都是地址，但不可相互赋值。

二级指针为建立复杂的数据结构提供了较大的灵活性。

理论上还可以定义更多级的指针，但在实际使用时一般只用到两级，多了反而容易引起混乱，给编程带来麻烦。

例 8-1 二级指针的使用示例。

参考程序如下：

```
#include "stdio. h"
void main()
{    int a=8,*p,**pp;
     p=&a;                              /*指针 p 指向 a*/
     pp=&p;                             /*二级指针 pp 指向指针 p*/
     printf("a=%d\n",a);                /*直接输出 a*/
     printf("*p=%d\n",*p);              /*一级指针引用输出 a*/
     printf("**pp=%d\n",**pp);          /*二级指针引用输出 a*/
}
```

程序运行结果如图 8-5 所示。

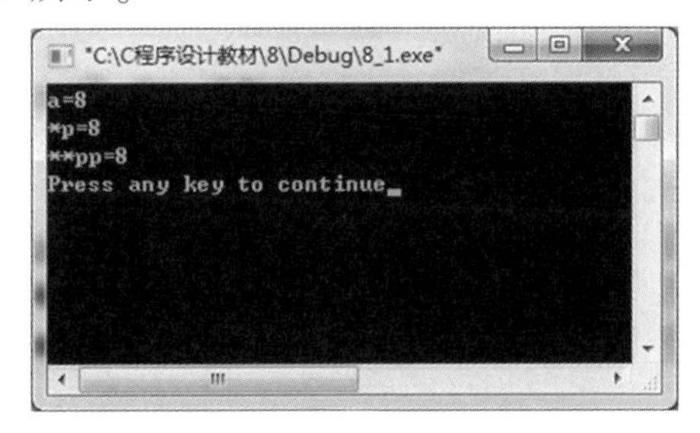

图 8-5 例 8-1 程序运行结果

由于 *p 与 **pp 都代表变量 a，所以输出结果相同，但要注意它们之间的区别：p 直接指向 a，*p 是一级指针引用；pp 指向 p，再通过 p 指向 a，pp 是间接指向 a，**pp 是二级指针引用。

8.2 指针变量的赋值与引用

8.2.1 指针变量的赋值

1. 将一个变量的地址赋给指针变量

设有如下定义：

```
int a,*pa;
float m,*pm;
```

第1行定义了整型变量a及指向整型变量的指针变量pa，第2行定义了字符型变量m及指向字符型变量的指针变量pm，但pa和pm还没有被赋值，因此pa、pm没有明确的指向，如图8-6(a)所示。

接着执行下面的语句：

```
a=5;m=3.8;
pa=&a;
pm=&m;
```

第1行对变量a、m赋值，第2、3行分别将a、m的地址赋给指针变量pa、pm，使pa、pm分别指向变量a、m。这样，变量a可以表示为*pa，变量m可以表示为*pm，如图8-6(b)所示。

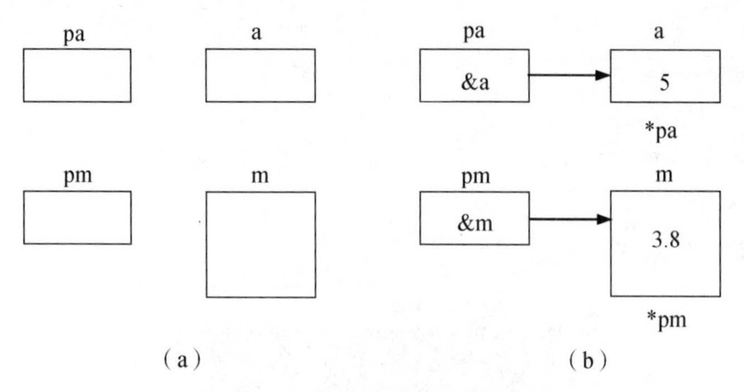

图8-6　指针地址赋值示意图

2. 相同类型的指针变量间的赋值

若pa与pb都是指向整型变量的指针变量，且pa已有明确指向，则以下赋值：

```
pb=pa;
```

是合法的，此时pa、pb指向同一块内存空间。

> **注意：**
>
> 只有相同类型的指针变量才能相互赋值，如果pa、pb是指向不同类型数据的指针变量，则"pb=pa;"或"pa=pb;"都是不允许的。

3. 给指针变量赋"空"值

与一般变量一样，若在定义指针变量时不为其赋初值，则它的值是不确定的，这个不确定的值即是该指针变量的当前指向。若这时引用指针变量，可能产生不可预料的后果，使程序或数据遭到破坏。为了避免这些问题的产生，可以给指针变量赋"空"值，其目的是使该指针变量不指向任何位置。

"空"指针值用NULL表示，NULL是在头文件stdio.h中预定义的符号常量，其值为0。例如：

```
int *pa=NULL;
```

亦可以用下面的语句给指针变量赋“空值”：

```
pa=0;
```

或

```
pa='\0';
```

注意：

指针变量虽然可以赋0值，但却不能把其他的常量作为地址赋给指针变量。

例如，即使知道整型变量a的地址是6010，也不能使用赋值语句：

```
pa=6010;
```

而只能使用赋值语句：

```
pa=&a;
```

对全局指针变量与局部静态指针变量而言，在定义时若未被初始化，则编译系统自动初始化为空指针0。

8.2.2 指针变量的引用

指针变量一旦定义，就可以引用它，即使用它。

对指针变量的引用包含两个方面：一是对指针变量本身的引用，如对指针变量进行的各种运算；二是利用指针变量来访问它所指向的变量，称为对指针变量的间接引用。

例8-2 编程实现：从键盘上输入两个实数到a、b，按数字由小到大顺序输出。

参考程序如下：

```
#include "stdio. h"
void main()
{   float a,b,*pa,*pb,*p;                /*定义指针变量 pa、pb、p*/
    pa=&a;pb=&b;                         /*给 pa、pb 赋初值*/
    scanf("% f% f",&a,&b);
    if(*pa>*pb)
        {p=pa;                           /*进行指针交换*/
        pa=pb;
        pb=p;
        }
    printf("a=%. 2f,b=%. 2f\n",a,b);
    printf("%. 2f<%. 2f\n",*pa,*pb);
}
```

若输入：

```
5. 6↙
4. 3↙
```

则程序运行结果如图8-7所示。

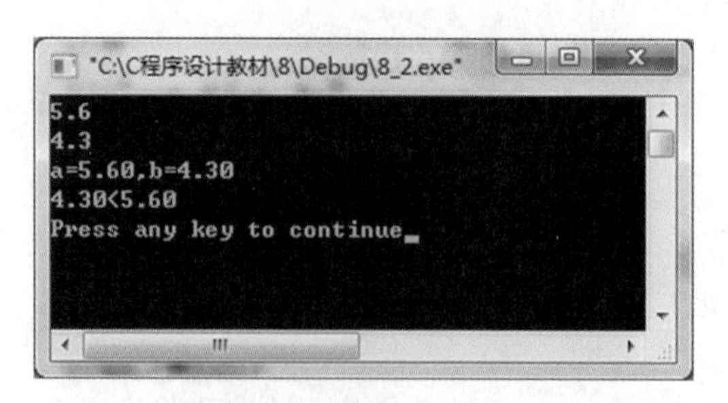

图 8-7　例 8-2 程序运行结果

例 8-2 中指针变量 pa 与 pb 分别指向变量 a 与 b，输出时约定 pa 指向小数，pb 指向大数。为此，比较 a、b 的大小，若 a 大，则交换指针 pa、pb，使 pa 指向小数 b，pb 指向大数 a，从而达到题目的要求。指针变化情况示意图如图 8-8 所示。

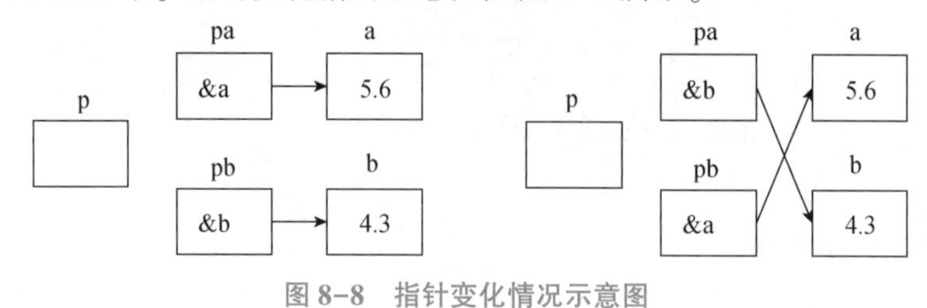

图 8-8　指针变化情况示意图

8.3　指针变量的运算

8.3.1　指针变量的算术运算

指针变量是一种特殊的变量，其运算亦具有其特点。

一个指针变量可以加、减一个整型数。C 语言规定，一个指针变量加(减)一个整型数并不是简单地将指针变量的原值进行加法(减法)运算，而是将该指针变量的原值(是一个地址)和它指向的变量所占用的内存单元字节数相加(减)。若 p 是一个指针变量且已有明确指向，n 代表一个整型数，则 p+n 仍然是一个地址，该地址的值是在 p 值的基础上增加 n×sizeof(指针变量的类型)。例如，有下列定义：

```
int *p,a=20,b=50,c=70;
```

假设 a、b、c 这 3 个变量被分配在一个连续的内存区，a 的起始地址为 6010，如图 8-9(a)所示。

语句“p=&a;”使指针变量 p 指向变量 a，如图 8-9(b)所示。

语句“p=p+2;”使指针 p 向下移动两个整型数据的位置，即 p 的值为 6010+2 * sizeof(int)= 6010+2 * 4=6018，而不是 6012，如图 8-9(c)所示。

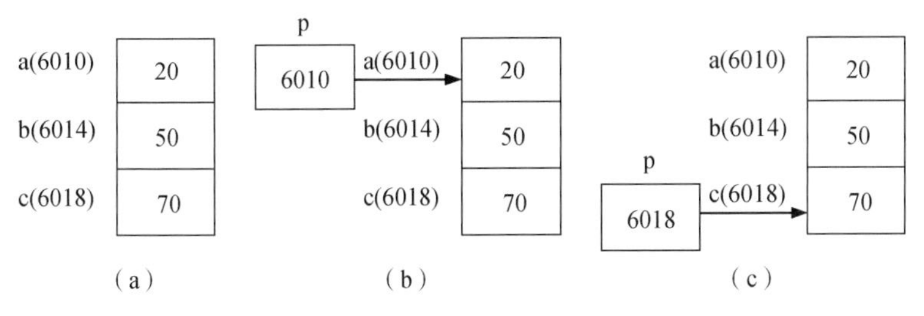

图 8-9 指针移动示意图

可以这样直观地理解：语句“p=p+n”使 p 向高地址方向移动 n 个内存单元块（一个内存单元块是指指针变量所指变量占用的存储空间）；语句“p=p-n”使 p 向低地址方向移动 n 个内存单元块。

显然，可以对指针变量 p 进行如下的运算：

```
p++,++p,p- - ,- - p
```

两个指针变量可以相减，其差值是两个指针之间的字节数，但两个指针变量相加并无实际意义。

8.3.2 指针变量的关系运算

与基本类型变量一样，指针变量也可以进行关系运算。若 p、q 是两个同类型的指针变量，则 p>q，p<q，p==q，p!=q，p>=q 都是允许的。

指针变量的关系运算在指向数组的指针中广泛应用，这一点在后面的 8.4 节中会有进一步的讨论。

> **注意：**
> 在指针变量进行关系运算之前，指针变量必须指向确定的变量或存储区域，即指针变量有初始值；另外，只有相同类型的指针变量才能进行比较。

8.4 指针与数组

在第 7 章中已经得知，C 语言中数组名代表数组的起始地址或第一个元素的地址。根据指针的概念，数组的指针就是数组的起始地址，而数组元素的指针，就是各元素的地址。由于数组中各元素在内存中是连续存放的，因此利用指向数组或数组元素的指针变量来使用数组，将更加灵活、快捷。

8.4.1 一维数组元素的指针访问方式

将一个一维数组的起始地址（数组名）赋给一个指针变量，则该指针变量就指向了这个数组的第一个元素，而后便可通过该指针变量访问数组的其他元素。指向一维数组元素的指针变量的定义方法与指向基本类型变量的方法相同。例如：

```
int a[5]={1,2,3,4,5},*p;
```

此时，指针变量 p 还没有指向数组 a，而执行如下的赋值语句：

```
p=a;
```

后，指针变量 p 便指向数组 a。这与下列语句是等价的：

```
p=&a[0];
```

数组指针示意图如图 8-10 所示。

注意：

数组名 a 代表该数组的起始地址，也是一个指针，但它是常量指针，它指向的是一片确定的内存区域，这片区域是定义 a 数组时系统分配给 a 数组的。因此，a 的值是不可改变的，如不能进行 a++等类似的操作，但可以使用 a 的值，如 a+1 等。而 p 是指针变量，其值是可以改变的，即可以进行 p++等类似的操作。当赋给 p 不同元素的地址时，p 便指向不同元素。

例如，以下的操作是合法的：

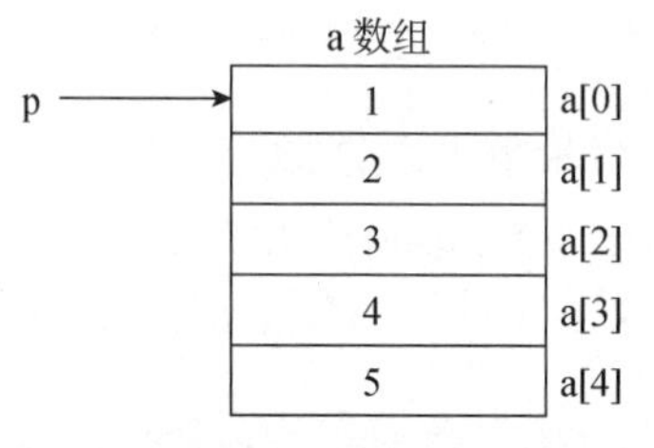

图 8-10　数组指针示意图

```
p=p+2;
```

可以将

```
int a[5]={0,2,4,6,8},*p;
p=a;
```

写成一行：

```
int a[5]={0,2,4,6,8},*p=a;
```

需要注意的是，如果指针变量 p 指向数组 a 的首地址，则 a 数组中第 i 个元素可用以下 4 种方法表示。

(1)下标法：a[i]。

(2)数组名法：*(a+i)。

(3)指针法：*(p+i)。

(4)指针下标法：p[i]。

这里(2)~(4)其实都属于一维数组元素的指针访问方式。

例 8-3　编程实现：使用不同方法输出单精度实型数组 a 各元素值。

参考程序如下：

```
#include "stdio. h"
void main()
{   float a[5]={2. 1,3. 0,52. 3,45. 6,20. 2};
    int i;
    float *p;
    for(i=0;i<5;i++)
    printf("% 10. 1f",a[i]);               /*方法 1:下标法*/
    printf("\n");
    for(i=0;i<5;i++)
    printf("% 10. 1f",*(a+i));             /*方法 2:数组名法*/
    printf("\n");
    for(p=a;p<a+5;p++)
    printf("% 10. 1f",*p);                 /*方法 3:指针法*/
    printf("\n");
    p=a;                                   /*重新使 p 指向 a 数组的首地址*/
    for(i=0;i<5;i++)
    printf("% 10. 1f",p[i]);               /*方法 4:指针下标法*/
    printf("\n");
}
```

程序运行结果如图 8-11 所示。

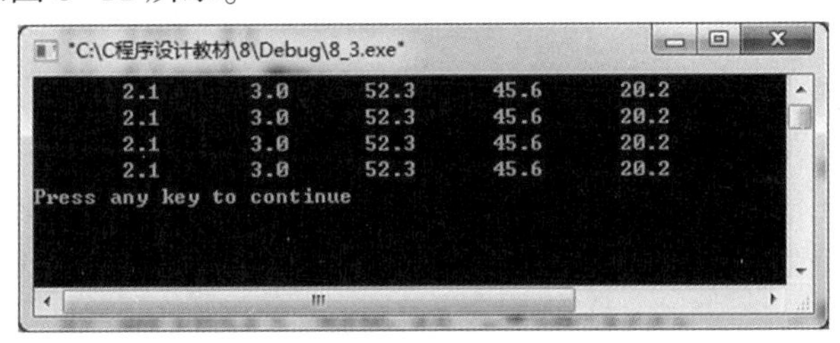

图 8-11 例 8-3 程序运行结果

下标法和指针法各有特点：下标法直观，能直接标明是第几个元素，如 a[0]是第 1 个元素，a[3]是第 4 个元素；指针法效率较高，能直接根据指针变量的地址值去访问指向的数组元素，而下标法 a[i]，每次都要进行转换运算“a+i * 元素字节数”，再由所得地址值访问对应的元素 a[i]。

需要特别说明的是，利用指针变量访问数组元素时要注意指针变量的当前值。

例 8-4 编程实现：从键盘上输入 5 个整数到数组 a 中，然后输出。

参考程序如下：

```
#include "stdio. h"
void main()
{   int a[5],i,*p;
    p=a;                                   /*使 p 指向数组 a 的第 1 个元素*/
    for(i=0;i<5;i++)
    scanf("% d",p++);                      /*输入的值放入 p 所指的地址中,然后 p 指向下一个元素*/
    p=a;                                   /*使 p 重新指向数组 a 的第 1 个元素*/
```

```
        for(i=0;i<5;i++)
        printf("%6d",*(p++));                    /*注意不能写成(*p)++,可以写成*p++*/
        printf("\n");
}
```

程序运行结果如图 8-12 所示。

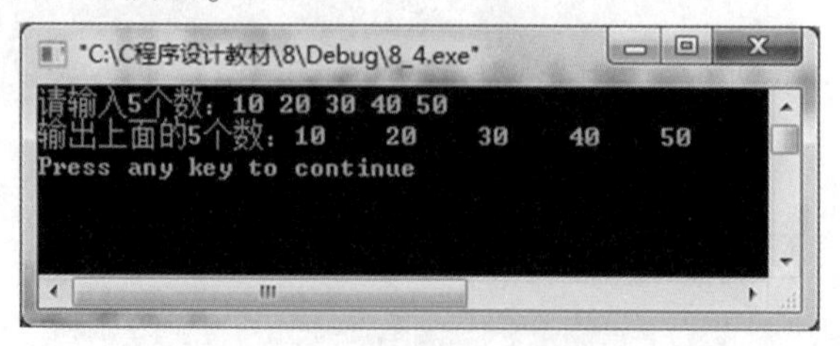

图 8-12　例 8-4 程序运行结果

由于在输入时，循环每执行一次，指针变量 p 都自加一次，即下移一个元素位置，因此当第一个循环执行完之后，p 已经移到了数组 a 的末端，指向了数组 a 以后的整型单元。若要使用指针变量 p 来输出数组 a 中各元素，必须使 p 重新指向 a 数组的第 1 个元素，因此第二个“p=a;”语句不能少。

程序中的 *(p++)相当于 *p++，因为 * 与++优先级相同，且结合方向从右向左，其作用是先获得 p 所指向的变量，然后执行“p=p+1”。

注意：

*(p++)与 *(++p)意义不同，后者是先执行“p=p+1”，再获得 p 所指向的变量。若 p=a，则 *(p++)表示 a[0]，而后 p 指向 a[1]；*(++p)表示 a[1]。这两种写法 p 值都在改变，前者是使用 p 之后 p 值加 1，后者是使用 p 之前 p 值加 1。而(*p)++表示的是将 p 指向的变量值+1，p 本身的值不变。所以在写程序时，应注意不同的写法所代表的不同含义。

8.4.2　二维数组元素的指针访问方式

1. 二维数组的地址

与一维数组类似，二维数组名代表二维数组的首行地址，它是一个二级指针。

对二维数组，可以这样来理解：它也是一个一维数组，只不过其数组元素又是一个一维数组。例如，有下面的二维数组定义：

```
int a[3][4]={{1,2,3,4},{5,6,7,8},{9,10,11,12}};
```

对于第 0 行的元素 a[0][0]、a[0][1]、a[0][2]、a[0][3]可以看成是一维数组 a[0]的 4 个元素，把 a[0]看成是一维数组名。而 C 语言规定数组名代表数组的首地址，这样 a[0]即代表第 0 行的首地址，也是第 0 行第 0 列元素的地址：&a[0][0]。该行的其他元素地址亦可用数组名加序号来表示：a[0]+1、a[0]+2、a[0]+3。依此类推，a[1]、a[2]分别可以看成第 1 行、第 2 行一维数组的数组名。这样，a[1]是第 1 行首地址，它等价于 &a[1][0]。该行各元素的地址可以用 a[1]+0、a[1]+1、a[1]+2、a[1]+3 来表示。同理，第 2

行各元素的地址可以用 a[2]+0、a[2]+1、a[2]+2、a[2]+3 来表示。

根据一维数组的地址表示方法，首地址为数组名，因此，a[0]、a[1]、a[2]分别代表3行的首地址，而将二维数组 a 看成是一维数组，根据前面讲的一维数组名法，a[0]又可以表示为 *(a+0)，a[1]可表示为 *(a+1)，a[2]可表示为 *(a+2)，即为指针形式的各行(一维数组)的首地址。这样，二维数组任意元素 a[i][j]的地址可以表示为 a[i]+j 或 *(a+i)+j，而元素值则表示为 *(a[i]+j)或 *(*(a+i)+j)。

例如：a[0][2]元素可表示为 *(a[0]+2)或 *(*(a+0)+2)，a[2][1]元素可表示为 *(a[2]+1)或 *(*(a+2)+1)，这就是二维数组元素的指针表示形式。注意区分一个二维数组元素的3种表示形式：a[i][j](下标法)、*(a[i]+j)(一维数组名法)及 *(*(a+i)+j)(二维数组名法)。

二维数组的指针表示如图 8-13 所示。注意：若 a 是二维数组，则 a[i]代表一维数组名，只是一个地址，并不是具体元素。

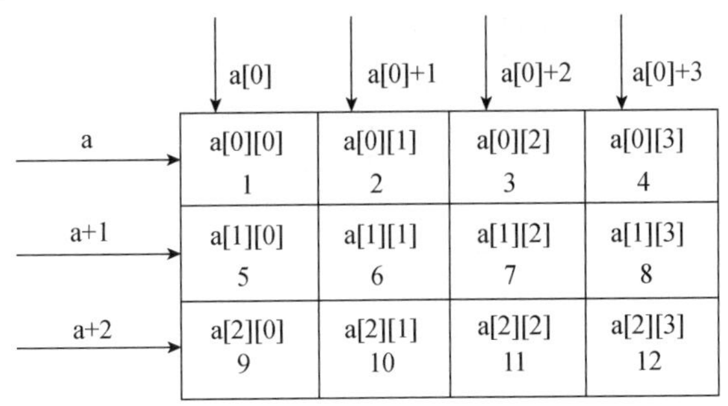

图 8-13　二维数组的指针表示

例 8-5　编程实现：使用不同方式输出二维数组中各元素的值。

参考程序如下：

```
#include "stdio. h"
void main()
{    int a[3][3]={1,2,3,4,5,6,7,8,9};
     int i,j,k,*p;
     for(i=0;i<3;i++)                         /*方式 1:用一维数组名法输出*/
     {    for(j=0;j<3;j++)
               printf("%4d",*(a[i]+j));       /*这里 a[i]是 i 行首地址,a[i]+j 是 i 行 j 列元素的地址*/
          printf("\n");
     }
     printf("******************\n");
     for(i=0;i<3;i++)                         /*方式 2:用二维数组名法输出*/
     {    for(j=0;j<3;j++)
               printf("%4d",*(*(a+i)+j));     /*这里*(a+i)是 i 行首地址,*(a+i)+j 是 i 行 j 列元素的地址*/
          printf("\n");
     }
     printf("******************\n");
     p=*(a+0);                                /*使 p 指向数组 a 的第 1 个元素*/
     for(i=0;i<3;i++)                         /*方式 3:用指向具体元素的指针变量输出*/
```

```
    {   for(j=0;j<3;j++)
            printf("%4d",* (p++));          /*输出p所指向的元素值*/
        printf("\n");
    }
}
```

程序运行结果如图 8-14 所示。

对方式 1，*(a[i]+j)中 a[i]是 i 行首地址，a[i]+j 是 i 行 j 列元素的地址，故*(a[i]+j)是代表 i 行 j 列的元素。对方式 2，*(*(a+i)+j)中*(a+i)是 i 行首地址，*(a+i)+j 是 i 行 j 列元素的地址，故*(*(a+i)+j)是代表 i 行 j 列的元素。对方式 3，开始时 p 指向数组 a 的第一个元素，在循环体中每输出一个元素值，p 便指向下一个元素，由于二维数组元素是按行的顺序依次存放的，因此可通过 p 将数组中全部元素输出。

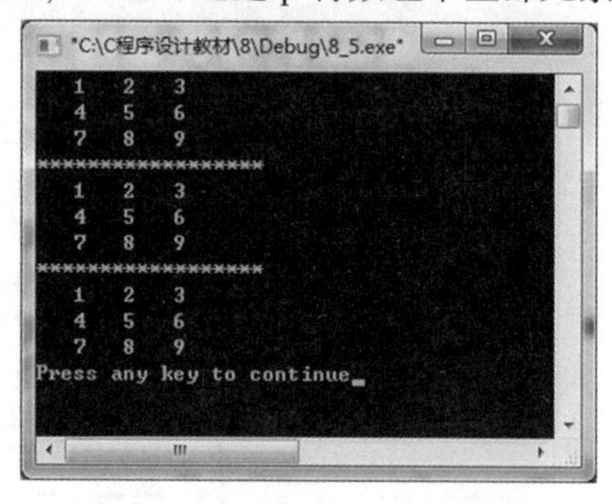

图 8-14　例 8-5 程序运行结果

对于二维数组 a，应该注意以下 3 点。

(1)a 是二维数组名，代表数组首行地址，是常量指针，且是二级指针。a+i 指向第 i 行(第 i 行首地址)。

(2)*(a+i)指向第 i 行，第 0 列元素，是一级指针。不要认为*(a+i)是 a+i 指向的元素，因为在二维数组中，a+i 是指向第 i 行，并不指向具体元素。

(3)a[i]+j 或*(a+i)+j，表示元素 a[i][j]的地址，因此*(a[i]+j)或*(*(a+i)+j)表示地址中的元素 a[i][j]。

2. 通过指向二维数组的指针变量访问二维数组元素

如果将二维数组的首地址赋给一个指针变量，则该指针变量就指向这个二维数组。指向二维数组的指针变量有两种情况：一是直接指向数组元素的指针变量，二是指向一行元素的指针变量，通过这两种指针变量均可访问二维数组元素。这两种不同形式的指针变量，其使用方法稍有差异。

(1)通过直接指向二维数组元素的指针变量访问二维数组元素。这种指针变量的定义与普通指针变量定义相同，其类型与数组元素类型相同。

例 8-6　编程实现：找出二维数组中的最大值，并指出其所在的位置(行列号)。

参考程序如下：

```
#include "stdio. h"
void main()
{   int i,j,m,n,max,*p;
```

```
    int a[3][3]={8,2,11,23,92,72,18,32,26};
    p=a[0];
    max=*p;                                  /*将第一个元素值赋给 max*/
    for(i=0;i<4;i++)
        for(j=0;j<2;j++,p++)
            if(max<*p)
                {max=*p;m=i;n=j;}
    printf("最大值是:a[%d][%d]=%d\n",m,n,max);
}
```

程序运行结果如图 8-15 所示。

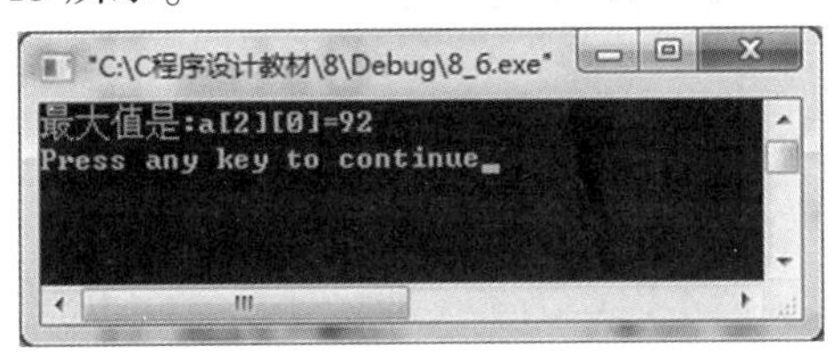

图 8-15 例 8-6 程序运行结果

这里使用的是普通指针变量 p，先让 p 指向数组的第 1 个元素，即 a[0][0]，p++则指向下一个元素，利用二维数组按行存放的特点，便可找出最大值。

程序中，语句“p=a[0];”不能写成“p=a;”，因为 p 是一个指向整型变量的一级指针，而 a 是二级指针，p 与 a 类型不同，不能直接赋值。

(2)通过指向二维数组一行的指针访问二维数组元素。指向二维数组一行的指针亦称行指针。行指针定义的一般形式如下：

```
类型标识符(*指针变量名)[元素个数];
```

例如：

```
int a[3][4],(*p)[4];
```

这里定义了一个二维数组 a 和一个行指针变量 p，p 可以指向一个具有 4 个整型元素的一维数组(行数组)。此时，p 和 a 之间还没有指向关系。若执行语句：

```
p=a;                                         /*或 p=a+0;*/
```

则 p 指向二维数组 a 的第 0 行 a[0]。由于 p 是行指针，所以 p+1 指向下一行 a[1]。p 的值以一行元素占用存储空间字节数为单位进行调整，即 p 的值在行之间移动。

例 8-7 用行指针实现例 8-6 的功能。

参考程序如下：

```
#include "stdio. h"
void main()
{   int i,j,m,n,max,(*p)[3];
    int a[3][3]={8,2,11,23,92,72,18,32,26};
    p=a;
    max=*(*p+0);                             /*将第 1 个元素 a[0][0]的值赋给 max*/
    for(i=0;i<3;i++,p++)
```

```
            for(j=0;j<3;j++)
                if(max<*(*p+j))
                    {max=*(*p+j);m=i;n=j;}
        printf("最大值是:a[%d][%d]=%d\n",m,n,max);
    }
```

程序运行结果如图 8-16 所示。

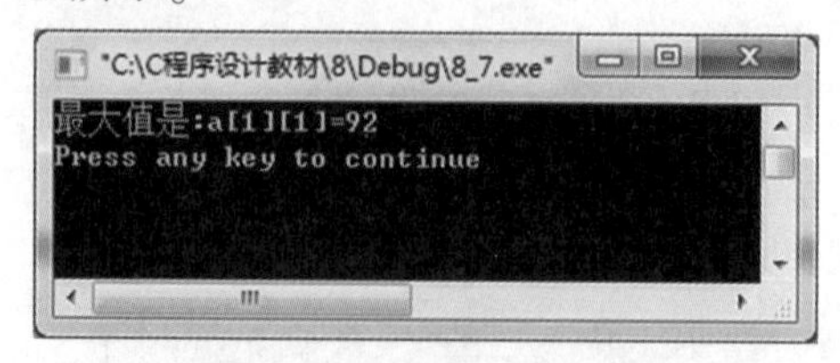

图 8-16 例 8-7 程序运行结果

注意例 8-6 与例 8-7 中 p++所在的位置：例 8-7 中 p++位于外层循环，即每处理完一行后指针下移，而例 8-6 中 p++位于内层循环，即每处理完一个元素指针下移。在例 8-7 中，行指针变量定义 int(*p)[3]不能写为 int *p[3]，即圆括号不能省略。对于后者，由于[ ]运算优先级高于 *，p[4]构成数组后再与前面的 * 结合，这是定义一个有 4 个元素的指针数组的形式(每个元素的值都是指针值或地址)，因此 int(*p)[3]和 int *p[3]意义是完全不同的。关于指针数组将在 8.4.4 小节中详细介绍。

此外，例 8-7 中使用的语句是“p=a;”，由于 p 是指向一维数组的行指针，所以实际上是将 a 数组的第 0 行的地址送给 p，p 与 a，a+1，…一样都是指向行的二级指针，故可以直接赋值。若此处写成 p=a[0]或 p=&a[0][0]就不对了。

8.4.3 字符指针与字符串

1. 字符指针

指向字符数据的指针变量称为字符指针变量。习惯上将字符指针变量简称为字符指针。字符指针定义的一般形式如下：

```
char  *指针变量名;
```

例如：

```
char a,*p;
p=&a;
```

字符指针主要用于处理字符串。

在第 7 章中已经提到，字符串保存在字符数组中。例如：

```
char c[]="internet";
```

定义了一个字符数组 c，并赋予了初值"internet"，字符数组 c 在内存中的存储分配如图 8-17 所示。

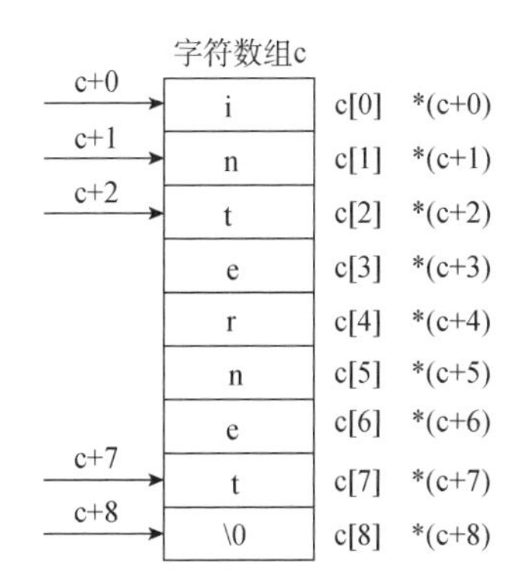

图 8-17 字符数组 c 在内存中的存储分配

字符数组名 c 同样是该字符数组的首地址，是常量指针。c+i 是元素 c[i]的地址，而 *(c+i) 自然是元素 c[i]了。如果一个字符数组中已存放了一个字符串，则该字符数组名就是该字符串的首地址。

将一个字符串的首地址赋给一个字符指针，该字符指针就指向了该字符串的第 1 个字符。例如：

```
char c[6]="happy",*p;                    /*定义字符数组 c 和字符指针 p*/
p=c;                                     /*使 p 指向 c 数组,即指向字符串"happy"*/
```

有了字符指针，对字符串的操作既可使用字符数组也可使用字符指针。例如：

```
#include "stdio. h"
void main()
{    char c[6]="happy",*p;
     p=c;
     printf("% s\n",c);                  /*整体输出 c 数组中的字符串*/
     printf("% s\n",p);                  /*整体输出 p 指针所指向的字符串*/
}
```

语句“printf("%s\n", p);”也是对字符串进行整体输出，实际上是从指针所指向的字符开始逐个显示(系统在输出一个字符后自动执行 p++)，直到遇到字符串结束标志'\0'为止。

以上程序运行结果如下：

```
happy
happy
```

可以在定义字符指针的同时对其进行初始化。例如：

```
cha r*p="internet";
```

编译系统将自动把存放字符串常量"internet"的存储区首址地赋给指针变量 p，使 p 指向该字符串的第 1 个字符。

对于字符指针 p，若 p 指向某字符串的第 1 个字符(即将该字符串的首地址赋给 p)，则 p+1 指向该字符串的下一个字符。因此，可以通过字符指针来访问字符串中的各个字符。

例 8-8 编程实现：将一已知字符串复制到另一字符数组中。

参考程序如下：

```
#include "stdio. h"
#include "string. h"
int main()
{    char str1[]="I'm a student.",str2[30],*p1,*p2;
     p1=str1;
     p2=str2;
     while(*p1!='\0')
     {    *p2=*p1;
          p1++;                          /*指针移动*/
          p2++;
     }
     *p2='\0';                           /*在字符串的末尾加结束符*/
     printf("现在第二个字符串的内容为:\n");
     puts(str2);                         /*输出字符串*/
     return 0;
}
```

程序运行结果如图 8-18 所示。

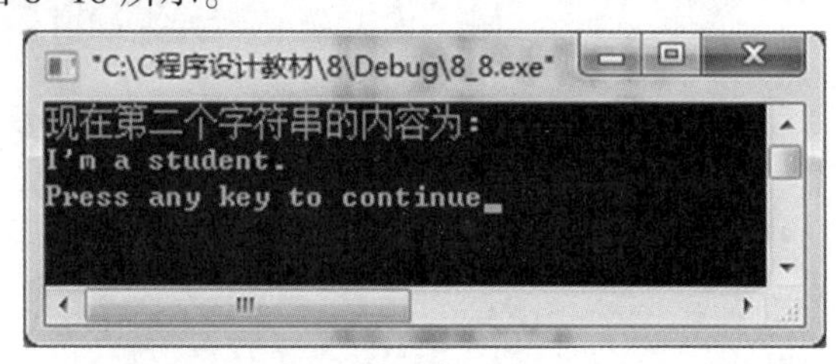

图 8-18　例 8-8 程序运行结果

本例中 p1 指针和 p2 指针分别指向 str1 和 str2 两个变量，将 p1 指针指向的值传给现在的 p2 指针指向的值，p1，p2 指针依次移动一位。

2. 字符指针与字符数组的区别

虽然字符数组和字符指针都能实现字符串的处理，但两者之间是有区别的，不应混为一谈，主要有以下两点：

(1)字符数组由若干个元素组成，每个元素可以存放一个字符，整个字符数组可以存放一个字符串。字符指针是一个变量，它只能存放字符数据的地址。

(2)赋值方式不同。例如：

对于字符数组 c，语句

```
char c[20]="internet";              /*定义时用字符串常量来对字符数组初始化*/
```

是正确的，但语句

```
char c[20];
c="internet";
```

是错误的，即不能用赋值的方式将一个字符串放入字符数组中，此时应该使用字符串拷贝函数 strcpy(c,"internet")。

而对于字符指针 p，语句

```
char *p="internet";
```

和语句

```
char *p;
p="internet";
```

都是正确的。因为 p 是字符指针，所以可以在定义 p 的同时将字符串常量"internet"在内存中的首地址赋给 p，也可以通过赋值的方式将字符串常量"internet"在内存中的首地址赋给 p。

字符指针是非常有用的，它使得对字符串的操作更加灵活、方便。在 C 语言库函数中，与字符串处理有关的函数中大量使用了字符指针，读者可以多加留意。

8.4.4 指针数组

数组是相同类型数据的集合，如果把多个指向同一数据类型的指针变量放入一个数组中，便构成一个指针数组。指针数组的每一个元素都是用来存放地址的，相当于指针变量，且都指向相同的数据类型。指针数组定义的一般形式如下：

```
类型标识符 *数组名[常量表达式];
```

例如：

```
int *p[10];
```

这里定义了一个指针数组 p，由 10 个元素组成，其中每个元素都是指向 int 型的指针。此处 * 号是一个标记，是为了与一般数组相区别。

指针数组应用较广泛，特别是对字符串的处理。如前所述，一个字符串可以存放在一个一维字符数组中。当处理多个字符串时，需要建立二维字符数组来实现，每行存储一个字符串。由于字符串有长有短，用二维的字符数组将浪费一定的空间。若使用字符指针数组来处理，将更方便。例如，有定义：

```
char *p[3];
```

则 3 个元素 p[0]、p[1]、p[2]都可以指向一个一维字符数组或字符串：

```
p[0]="spring";
p[1]="summer";
p[2]="autumn";
```

对于字符指针，可以在定义它的同时将一个字符串常量(即字符串常量的首地址)赋给它。同样，对于字符指针数组，也可以在定义它的同时将多个字符串常量的首地址赋给它。例如：

```
char *p[3]={"spring","summer","autumn"};
```

p[0]指向"spring"，p[1]指向"summer"，p[2]指向"autumn"。

用字符指针数组处理字符串与用二维字符数组保存字符串不同。对前者，所处理的各个字符串在内存中一般是不相邻的，即在内存中不是连续存储的，每个字符串也不占用多余的内存空间。对后者，数组的每行保存一个字符串，各字符串占用相同大小的存储空间，对于较短的字符串将浪费一定量的内存单元，而且，各字符串存放在一片连续的内存单元中。

例 8-9 编程实现：将若干学院名称按由小到大的顺序排列。

参考程序如下：

```
#include "stdio. h"
#include "string. h"
void main()
{    char *p[8]={"电力","能动","机械","信息","自动化","新能源","管理","经法"};
     int i;
     void sort(char *s[],int);
     sort(p,8);
     for(i=0;i<8;i++)
          printf("% s \n",p[i]);
}
void sort(char *s[],int n)
{    char *t;
     int i,j,k;
     for(i=0;i<n- 1;i++)                        /*选择排序*/
     {    k=i;                                  /*k 记录每趟最大值下标*/
          for(j=i+1;j<n;j++)
               if(strcmp(s[k],s[j])>0)
                    k=j;                        /*第 j 个元素更大*/
          if(k!=i)                              /*最大元素是该趟的第一个元素则不需交换*/
          {    t=s[i];s[i]=s[k];s[k]=t;    }
     }
}
```

程序运行结果如图 8-19 所示。

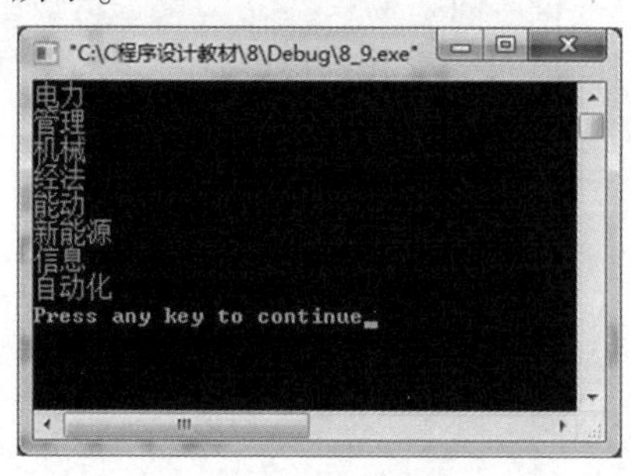

图 8-19 例 8-9 程序运行结果

这里需要说明的是，汉字是按照其拼音字母的顺序排列的。

8.5 指针与函数

指针与函数关系密切。在程序中可以使用指针作为函数参数，也可以定义函数的返回值是指针类型(此时称该函数为指针函数)，还可以定义指向函数的指针。

8.5.1 指针作为函数参数

函数的参数不仅可以是基本类型，也可以是指针类型。若定义函数时形参为指针变量，则调用函数时实参可以是指针变量或内存单元地址。

例 8-10 编程实现：定义一个交换两个变量的函数，并在主程序中调用该函数，实现两个变量值的交换。

参考程序如下：

```
#include "stdio. h"
void main()
{    int a,b;
     int *pa,*pb;
     void swap(int *p1,int *p2);          /*函数声明,这里可省略 p1 和 p2*/
     scanf("% d% d",&a,&b);
     pa=&a;                               /*pa 指向变量 a*/
     pb=&b;                               /*pb 指向变量 b*/
     swap(pa,pb);                         /*调用函数 swap(),也可写成 swap(&a,&b);*/
     printf("a=% d,b=% d\n",a,b);
}
void swap(int *p1,int *p2)
{    int temp;
     temp=*p1;                            /*三行语句交换指针 p1、p2 所指向的变量的值*/
     *p1=*p2;
     *p2=temp;
}
```

若输入：“4 7↙”，则程序运行结果如图 8-20 所示。

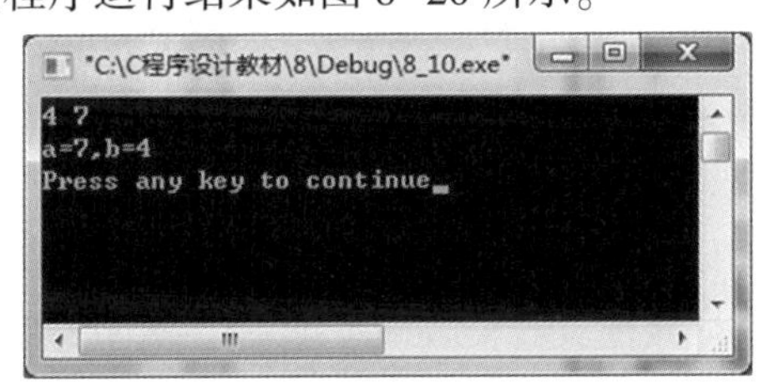

图 8-20 例 8-10 程序运行结果

程序中定义的 swap( ) 函数的两个形参是指针变量 p1、p2，其功能是交换 p1、p2 所指向的两个变量的值。实参是指向 a、b 的指针变量 pa、pb。程序执行时，由主函数输入两个值 4 和 7 到变量 a 和 b 中，然后将 a 和 b 的地址分别赋予 pa 和 pb，即 pa 指向 a，pb 指向 b。在调用 swap( ) 函数时，实参 pa、pb 的值分别传给形参 p1、p2，这样形参 p1 和实参 pa 都指向变量 a，形参 p2 和实参 pb 都指向变量 b。在执行函数时，看起来是将 *p1 和 *p2 的值互换，而实际上就是将 a 和 b 的值互换。函数返回时，虽然形参 p1 和 p2 已经被释放，但 a 和 b 的值已经被交换了。

例 8-10 中调用 swap( ) 函数时实参也可以是变量的地址。例如：

```
swap(&a,&b);
```

此时指针变量 pa、pb 便可省略。若将 swap( )函数改写为如下的形式，请分析此时该函数所完成的功能：

```
void swap(int *p1,int *p2)
{     int *p;
      p=p1;
      p1=p2;
      p2=p;
}
```

该函数的功能是将形参 p1、p2 的指针值互相交换。若将改写后的 swap( )函数用于例 8-10 中，则主函数中变量 a 和 b 的值是不会被交换的。因为 swap( )函数交换的是形参指针 p1 和 p2 的值，由于指针变量也遵循“单向传递”的原则，因此形参指针值的改变不会影响到实参指针的值，所以主函数中 a 和 b 的值也就没有被交换。这是初学者容易犯的错误，请多加注意。看下面的例子：

```
#include "stdio. h"
void swap(int *p1,int *p2)
{     int *p;
      p=p1;
      p1=p2;
      p2=p;
      printf("swap:*p1=% d,*p2=% d\n",*p1,*p2);
}
void main()
{     int a,b,*pa,*pb;
      pa=&a;                              /*pa 指向变量 a*/
      pb=&b;                              /*pb 指向变量 b*/
      scanf("% d % d",&a,&b);
      swap(pa,pb);                        /*实参为指针变量*/
      printf("main:a=% d,b=% d\n",a,b);
      printf("main:*pa=% d,*pb=% d\n",*pa,*pb);
}
```

这里把 swap( )函数的定义写在了 main( )函数的前面，因此在 main( )函数中无需对该函数进行声明便可调用。

若输入“4 7↙”，则程序运行结果如图 8-21 所示。

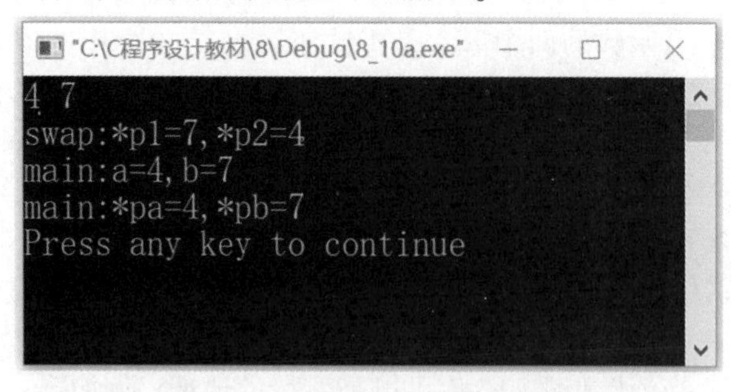

图 8-21　例 8-10 程序修改后的运行结果

比较程序运行结果可以发现：在 swap( ) 函数中，输出的 *p1、*p2 的值是进行了交换的，但是，在 main( ) 函数中输出的 a、b 的值以及 *pa、*pb 的值是没有被交换的，这说明在 swap( ) 函数中进行的对形参指针变量的交换不会影响到实参指针变量。

本小节介绍的是指针作为函数参数，函数调用期间传递的是地址数据。在第 7 章中介绍了用数组名作为函数的参数，函数调用期间传递的是数组的首地址，同样也是地址数据。因此，有了指针的概念后，用数组名作为函数参数就有了以下 4 种情况：

(1) 实参和形参都是数组名；

(2) 实参是数组名，形参是指针变量；

(3) 实参是指针变量，形参是数组名；

(4) 实参和形参都是指针变量。

例 8-11 编程实现：求二维数组中全部元素之和。

分析：用 fun( ) 函数来完成求二维数组中全部元素之和。

参考程序如下：

```
#include "stdio. h"
int fun(int a[],int n)                        /*形参为数组名*/
{   int k,sum=0;
    for(k=0;k<n;k++)
    sum+=a[k];
    return(sum);
}
void main()
{   int a[3][4]={1,2,3,4,5,6,7,8,9,10,11,12};
    int *p,total;
    p=a[0];                                   /*也可写成 p=&a[0][0];*/
    total=fun(p,12);                          /*用指针变量作实参*/
    printf("total=% d\n",total);
}
```

程序运行结果如图 8-22 所示。

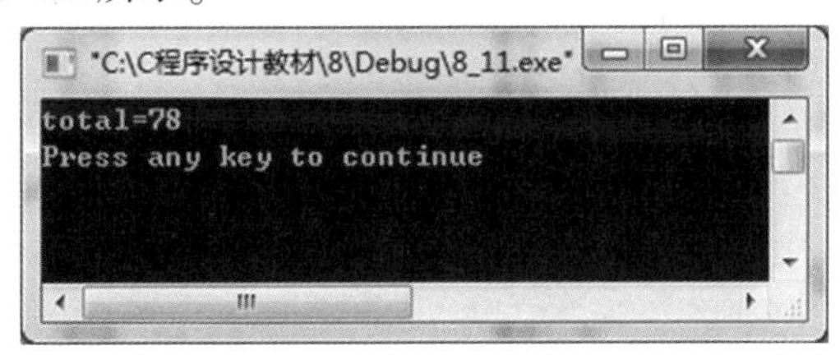

图 8-22 例 8-11 程序运行结果

也可将 fun( ) 函数写成下面的形式：

```
int fun(int *a,int n)                         /*形参为指针变量*/
{   int k,sum=0;
    for(k=0;k<n;k++)
    sum+=a[k];                                /*也可写成 sum+=*a++;*/
    return(sum);
}
```

程序中main()函数在调用fun()函数时，是用指针变量作实参，其实也可以用数组名作实参。但由于main()函数中的数组a是一个二维数组，因此不能直接用数组名a作为函数实参，请读者考虑应如何实现这种调用。

需要指出的是，形参数组名只是用来接收实参传递过来的数组首地址，而只有指针变量才能存放地址，因此，C编译系统都是将形参数组名作为指针变量来使用的。在例8-11中，fun()函数还可写成以下形式：

```
int fun(int a[],int n)                    /*形参为数组名*/
{int k,sum=0;
for(k=0;k<n;k++)
    sum+=*a++;                            /*形参数组名作为指针变量使用*/
return(sum);
}
```

用字符指针作函数的参数，同样也有4种情况：

(1)实参形参都是字符数组名；

(2)实参是字符数组名，形参是字符指针；

(3)实参是字符指针，形参是字符数组名；

(4)实参和形参都是字符指针。

例8-12 编程实现：定义一个函数str_cat()，使串s2接到串s1后。

参考程序如下：

```
#include "stdio. h"
char *str_cat(char *s1,char *s2)          /*形参为字符指针*/
{   char *p;
    for(p=s1;*p!='\0';p++);               /*使p指向s1的末尾*/
        while(*s2!='\0')
            *p++=*s2++;                   /*将s2中的字符逐个接到s1之后*/
    *p='\0';                              /*为连接后的字符串加结束标志*/
    return(s1);
}
void main()
{   char c1[80]="I have a computer.";
    char c2[]="I learn c language.",*p;
    p=str_cat(c1,c2);                     /*实参为字符数组名*/
    printf("The new string is:%s\n",p);   /*根据函数的返回值输出*/
    printf("The new string is:%s\n",c1);  /*直接根据数组名输出*/
}
```

程序运行结果如图8-23所示。

在本例中，形参为字符指针，实参为字符数组名，属于上面给出的第(3)种情况。作为练习，请读者用其他3种方式完成例8-12所示。

```
"C:\C程序设计教材\8\Debug\8_12.exe"
The new string is:I have a computer.I learn c language.
The new string is:I have a computer.I learn c language.
Press any key to continue
```

图 8-23　例 8-12 程序运行结果

8.5.2　返回指针值的函数

函数的返回值亦可以是指针类型的数据。返回指针值的函数也称为指针函数，其定义的一般形式如下：

```
类型标识符 *函数名(形式参数表)
{
    …
}
```

与一般函数定义不同的是，指针函数在定义时需在函数名前加“ * ”号，以区别于一般函数。例如：

```
int *fun(…)
{
    …
}
```

函数 fun( ) 即是一个指针函数，它的返回值为一个 int 型指针，这时要求在函数体中有返回指针或地址的语句。例如：

```
return(指针变量);
```

或

```
return(& 变量名);
```

例 8-13　定义一个函数，将两个数中较小数的地址返回。

参考程序如下：

```
int *fun(int a,int b)
{   int *p;
    if(a<b)
        p=&a;
    else
        p=&b;
    return(p);                      /*返回指向最小值的指针变量*/
}
```

也可将该函数写成如下形式：

```
int *fun(int a,int b)
```

```
{    if(a<b)
         return(&a);                    /*返回最小值的地址*/
     else
         return(&b);                    /*返回最小值的地址*/
}
```

可以写一个主函数来调用这个 fun( ) 函数：

```
#include "stdio. h"
main()
{    int a,b,*p;
     scanf("% d,% d",&a,&b);
     p=fun(a,b);                        /*指针变量 p 存放指针函数的返回值*/
     printf("\nmin=% d\n",*p);          /*输出 a,b 中较小值*/
}
```

若输入"83，20↙"，则程序运行结果如图 8-24 所示。

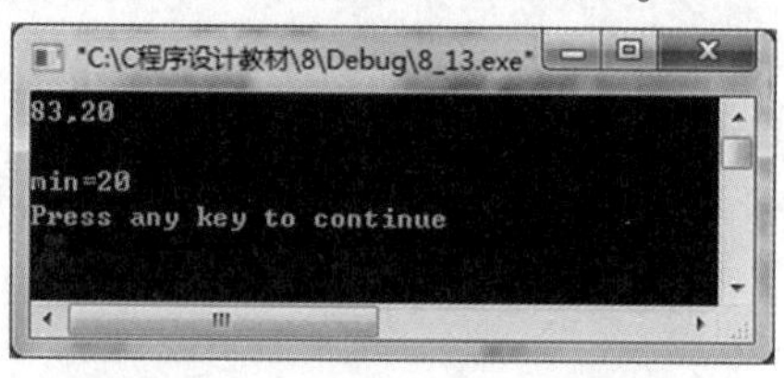

图 8-24　例 8-13 程序运行结果

注意：

指针函数的返回值一定得是地址，并且返回值的类型要与函数类型一致。

8. 5. 3　指向函数的指针

编译后的函数是由一串指令序列构成的，其代码存储在连续的一片内存单元中，这些代码中的第一个代码所在的内存地址，称之为函数的首地址。函数首地址是函数的入口地址。主函数在调用子函数时，就是让程序转移到函数的入口地址去执行。

与数组名代表数组的首地址一样，在 C 语言中，函数名代表函数的入口地址。这就是说通过函数名可以得到函数的入口地址。反过来，亦可通过该地址找到这个函数，故称函数的入口地址为函数的指针。如果将函数的入口地址赋给一个指针变量，则该指针变量就是一个指向函数的指针。

指向函数的指针变量定义的一般形式如下：

```
类型标识符  (*指针变量名)(形式参数表);
```

例如：

```
int   (*p)(…);
float   (*q)(…);
```

这里 p 是一个指向函数的指针，且该函数是一个返回整型值的函数；q 也是一个指向函数的指针，它专门指向返回单精度实型值的函数。注意：“int（*p）（）;”不能写成“int *p（）;”，即 * p 前后的圆括号不能省略。“int（*p）（）;”是变量定义，定义 p 为一个指向函数的指针变量，且专门指向 int 型的函数；“int *p（）;”是函数声明，声明 p 是一个指针函数，其返回值为 int 型指针，因此在写程序时一定要注意格式不能写错。

指向函数的指针变量，亦像其他指针变量一样要赋以地址值才能引用。把某个函数的入口地址赋给指向函数的指针变量，就可通过该指针变量来调用它所指向的函数。

例 8-14 编程实现：用函数 avg( ) 求一维数组元素的平均值，并在主函数中分别用函数名和函数指针调用该函数。

参考程序如下：

```
#include "stdio. h"
#define N 10
float avg(float a[],int n)
{    int i,s=0;
     float m;
     for(i=0;i<n;i++)
          s=s+a[i];
     m=(float)s/N;
     return m;
}
void main()
{    float avgf,avgp;
     float a[N]={1,2,3,4,5,6,7,8,9,10};
     float(*p)(float a[],int n);          /*定义指向函数的指针 p*/
     p=avg;                               /*将函数 avg()的入口地址赋给 p,使 p 指向该函数*/
     avgp=p(a,N);                         /*通过函数指针调用 avg()函数*/
     avgf=avg(a,N);                       /*通过函数名调用 avg()函数*/
     printf("avgp=%. 2f\n",avgp);
     printf("avgf=%. 2f\n",avgf);
}
```

程序运行结果如图 8-25 所示。

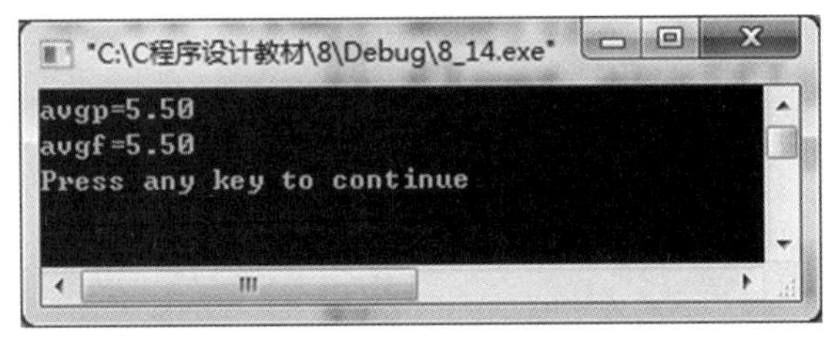

图 8-25 例 8-14 程序运行结果

例 8-14 中使用了函数指针和函数名两种方法调用 avg( ) 函数。

注意：

用函数指针调用函数是间接调用，C 编译系统无法进行参数类型检查。因此，在使用这种形式调用函数时要特别小心，实参一定要和指针所指函数的形参类型一致。

指向函数的指针也可以作为函数的参数，此时，当函数指针每次指向不同的函数时，将执行不同的函数来完成不同的功能，这也是函数指针作为函数参数的意义所在。

例 8-15 编程实现：在主函数中输入矩形的长和宽，输出矩形的面积和周长。

参考程序如下：

```
#include "stdio. h"
#include "math. h"
int area(int a,int b)
{    int z;
     z=a*b;                         /*求矩形的面积*/
     return(z);
}
int length(int a,int b)
{    int z;
     z=2*(a+b);                     /*求矩形的周长*/
     return(z);
}
int fun(int a,int b,int(*p)(int a,int b))
{    int z;
     z=p(a,b);                      /*通过形参 p 得到实参传来的函数入口地址调用不同函数*/
     return(z);
}
void main()
{    int a,b;
     int s,len;
     int(*p)(int a,int b);          /*定义函数指针变量 p*/
     printf("请输入矩形的长和宽:");
     scanf("% d,% d",&a,&b);        /*输入矩形的长和宽*/
     p=area;                        /*求面积函数的函数名(入口地址)赋给 p*/
     s=fun(a,b,p);                  /*用函数指针作实参*/
     len=fun(a,b,length);           /*直接用函数名作实参*/
     printf("矩形的面积为:% d\n",s);
     printf("矩形的周长为:% d\n",len);
}
```

若输入“3，4↙”，则程序运行结果如图 8-26 所示。

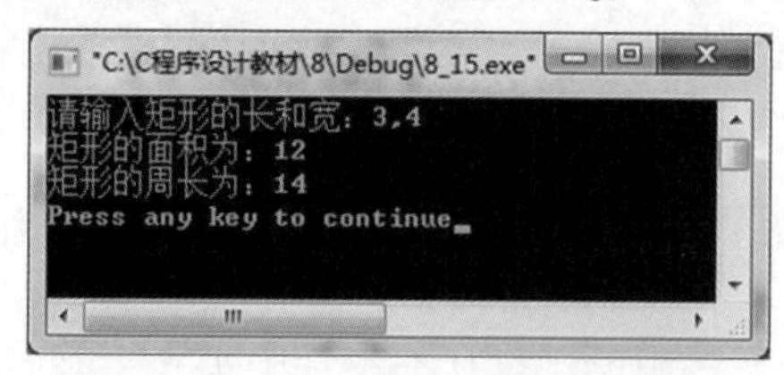

图 8-26　例 8-15 程序运行结果

例 8-15 中，函数 fun( )有 3 个形参，其中形参 p 是指向函数的指针变量。该函数的功能就是利用 main( ) 函数中调用 fun( ) 函数时传给 p 的不同实参(函数名 area 与 length)，使 p 指向不同的函数，从而实现分别对 area( ) 函数与 length( ) 函数的调用，计算出矩形的面积和周长。

在例 8-15 中，将 area( ) 函数、length( ) 函数和 fun( ) 函数的定义放在了 main( ) 函数之前，因此在调用这些函数时不需对这些函数进行声明。

根据上面的讨论，可以总结出指向函数的指针变量的使用步骤如下。

(1) 定义一个指向函数的指针变量，定义的一般形式如下：

```
float (*p)(int a,int b);
```

(2) 为该指针变量赋值，格式如下：

```
p=函数名;
```

注意：
赋值时只需给出函数名，不要带参数，也不要带圆括号。

(3) 通过函数指针调用函数，调用格式如下：

```
p(实参);
```

函数指针的性质与变量指针的性质相同，所不同的是变量指针指向内存的数据区，而函数指针指向内存的程序代码区。在 C 语言中函数指针的主要作用体现在函数间传递函数。当被调函数的形参是函数指针时，可以用不同的函数名作实参去调用该函数，从而实现在不对主调函数进行任何修改的前提下调用不同的函数，完成不同的功能。或者用函数指针变量作实参，当给该指针变量赋不同的函数入口值(指向不同的函数)时，亦可实现在主调函数中调用不同的函数。

与变量指针不同的是，由于函数指针指向函数入口代码区，因此对其进行算术运算是没有意义的。

8.6 带参数的 main( ) 函数及其使用

8.6.1 命令行参数

在前面所举的程序例子中，main( ) 函数都是不带参数的，其实 main( ) 函数也可以有参数。由于 main( ) 函数是一个特殊的函数，是被系统调用的，因此其实参也需由系统带入。

C 程序经编译连接后产生的可执行文件可在操作系统命令状态下运行，这种运行方式称为命令行方式。采用该方式运行程序，可从命令行中为系统所调用的 main( ) 函数传递参数。输入的命令(或运行程序)及该命令(或程序)所需的参数称为命令行参数。命令行中的参数就是 main( ) 函数的实参。

8.6.2 带参数的 main( )函数

指针数组的一个重要应用就是作 main( )函数的形式参数。带形参的 main( )函数的一般形式如下：

```
main(int argc,char *argv[])
{
    …
}
```

其中，形参 argc 记录了命令行中字符串的个数，argv 是一个字符型指针数组，每一个元素按顺序分别指向命令行中的一个字符串。

由于 main( )函数是被系统调用的，因此 main( )函数的实参是通过命令行的方式由系统提供的。

main( )函数所需的实参与形参的传递方式与一般 C 语言函数的参数传递有所不同。main( )函数的实参在命令行中与程序名一同输入，程序名和各实际参数之间都用空格分隔。其格式如下：

```
可执行程序名 参数 1 参数 2 … 参数 n
```

main( )函数的形参 argc 接收的是命令行中参数的个数(包括可执行程序名)，其值大于或等于 1，而不是像普通 C 语言函数一样接受第一个实参。

形参 argv 是一个指针数组，其元素依次指向命令行中以空格分开的各字符串，即第一个指针 argv[0]指向的是程序名字符串，argv[1]指向参数 1，argv[2]指向参数 2，……，argv[n]指向参数 n。

下面通过示例来进一步说明命令行参数是如何传递的。

例 8-16 设下列程序名为 8_16. c，经编译连接后生成的可执行程序为 8_16. exe。请分析程序运行结果。

```
#include "stdio. h"
main(int argc,char *argv[])
{    int i=0;
     printf("argc=% d\n",argc);
     while(argc>=1)
     {    printf("参数% d:% s\n",i,argv[i]);
          i++;
          argc- - ;
     }
}
```

若运行该程序时在命令行输入“8_16 Happy Spring Festival↙”，则程序运行结果如图 8-27 所示。

程序开始运行后，系统将命令行中字符串个数送入 argc，将 4 个字符串 8_16、Happy、Spring、Festival 的首地址分别传给形参字符指针数组元素 argv[0]、argv[1]、argv[2]、argv[3]，如图 8-28 所示。

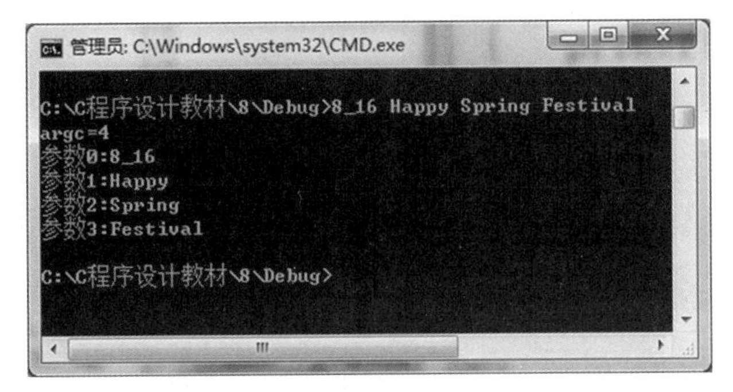

图 8-27 例 8-16 程序运行结果

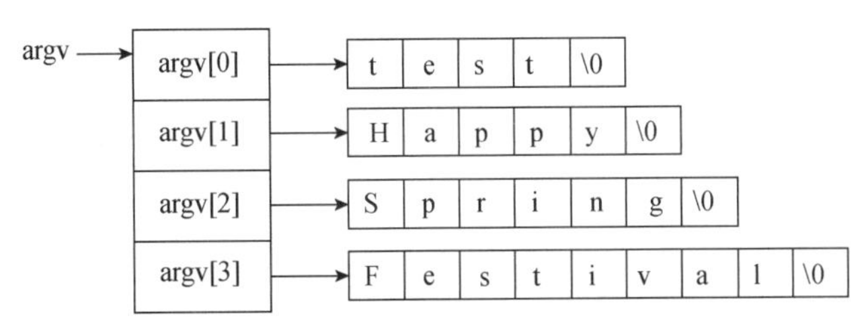

图 8-28 命令行参数指针数组示意图

main()函数利用形参 argc、argv 建立起了程序与系统的通信联系。其实 main()函数中的形参名可以不用 argc、argv，而改用其他的形参名，但它们的类型不能改变。由于编程者大都习惯这么用，因此建议仍沿用这一习惯。

8.7 拓展案例

案例 8-1 编程实现：输入一个十进制正整数，将其转换成二进制数或八进制数或十六进制数，并输出转换结果。

案例分析：

(1)将十进制数 n 转换成 r 进制数的方法是“除 r 取余法”，直到商数为 0 结束，然后反序排列每次所得余数即可。

(2)十六进制数中大于 9 的 6 个数字用 A、B、C、D、E、F 来表示。

(3)将所得余数序列转换成字符保存在字符数组 a 中。

(4)字符'0'的 ASCII 值是 48，故余数 0~9 只要加上 48 就变成字符'0'~'9'了；余数中大于 9 的数 10~15 要转换成字母，加上 55 就转换成'A'、'B'、'C'、'D'、'E'、'F'了。

(5)由于求得的余数序列是低位到高位，所以输出数组 a 时要反向进行。

(6)用转换函数“void trans10(char *p, long m, int base)”进行进制转换，m 为被转换数，base 为基数，指针参数 p 带入的是存放结果的数组的首地址。

案例 8-1 程序及运行结果

程序运行结果如图 8-29 所示。

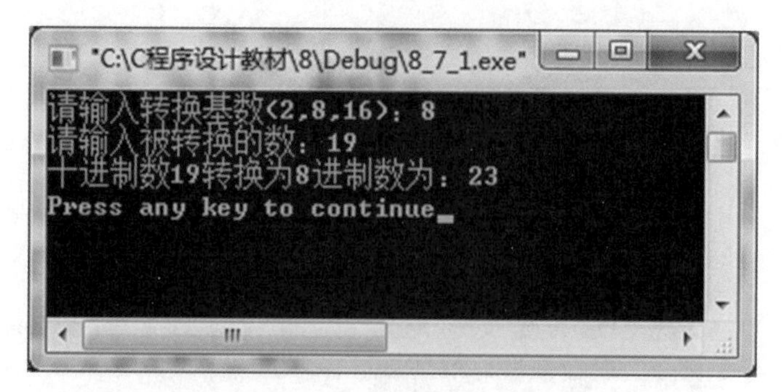

图 8-29　案例 8-1 程序运行结果

程序中由函数 trans10( )完成转换功能，只要输入不同的基数，利用形参 base 可以实现将十进制数转换为其他进制的数。函数形参使用了字符指针 p，主函数调用 trans10( )时，将实参字符数组 a 的首地址传给形参 p，使 p 指向数组 a。在函数中，对形参指针 p 所指对象(即 *p)的操作，如"*p=r+48;"实际上就是对实参数组 a 的某个元素的操作。

实际上案例 8-1 可以实现将十进制数转换成任意进制的数。

案例 8-2　编程实现：从键盘输入一个字符串与一个指定字符，将字符串中出现的指定字符全部删除。

案例分析：

要从字符串中删除指定字符只要将指定字符后的字符向前挪动即可，即采用覆盖指定字符的方法来实现。

案例 8-2　程序及运行结果

程序运行结果如图 8-30 所示。

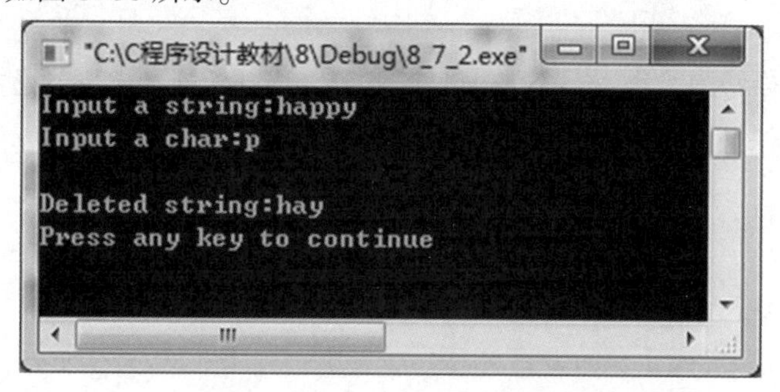

图 8-30　案例 8-2 程序运行结果

本章小结

本章主要介绍了指针的基本概念、指针变量的定义及初始化方法；指针作为函数参数的方法，返回指针值函数的定义方法；用指向数组的指针来访问数组元素的方法；字符指针及其应用；二级指针、行指针和指向函数的指针的概念；指针数组的定义及使用；带参数的 main( )函数及参数传递的方法。

习题

一、选择题

1. 若 x 是整型变量，pb 是基类型为整型的指针变量，则正确的赋值表达式是(　　)。

A. pb=&x;　　B. pb=x;　　C. *pb=&x;　　D. *pb= *x

2. 若有说明“int a，b=9，*p=&a;”，则与“a=b;”等价的语句是(　　)。

A. a= *p;　　B. *p= *&b;　　C. a=&b;　　D. a= **p;

3. 以下定义语句中正确的是(　　)。

A. char a='A'b='B';　　B. float a=b=10.0;

C. int a=10，*b=&a;　　D. float *a，b=&a;

4. 有如下程序段

```
int *q,m=10,n=1;
q=&m;m=*q+n;
```

执行该程序段后，m 的值为(　　)。

A. 10　　B. 11　　C. 12　　D. 编译出错

5. 指针 s 所指字符串的长度为(　　)。

```
char *s="\\happy\102ok\n";
```

A. 9　　B. 10　　C. 13　　D. 15

6. 以下程序运行后的输出结果是(　　)。

```
#include "stdio.h"
void main()
{    int a[]={1,3,5,7,9},y=0,x,*p;
     p=&a[1];
     for(x=1;x<4;x++)y+=p[x];
     printf("%d\n",y);
}
```

A. 20　　B. 21　　C. 24　　D. 25

7. 设有以下语句：

```
int a[10]={0,1,2,3,4,5,6,7,8,9,},*p=a;
```

下列选项中不是对 a 数组元素的正确引用的是(　　)(其中 0≤i<10)。

A. a[i]　　B. *(&a[i])　　C. p[i]　　D. &(*(a+i))

8. 以下程序运行后的输出结果是(　　)。

```
#include <stdio.h>
void main()
{    int a[]={1,2,3,4,5,6,7,8,9,0},*t;
     t=a;
printf("%d\n",*(t+3));}
```

A. 3　　B. 4　　C. 5　　D. 6

9. 以下程序运行后的输出结果是(　　)。

```
#include "stdio. h"
void main()
{    int x[8]={10,8,6,4,2,0},*p;
     p=x+2;
     printf("% d\n",p[1]);
}
```

A. 8　　B. 6　　C. 4　　D. 0

10. 以下程序运行后的输出结果是(　　)。

```
#include <stdio. h>
void main()
{    char t[]="student",*p;
     p=t+1;
     printf("% c",*p++);
     printf("% c",*p++);
}
```

A. tu　　B. st　　C. ud　　D. en

11. 以下程序运行后的输出结果是(　　)。

```
#include <stdio. h>
void main()
{    char a[10]={'1','2','3','4','5','6','7','8','9',0},*p;
     int i;
     i=5;
     p=a+i;
     printf("% s\n",p- 1);
}
```

A. 5　　B. 56789　　C. '5'　　D. "56789"

12. 以下程序运行后的输出结果是(　　)。

```
#include "stdio. h"
void ok(int *m)
{printf("% d\n",++*m);}
main()
{    int i=10;
     ok(&i);
}
```

A. 10　　B. 11　　C. 12　　D. 13

13. 以下程序运行后的输出结果是(　　)。

```
#include"stdio. h"
void main()
{    int **k,*j,a=55;
```

```
    j=&a;k=&j;
    printf("%d\n",**k);
}
```

A. 运行错误　　B. 55　　C. i 的地址　　D. j 的地址

14. 在说明语句“int *f();”中，标识符 f 代表的是(　　)。

A. 一个用于指向整型数据的指针变量

B. 一个用于指向一维数组的行指针

C. 一个用于指向函数的指针变量

D. 一个返回值为指针型的函数名

15. 设有以下定义和语句：

```
int a[3][4]={1,2,3,4,5,6,7,8,9,10,11,12},*p[3];
p[0]=a[1];
```

则 *(p[1]+1)所代表的数组元素是(　　)。

A. a[0][1]　　B. a[2][0]　　C. a[2][1]　　D. a[1][2]

16. 以下程序运行后的输出结果是(　　)。

```
#include "stdio.h"
int *f(int *x,int *y)
{   if(*x<*y)
        return x;
    else
        return y;
}
void main()
{   int a=2,b=5,*p=&a,*q=&b,*r;
    r=f(p,q);
    printf("%d,%d,%d\n",*p,*q,*r);
}
```

A. 2，5，5　　B. 2，5，2　　C. 5，2，2　　D. 5，2，5

二、填空题

1. 以下程序运行后的输出结果是________。

```
#include "stdio.h"
void main()
{   int a[]={1,2,3,4,5},*p=a;
    p++;
    printf("%d\n",*(p+3));
}
```

2. 以下程序运行后的输出结果是________。

```
#include "stdio.h"
void main()
{   char s[]="hello world";
```

```
        s[2]='\0';
        printf("%s\n",s);
}
```

3. 以下程序运行后的输出结果是________。

```
#include "stdio. h"
void fun(int *a,int i,int j)
{       int t;
        if(i<j)
        {       t=a[i];a[i]=a[j];a[j]=t;
                fun(a,++i,--j);
        }
}
main()
{       int a[]={1,3,5,7,9},i;
        fun(a,0,4);
        for(i=0;i<5;i++)
        printf("%d",a[i]);
}
```

4. 以下程序运行后的输出结果是________。

```
#include "stdio. h"
void fun1(char *p)
{       char *q;
        q=p;
        while(*q!='\0')
        {       (*q)++;
                q++;
        }
}
main()
{ char a[]={"welcome"},*p;
        p=&a[2];
        fun1(p);
        printf("%s\n",a);
}
```

5. 将n个数按输入时顺序的逆序排列，用函数实现。请填空。

```
#include <stdio. h>
void reverse(int(*s)[10],int n);
int main()
{       int a[10],*p;
        printf("Please enter 10 numbers:");
        for(p=a;p<a+10;p++)
```

```
        scanf("% d",p);
    reverse(________);
    printf("Result:");
    for(p=a;p<a+10;p++)
        printf("% d ",________);
    printf("\n");
    return 0;
}
void reverse(int(*s)[10],int n)
{   int *i,*j,t;
    for(i=*s,j=*s+n- 1;________;i++,j- - )
    {   t=*i;
        *i=*j;
        *j=t;
    }
}
```

三、编程题(本章习题均要求用指针方法处理)

1. 编程实现：计算数组的最大值及最小值。

2. 编程实现：计算字符串中包含的单词个数。

3. 编程实现：输入一个数，将各位上为奇数的数去除，剩余的数按原来从高位到低位的顺序组成一个新的数。

4. 编程实现：输入数字 1～7，输出该数字对应的星期几。例如，输入“1”，则输出“星期一”。

第 9 章　结构体和共用体

教学目标

掌握结构体类型的定义方法，结构体变量定义及初始化的方法；能够用结构体变量、结构体数组及结构体指针编写程序；掌握链表的概念和基本操作，共用体类型的定义方法；能够用 typedef 进行类型定义。

本章要点

- 结构体类型的定义
- 结构体变量的定义及初始化
- 结构体数组及结构体指针
- 链表的基本操作
- 共用体类型的定义
- 用 typedef 进行类型定义

在前面的章节中，介绍了一些简单数据类型(整型、实型、字符型)变量的定义和应用，以及数组(一维、二维)的定义和应用。数组的全部元素都具有相同的数据类型，或者说是相同数据类型的一个集合。然而，日常生活中经常会遇到一些需要填写的登记表，如住宿表、成绩表、通讯地址表等。在这些表中，填写的数据是不能用同一种数据类型描述的，因此不能把它们放在前面介绍的简单数据类型的数组中。在住宿表中通常会登记姓名、性别、身份证号码等项目；在通讯地址表中通常会登记姓名、邮编、邮箱地址、电话号码、E-mail等项目。这些表中集合了各种不同类型的数据项，但它们之间是相互联系的，无法用前面介绍的任一种数据类型完全描述，如果用独立的简单数据项分别表示它们，不能体现数据的整体性，不便于整体操作。因此，C 语言引入了一种能集中不同类型数据于一体的新的数据类型——结构体类型。结构体类型的变量可以拥有不同类型数据的成员，是不同类型数据成员的集合。

而共用体类型是指将不同类型的数据成员组织成一个整体，它们在内存中共用同一片内存单元。

案例引入

学生成绩排序

案例描述

输入 5 个学生的一组信息，包括学号、姓名、数学成绩、计算机成绩，求得每个学生的平均分和总分，然后按照总分从高到低排序。

案例分析

因为要输入多个学生的信息，且每个学生的信息结构相同，但每个学生的几个信息是不同的数据类型，所以仅使用数组是不够的。这里可以使用本章将要学习的结构体来解决前面的问题。同时，要对成绩进行排序，即先求得总分和平均分，再利用相应的排序算法进行排序即可。

案例实现

案例设计

(1) 定义学生结构体类型，成员包括学号、姓名、数学成绩、计算机成绩、总分、平均分。

(2) 定义学生结构体类型数组变量，用于存放学生成绩信息。

(3) 使用 for 循环输入学生成绩信息，并求出成绩总分和平均分。

(4) 使用冒泡排序法对成绩进行排序。

(5) 使用 for 循环将排序后学生成绩输出。

案例程序

```
#include <stdio. h>
struct student
{    int num;
     char name[20];
     double math,com,score,average;
}st[5];
void main()
{    int i,j;
     struct student t;
     printf("请输入五位同学的信息:学号,姓名,数学成绩,计算机成绩\n");
     for(i=0;i<5;i++)
     {    scanf("% d % s% lf % lf",&st[i].num,st[i].name,&st[i].math,&st[i].com);
          st[i].score=st[i].math+st[i].com;
          st[i].average=st[i].score/2;
```

```
    }
    for(j=0;j<5;j++)                          //成绩的排序
        for(i=j+1;i<5;i++)
            if(st[i].score>st[j].score)
                {    t=st[i];
                     st[i]=st[j];
                     st[j]=t;
                }
    printf("每位同学的排名\n");
    printf("名次\t 学号\t 姓名\t 总分\t 平均分\n");
    for(i=0;i<5;i++)
        printf("% d\t% d\t% s\t%. 1f\t%. 1f\n",i+1,st[i].num,st[i].name,st[i].score,st[i].average);
    printf("\n");
}
```

程序运行结果如图 9-1 所示。

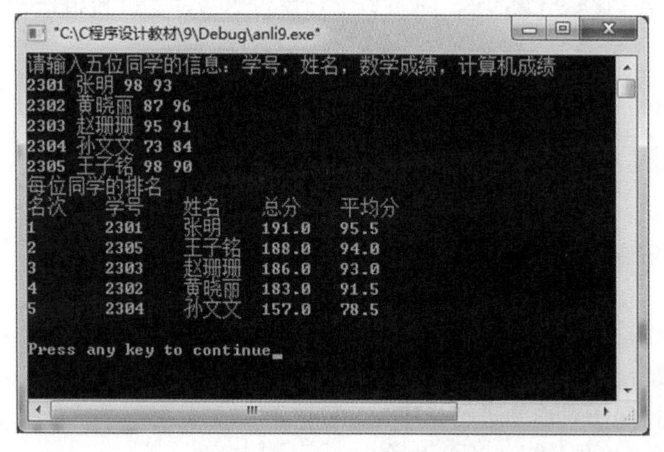

图 9-1　案例“学生成绩排序”程序运行结果

9.1　结构体

9.1.1　结构体类型的定义

结构体类型定义的一般形式如下：

```
struct 结构体名
{
    类型名 1 成员名 1;
    类型名 2 成员名 2;
```

```
    …
    类型名 n 成员名 n;
};
```

结构体由若干成员组成，各成员可有不同的类型。在程序中要使用结构体类型，必须先定义结构体类型，即对结构体的组成进行描述。例如，描述学生信息的结构体类型可定义为：

```
struct student
{   int num;
    char name[20];
    char sex;
    unsigned long birthday;
    float height;
    float weight;
};
```

其中，struct 是结构体类型的标志，是 C 语言的关键字，用来引入结构体类型的定义。struct 之后的 student 是结构体类型的名字，是程序员自己选定的。用花括号括起来的是结构体成员说明。

注意：
结构体类型定义之后一定要跟一个"；"号。

上例说明结构体类型 struct student 有 6 个成员，分别命名为 num、name、sex、birthday、height 和 weight。这 6 个成员分别表示学生的学号、姓名、性别、出生年月日、身高和体重，显然它们的类型是不同的。

需要特别指出的是，虽然 struct student 是程序员自己定义的类型，但它与系统预定义的标准类型（如 int、char 等）一样，可以用来定义变量、数组等，使变量或数组具有 struct student 类型。例如：

```
struct student st1,st2[20];
```

分别定义了 struct student 结构体类型的变量 st1 和 struct student 结构体类型的数组 st2。

一个结构体类型中的成员可以是已定义的其他结构体类型。例如，先定义日、月、年组成的结构体类型为：

```
struct date
{   int day;
    int month;
    int year;
};
```

则可定义图书信息结构体类型为：

```
struct book
{   char bookname[30];              /*书名*/
    charauthor[20];                 /*作者*/
```

```
        float price;                          /*定价*/
        charpublisher[30];                    /*出版社*/
        struct date publishday;               /*出版日期*/
};
```

这里 publishday(出版日期)成员的类型为已定义的 struct date 结构体类型。

结构体类型定义，指出了结构体类型名称，详细列出了一个结构体的组成情况、结构体的各成员名及其类型。结构体类型定义只是说明了一个数据结构的“模式”，但不定义“实物”，并不要求分配实际的存储空间。

9.1.2 结构体类型变量的定义和初始化

1. 结构体类型变量的定义

定义结构体类型的变量，可采取以下 3 种方法。

(1)先定义结构体类型，再定义结构体变量。例如：

```
struct date
{       int day;
        int month;
        int year;
};
struct date date1,date2;
```

这里，struct date 结合在一起代表结构体类型名，即 struct 和 date 必须同时出现，不能只写 struct 或只写 date。而 date1 和 date2 是定义的两个结构体变量名。

(2)在定义类型的同时定义变量。例如：

```
struct student
{       int num;
        char name[20];
        char sex;
        struct date birthday;
        float height;
        float weight;
}s1,s2;
```

这里定义了两个 struct student 类型的变量 s1 和 s2。

(3)直接定义结构体类型变量。直接定义结构体类型变量的一般形式如下：

```
struct
{
        成员说明表列
}变量名表列;
```

在结构体类型定义时不出现结构体名，这种形式虽然简单，但不能在以后需要时，再定义变量属于这种结构体类型。

关于结构体类型，有以下说明。

(1)结构体类型与结构体变量是不同的概念，不要混同。对结构体变量来说，是在定义了一种结构体类型后，才能定义变量为该类型。在编译时，对结构体类型是不分配存储空间的，而对结构体变量将分配一定的存储空间，其空间大小(即所需的字节数)是各成员所需存储空间总和。

(2)结构体变量中的成员，可以单独使用，它的作用与地位相当于普通变量。

(3)结构体成员可以是已定义的一个结构体类型。

(4)结构体成员名可以与程序中的其他变量名相同，两者代表不同的对象，互不干扰。

2. 结构体类型变量的初始化

结构体变量和其他变量一样，可以在定义变量的同时进行初始化。

例 9-1　分析下列程序的输出结果。

```
#include "stdio. h"
struct student
{     int num;
      char name[20];
      char sex;
      char addr[20];
};
void main()
{     struct student a={10101,"Wang Yi",'M',"123 Changjiang Road"};
      printf("NO.:% d\nname:% s\nsex:% c\naddress:% s\n",a.num,a.name,a.sex,a.addr);
}
```

程序运行结果如图 9-2 所示。

对结构体变量初始化需按成员的顺序提供初值，初值的类型要与成员的类型一致。可以对所有成员都提供初值，也可以按顺序只给前面几个成员提供初值，这时系统自动为后面没有提供初值的数值型成员赋 0 值，为字符型成员赋' \0'值。与其他类型的变量一样，若定义结构体类型变量时不为其提供初值，则该变量所有成员的值均为不确定的值。

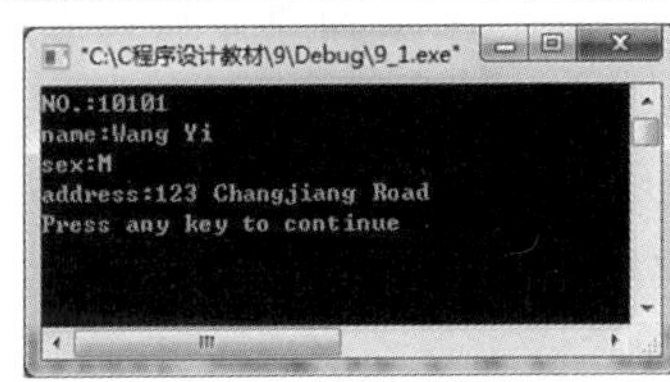

图 9-2　例 9-1 程序运行结果

9.1.3　结构体成员的引用

在定义了结构体变量以后，就可以引用这个变量，即使用这个变量。使用结构体变量时应注意以下几点。

(1)不能将结构体变量作为一个整体进行输入和输出，只能将结构体变量中的各个成员分别进行输入和输出。引用结构体变量中成员的方式如下：

```
结构体变量名.成员名
```

例如，对于例 9-1 中的变量 a，a.num 表示引用结构体变量 a 中的 num 成员，因该成员的类型为 int 型，所以可以对它施行任何 int 型变量可以施行的运算，如“a. num=10101;”。

这里“. ”是成员(分量)运算符，它在所有的运算符中优先级最高。上面赋值语句的作用是将整型数 10101 赋给 a 变量中的 num 成员。

(2)如果结构体成员本身又是结构体类型的，则要用若干个成员运算符，一级一级逐级向下，直到引用最低一级的成员。程序只能对最低一级的成员进行访问。例如，对前面定义的 s1 中的 birthday 成员的访问，可以写成：

```
s1.birthday.day=20;
s1.birthday.month=12;
s1.birthday.year=2008;
```

(3)对结构体变量的成员可以像普通变量一样进行各种运算(根据其类型决定可以进行的运算)。

(4)可以引用结构体变量成员的地址，也可以引用结构体变量的地址。例如：

```
scanf("%d",&a.num);                    /*给 a 的 num 成员输入数据*/
printf("%x\n",&a);                     /*以十六进制形式输出结构体变量 a 的内存地址*/
```

注意，不能用下面语句整体读入结构体变量 a 的值：

```
scanf("%d,%s,%c,%f",&a);
```

结构体变量的地址主要用于作函数参数，传递结构体变量的地址。

9.2 结构体数组

一个结构体变量中可以存放一组相关数据，如一个学生的学号、姓名、成绩等数据。如果有 30 个学生的数据需要进行处理，显然应该用数组，这就是结构体数组。结构体数组与以前介绍过的数值型数组的不同之处在于每个数组元素都是一个结构体类型的数据，它们都分别包括各个成员项。

9.2.1 结构体数组的定义

定义结构体数组的一般形式如下：

```
结构体类型名 数组名[常量表达式];
```

与其他类型数组的定义方法一样，只是数组的类型为结构体类型。例如：

```
struct student
{   long num;
    char name[20];
    char sex;
    float math;
    float chinese;
    float english;
}a[30];
```

也可以这样定义：

```
struct student a[30];
```

以上定义了一个数组 a，它有 30 个元素，每个元素的类型均为 struct student 的结构体类型。如同元素为标准数据类型的数组一样，结构体数组各元素在内存中也按顺序存放，也可在定义的同时给元素赋初值，对结构体数组元素的访问也要利用元素的下标。访问结构体数组元素的成员的方法如下：

```
结构体数组名[元素下标].结构体成员名
```

例如，访问 a 数组元素的成员：

```
a[0].math=92.5;                    /*将 92.5 赋给 a 数组下标为 0 元素的 math 成员*/
scanf("%s",a[1].name);             /*给 a 数组下标为 1 元素的 name 成员输入值*/
```

9.2.2　结构体数组的初始化

结构体数组初始化时，要将每个元素的数据分别用花括号括起来。例如：

```
struct student a[3]={{1001,"Ch",'M',85},{1002,"Liu",'F',72},{1003,"Fan",'M',91}};
```

这样，在编译时将一个花括号中的数据赋给一个元素，即将第一个花括弧中的数据送给 a[0]，第二个花括弧内的数据送给 a[1]，……。如果初值的个数与所定义的数组元素相等，则数组大小可以省略不写。这和前面介绍的数组初始化相类似。此时，系统会根据初始化时提供的数据的个数自动确定数组的大小。初始化数据的个数也可少于数组元素的个数。例如：

```
struct student a[3]={{1001,"Ch",'M',85}};
```

只对第 1 个元素赋初值，其他元素未赋初值，系统将对其他元素数值型成员赋以 0 值，对字符型成员赋以“空”串即"\0"。与给结构体变量初始化一样，在为结构体数组元素初始化时，也必须按成员顺序提供初值。例如：

```
struct student a[3]={{1001,"Ch"},{1002,"wang"}};
```

请分析经过以上初始化后 a 数组元素各成员取值情况。

9.2.3　结构体数组的使用

一个结构体数组的元素相当于一个结构体变量，引用结构体数组元素有如下规则。

(1) 引用某一元素的某一成员。例如：

```
a[i].num
```

(2) 可以将一个结构体数组元素赋给同一结构体数组中的另一个元素，或赋给同一结构体类型的变量。例如：

```
struct student a[3],b;
```

现在定义了一个结构体数组 a，它有 3 个元素，又定义了一个结构体变量 b，则下面的赋值合法：

```
b=a[0];
a[2]=a[1];
a[1]=b;
```

（3）不能把结构体数组元素作为一个整体直接进行输入或输出，只能以单个成员对象进行输入/输出。例如：

```
scanf("% s",a[0].name);
printf("% d\n",a[0].num);
```

9.3 指向结构体的指针

一个结构体变量的指针就是该变量所占据的内存空间的起始地址。可以定义一个指针变量，用来指向一个结构体变量，此时该指针变量的值是结构体变量的起始地址。

9.3.1 指向结构体变量的指针

指向结构体变量的指针定义的一般形式如下：

```
struct 结构体名 *指针变量名;
```

例如：

```
struct student *p,a;
```

定义指针变量 p 和结构体变量 a。其中，指针变量 p 专门指向类型为 struct student 的结构体数据。若赋值 p=&a，则使指针 p 指向结构体变量 a。

因为“ * 指针变量名”表示指针变量所指对象，所以通过指向结构体的指针变量也可以引用结构体成员，如“(*p).num”表示 p 指向的结构体变量中的 num 成员。这里 *p 两端的括号是必须的，因为运算符“ * ”的优先级低于运算符“.”，而 *p.num 等价于 *(p.num)。

在 C 语言中，为了使用方便并且使之直观，可以把(*p).num 用 p->num 来代替，也就是说以下 3 种情况等价：

(1)结构体变量名.成员名；

(2)(* 指针变量名).成员名；

(3)指针变量名->成员名。

例 9-2　写出下列程序的执行结果。

```
#include <stdio. h>
#include <string. h>
struct student
{     int num;
```

```
        char name[20];
        char sex;
        float score;
};
int main()
{       struct student stu_1;
        struct student *p;
        p=&stu_1;
        stu_1.num=10101;
        strcpy(stu_1.name,"Wang Yi");
        stu_1.sex='M';
        stu_1.score=89.5;
        printf("No.:%d\n",stu_1.num);
        printf("name:%s\n",(* p).name);
        printf("sex:%c\n",p->sex);
        printf("score:%5.1f\n",p->score);
        return 0;
}
```

在主函数中定义了一个 struct student 类型的变量 stu_1，同时又定义了一个指针变量 p，它指向 struct student 结构体类型数据。在函数的执行部分，将 stu_1 的起始地址赋给指针变量 p，也就是使 p 指向 stu_1，然后对 stu_1 中的各成员提供数据。程序中前两个 printf( ) 函数用来输出 stu_1 的各成员的值，接下来的 4 个 printf( ) 函数也是用来输出 stu_1 的各成员的值，分别使用了 3 种形式。

程序运行结果如图 9-3 所示。

可见 3 种形式等价，都可以引用结构体变量中的成员。

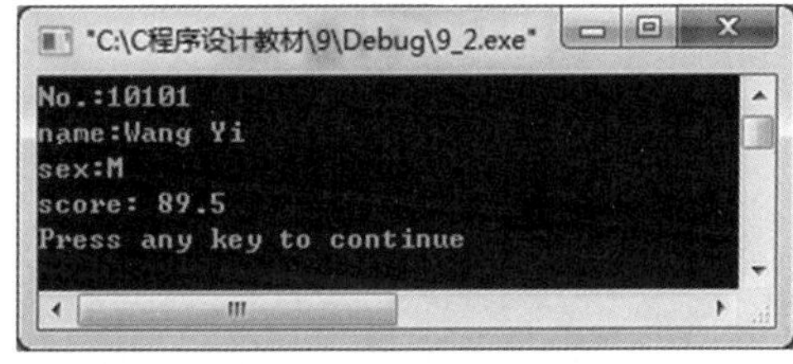

图 9-3　例 9-2 程序运行结果

9.3.2　指向结构体数组元素的指针

与其他类型的数组一样，结构体数组名也代表该数组的起始地址。因此，可以将一个结构体数组名赋给一个指向结构体类型数据的指针。例如：

```
struct stu
{       int num;
        float score;
};
struct stu a[10],*p;
p=a;
```

此时 p 指向数组 a 的第一个元素，语句“p=a;”等价于“p=&a[0];”。若执行“p++”，则指针变量 p 指向 a[1]。

例 9–3　编程实现：对于给定的 5 个学生，求其数学、语文和计算机 3 科成绩的总分并输出。

参考程序如下：

```
#include "stdio. h"
struct student
{    int num;
     char name[20];
     int score[3];
     int sum;
};
void main()
{    int i,j;
     struct student s[5]={{2301,"王寓橙",99,96,97},
     {2302,"王者凯",95,86,89},
     {2303,"王子政",91,86,87},
     {2304,"门卓冉",85,76,77},
     {2305,"姜来",80,78,82}};
     struct student *p;
     for(i=0,p=s;i<5;p++,i++)
          for(j=0;j<3;j++)
               p- >sum=p- >sum+p- >score[j];
     printf("\t 学号\t 姓名\t 数学成绩\t 语文成绩\t 计算机成绩\t 总分\n");
     for(p=s;p<s+5;p++)
     {    printf("\t% d\t% s",p- >num,p- >name);
          for(j=0;j<3;j++)
               printf("\t% d",p- >score[j]);
          printf("\t% d",p- >sum);
          printf("\n");
     }
}
```

这里第二个循环中的表达式“p=s”是必要的，如果将该表达式省略，则程序的输出结果将是不可预测的。此外，应注意 printf( ) 函数中“ \t”的作用。

程序运行结果如图 9–4 所示。

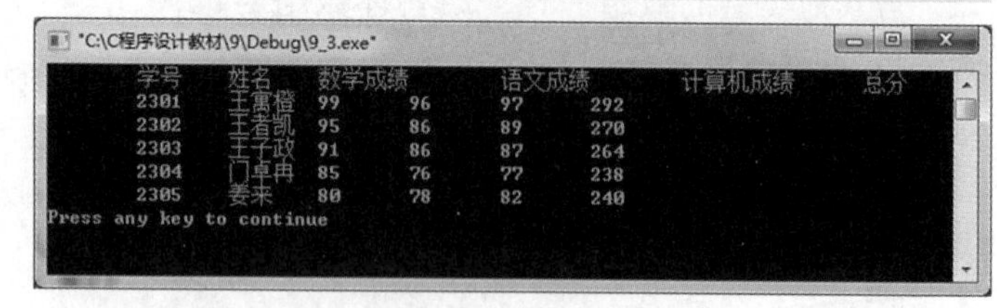

图 9–4　例 9–3 程序运行结果

9.4　结构体和函数

9.4.1　结构体变量作为函数参数

用结构体变量作为函数参数，与一般变量一样，也属于“值传递”。在进行函数调用时，首先为形参结构体变量分配存储空间，然后将实参结构体变量的各个成员值全部传递给形参结构体变量对应的成员。当然，实参和形参的结构体变量类型应当完全一致。

例9-4　将例9-3中的输出学生信息功能用函数实现。

参考程序如下：

```
#include "stdio. h"
struct student
{	int num;
	char name[20];
	int score[3];
	int sum;
};
void main()
{	int i,j;
	struct student s[5]={{2301,"王寓橙",99,96,97},
	{2302,"王者凯",95,86,89},
	{2303,"王子政",91,86,87},
	{2304,"门卓冉",85,76,77},
	{2305,"姜来",80,78,82}};
	void display(struct student x);
	for(i=0;i<5;i++)
		for(j=0;j<3;j++)
			s[i].sum=s[i].sum+s[i].score[j];
	printf("\t 学号\t 姓名\t 数学\t 语文\t 计算机\t 总分\n");
	for(i=0;i<5;i++)
		display(s[i]);
	}
void display(struct student x)
{	int j;
	printf("\t% d\t% s",x.num,x.name);
	for(j=0;j<3;j++)
		printf("\t% d",x.score[j]);
	printf("\t% d",x.sum);
	printf("\n");
}
```

以上程序中，main( )函数调用了 5 次 display( )函数。

注意：

display( )函数的形参 x 是 struct student 类型，main( )函数中实参 s[i]也是 struct student 类型，前面讲过用数组元素作实参与用变量作实参性质相同。实参 s[i]中各成员的值都完整地传递给形参 x，在函数 display( )中可以使用这些值。每调用一次 display( )函数输出一个 s 数组元素的值。

9.4.2 指向结构体变量的指针作为函数参数

对于 C 程序，函数中不仅可以传递结构体变量的值，也可以传递结构体变量的地址，这时实参既可以是指向结构体类型的指针，也可以是结构体变量的地址，而形参必须是指向结构体类型的指针。在进行函数调用时，实参将结构体变量的地址传递给形参，函数中通过形参指针变量引用结构体变量中成员的值。

例 9-5　已知 N 名学生的学号和成绩，并在主函数中被放入结构体数组 s 中。编程实现：定义函数 fun，它的功能是把低于或等于平均分的学生数据放在 b 所指的数组中，低于或等于平均分的学生人数通过形参 n 传回，平均分通过函数值返回。

参考程序如下：

```
#include "stdio. h"
#define N 5
struct student
{    char num[10];
     double s;
};
double fun(struct student *a,struct student *b,int *n)
{    int i,m=0;
     double ave=0;
     for(i=0;i<N;i++)
          ave=ave+a[i].s;
     ave=ave/N;
     for(i=0;i<N;i++)
          if(a[i].s<=ave)
               b[m++]=a[i];
     *n=m;
     return ave;
}
void main(){     struct student s[N]={{"2301",92},{"2302",83},{"2303",71},{"2304",95},{"2305",61}};
     struct student h[N];
     int i,n;
     double ave;
     ave=fun(s,h,&n);
```

```
    printf("ave=%5.1f\n",ave);
    for(i=0;i<n;i++)
    printf("%s    %4.1f\n",h[i].num,h[i].s);
}
```

程序运行结果如图 9-5 所示。

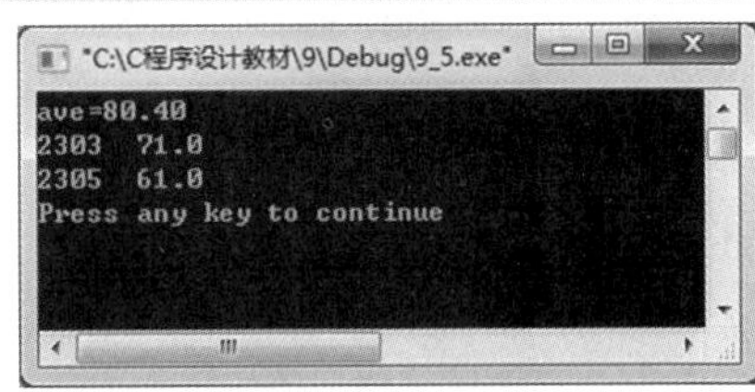

图 9-5　例 9-5 程序运行结果

main( )函数中结构体数组 s 存放学生原始数据，h 数组存放低于或等于平均分的学生数据，n 存放低于或等于平均分的学生人数，ave 存放平均分。由于函数只能返回一个值，因此在本例中平均分由函数返回，而低于或等于平均分的学生数据及低于或等于平均分的学生人数通过指针型的函数参数得到。

9.4.3　函数的返回值为结构体类型数据

函数的返回值可以是结构体类型数据。

例 9-6　编程实现：输入 N 个学生的学号、姓名和三门课程的成绩，将平均成绩最高的学生信息输出。

参考程序如下：

```
#include <stdio.h>
#define N 3
struct Student
{   int num;
    char name[20];
    float score[3];
    float aver;
};
int main()
{   void input(struct Student stu[]);
    struct Student max(struct Student stu[]);
    void print(struct Student stu);
    struct Student stu[N];
    input(stu);
    print(max(stu));
    return 0;
}
void input(struct Student stu[])
{int i;
    printf("请输入各学生的信息:学号、姓名、三门课成绩:\n");
    for(i=0;i<N;i++)
    {
        scanf("%d %s %f %f %f",&stu[i].num,stu[i].name,&stu[i].score[0],&stu[i].score[1],&stu[i].score[2]);
        stu[i].aver=(stu[i].score[0]+stu[i].score[1]+stu[i].score[2])/3.0;
```

```
        }
    }
    struct Student max(struct Student stu[])
    {   int i,m=0;
        for(i=0;i<N;i++)
            if(stu[i].aver>stu[m].aver)m=i;
        returnstu[m];
    }
    void print(struct Student stud)
    {   printf("\n 成绩最高的学生是:\n");
        printf("学号:%d\n 姓名:%s\n 三门课成绩:%5.1f,%5.1f,%5.1f\n 平均成绩:%6.2f\n",stud.num,stud.
name,stud.score[0],stud.score[1],stud.score[2],stud.aver);
    }
```

程序运行结果如图 9-6 所示。

程序中定义的 max( ) 函数有一个形参，是结构体数组 x。max( ) 函数的功能是从 x 数组的 N 个元素中挑出平均成绩最高的元素，然后返回这个元素。程序中定义的 print( ) 函数的形参是一个结构体类型的变量。print( ) 函数的功能是输出结构体变量各成员的值。

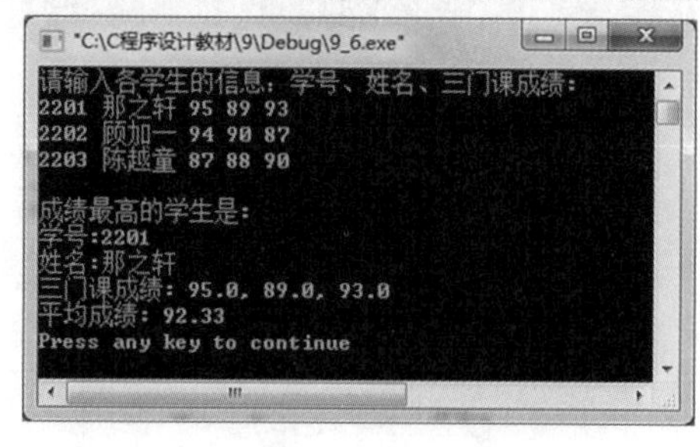

图 9-6　例 9-6 程序运行结果

9.4.4　函数的返回值为结构体类型的指针

函数的返回值可以是结构体类型的指针。例如，可以将例 9-6 中的 max( ) 函数的定义改为如下形式：

```
    struct Student *max(struct Student stu[])
    {   int i,m=0;
        for(i=0;i<N;i++)
            if(stu[i].aver>stu[m].aver)m=i;
        return(&stu[m]);
    }
```

这时，max( ) 函数的返回值为所挑出平均成绩最高的元素的地址，与之相应的是，在例 9-6 的主函数 main( ) 中，对 max( ) 函数的声明处函数名前也应加上“ * ”号，而 print( ) 函数的调用形式也应改为“print(* max(stu))”。

9.5　链　表

链表是一种动态数据结构，这些动态数据所需的内存空间不是事先确定的，而是由程序在运行期间根据需要向系统申请获得的。动态数据结构由一组数据对象组成，其中数据对象之间具有某种特定的关系。动态数据结构最显著的特点是它包含的数据对象个数及其相互关系可以按需要改变。

9.5.1 链表的定义

链表是一种最简单也是最常用的动态数据结构，可以类比成一“环”接一“环”的链条，这里每一“环”视作一个结点，结点串在一起形成链表。这种数据结构非常灵活，结点数目无须事先指定，可以临时生成。每个结点有自己的存储空间，用来存放该结点的数据，结点间的存储空间也无须连续。结点之间的串连由指针来完成，指针的操作又极为灵活方便，因此习惯上称这种数据结构为动态数据结构。这种结构的最大优点是插入和删除结点方便，无须移动数据，修改指针的指向即可。链表是编程中常用的一种十分重要的数据结构。

用数组存放数据时，必须事先定义数组，而数组的长度(即数组元素个数)是固定的。例如，有的班级有50人，而有的班级只有30人，如果要用同一个数组先后存放不同班级的学生数据，则必须定义长度为50的数组。如果事先难以确定一个班的最多人数，则必须把数组定义得足够大，以能存放任何班级的学生数据。显然，这将会浪费内存空间。链表则没有这种缺陷，它根据需要开辟内存单元。图9-7为最简单的一种链表(单向链表)的结构示意图。链表有一个头指针变量，图中以head表示，它存放一个地址。该地址指向链表中第一个元素。链表中每一个元素称为结点，每个结点都应包括两部分：一是用户需要用的实际数据，二是下一个结点的地址。可以看出，head指向第一个结点，第一个结点又指向第二个结点，一直到最后一个结点，该结点称为表尾，它的地址部分放一个NULL(表示“空地址”)，链表到此结束。

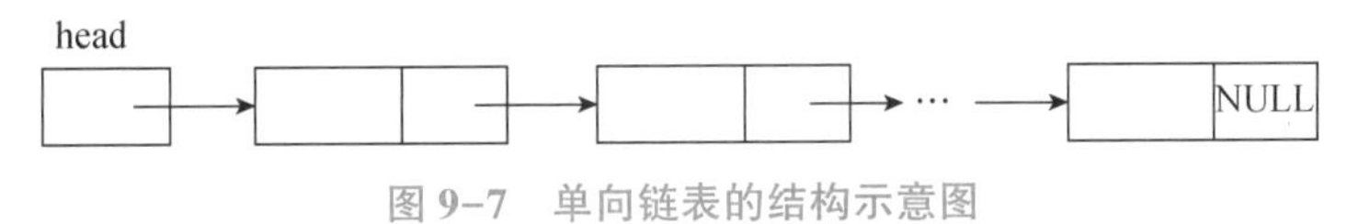

图9-7 单向链表的结构示意图

由图9-7可以看出，一个结点的后继结点位置由该结点所包含的指针成员来指向它，链表中各结点在内存中的存放位置是任意的。如果寻找链表中的某一个结点，必须从链表头指针所指的第一个结点开始，顺序查找。另外，图9-7所示的链表结构是单向的，即每个结点只知道它的后继结点位置，而不知道它的前驱结点在哪里。在某些应用中，要求链表的每个结点都能方便地知道它的前驱结点和后继结点，这种链表的表示应设置两个指针成员，分别指向它的前驱结点和后继结点，这种链表称为双向链表。

链表与数组的主要区别：数组的元素个数是固定的，而组成链表的结点个数可按需要增减；数组元素的存储单元在数组定义时分配，链表结点的存储单元在程序执行时动态向系统申请；数组中的元素顺序关系由元素在数组中的位置(即下标)确定，且这些元素在内存中占据一片连续的空间，链表中的结点顺序关系由结点所包含的指针来体现，每个结点在内存中一般是不相邻的。对于经常要进行插入、删除操作的一组数据，把它们放入链表中是比较合适的，若放入数组中，在实现插入、删除时，需要移动元素的位置。

单向链表的结点是结构体类型的变量，它包含若干成员，其中一些成员用来存放结点数据；另一些成员是指针类型，用来存放与之相连的下一个结点的地址。

下面是一个单向链表结点的类型说明：

```
struct student
{    long num;
     float score;
     struct student *next;
};
```

其中，num 和 score 成员是用来存放数据的，而 next 成员是指针类型的，它指向 struct student 类型数据(也就是 next 所在的结构体类型)。这种在结构体类型的定义中引用类型名定义自己的成员的方法只允许在定义指针成员时使用。

9.5.2 处理动态链表的函数

前面已经提及，链表结点的存储空间是程序根据需要向系统申请的。C 系统的函数库中提供了程序动态申请和释放内存存储块的库函数，下面分别介绍。

1. malloc( )函数

malloc( )函数的功能是在内存开辟指定大小的存储空间，函数的返回值是此存储空间的起始地址。malloc( )函数的原型：

```
void *malloc(unsigned int size);
```

它的形参 size 为无符号整型。函数值为指针(地址)，这个指针是指向 void 型的，也就是不规定指向任何具体的类型。如果想将这个指针值赋给某一类型的指针变量，应当进行显式的转换(强制类型转换)。例如：

```
malloc(8);
```

用来开辟一个长度为 8 个字节的内存空间，如果系统分配的此段空间的起始地址为 81268，则 ma11oc(8)函数的返回值为 81268。如果想把此地址赋给一个指向 long 型的指针变量 p，则应进行以下显示转换：

```
p=(long *)malloc(8);
```

应当指出，指向 void 型是标准 ANSI C 建议的，而现在使用的许多 C 系统提供的 malloc( )函数返回的指针是指向 char 型的，其函数原型：

```
char *malloc(unsigned int size);
```

使用返回 char 型的 malloc( )函数时，要将函数值赋给其他类型的指针变量，也应进行类似的强制类型转换。因此，对程序员来说，无论函数返回的指针是指向 void 型还是指向 char 型，用法是一样的。

如果内存缺乏足够大的空间进行分配，则 malloc( )函数值为“空指针”，即地址为 0。

2. free( )函数

free( )函数的原型：

```
void free(void *ptr);
```

free( )函数的功能是将指针变量 ptr 指向的存储空间释放，即交还给系统，系统可以另行分配作它用。在使用 free( ) 函数时，实参指针类型可以是任意的，系统会自动将其转换成 void 型，使其和形参 ptr 的类型相同。应当强调，ptr 值不能是任意的地址项，而只能是由在程序中执行过的 malloc( ) 函数所返回的地址。随便写(如"free(100)") 是不行的，系统怎么知道释放多大的存储空间呢？下面这样用是可以的：

```
p=(long *)malloc(16);
free(p);
```

free( ) 函数把原先开辟的 16 个字节的空间释放，虽然 p 是指向 long 型的，但可以传给指向 void 型的指针变量 ptr，系统会使其自动转换。free( ) 函数无返回值。

下面的程序就是 malloc( ) 和 free( ) 两个函数配合使用的简单实例：

```
#include"stdlib.h"
#include"stdio.h"
void main()
{    int *p,t;
     p=(int *)malloc(40*sizeof(int));          /*sizeof(int)计算 int 型数据的字节数*/
     if(!p)                                    /*也可以写成 if(p==NULL)或 if(p==0)*/
     {    printf("\t 内存已用完!\t");
          exit(0);                             /*正常返回*/
     }
     for(t=0;t<40;t++)
          *(p+t)=t;                            /*将整数 t 赋给指针 p+t 指向的内存空间*/
     for(t=0;t<40;t++)
     {    if(t% 10==0)
               printf("\n");
          printf("% 5d",*(p+t));
     }
     free(p);
}
```

它们为 40 个整型变量分配内存并赋值，然后系统再收回这些内存。程序中使用了运算符 sizeof，从而保证此程序可以移植到其他系统上去。

ANSI C 标准要求在使用动态分配函数时要用#include 命令将 stdlib.h 文件包含进来。但在目前使用的一些 C 系统中，用的是 malloc.h 而不是 stdlib.h。在使用时请注意所用系统的规定，有的系统则不要求包括任何"头文件"。

9.5.3　创建动态链表

创建链表是指一个一个地输入各结点数据，并建立起各结点前后相连的关系。

例 9-7　编程实现：建立一个 N 个结点的链表，存放学生数据(假定学生数据结构中只有学号和成绩两项)，输出各结点中的数据。

参考程序如下：

```
#include <stdio.h>
#include <stdLib.h>
#define N 5
#define LEN sizeof(struct Stu)
struct Stu
{     int num;
      float score;
      struct Stu *next;
};
struct Stu *creat()
{
      struct Stu *head,*s,*r;
      int i;
      r=head=(struct Stu *)malloc(LEN);
      for(i=0;i<N;i++)
      {
            s=(struct Stu *)malloc(LEN);
            printf("请输入学号和成绩:\n");
            scanf("% d% f",&s- >num,&s- >score);
            r- >next=s;
            r=s;
      }
      r- >next=NULL;
      return head;
}
void printList(struct Stu *head)
{
      struct Stu *p;
      p=head- >next;
      while(p!=NULL)
      {
            printf("% d % .2f\n",p- >num,p- >score);
            p=p- >next;
      }
      printf("\n");
}
void main()
{
      struct Stu *s;
      printf("请输入% d 个整型数,建立单链表\n",N);
      s=creat(N);
      printf("建立的包含% d 个元素的单链表如下:\n",N);
```

```
        printList(s);
    }
```

程序运行结果如图 9-8 所示。

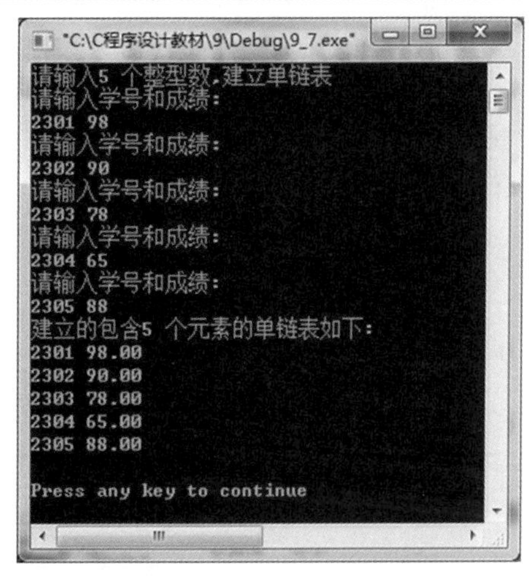

图 9-8　例 9-7 程序运行结果

例 9-7 在 main( ) 函数中调用两个函数：一个是 creat( ) 函数用于创建单链表，另一个是 printList( ) 函数用于输出单链表。在 creat( ) 函数中设 3 个 structStu 型指针变量：head 为头指针，s 为指向当前结点的指针，r 为指向当前结点前一个结点的指针。先用 malloc( ) 函数开辟第一个结点，并使 head、r 指向新开的结点。接着在 for 循环中再用 malloc( ) 函数开辟一个新结点，s 指向该结点。从键盘输入 s 结点的学生数据，让 r 的 next 指向 s，形成单链表。然后 r 再指向 s 结点，循环建立 N 个结点的单链表，将尾结点的 next 指向为 NULL。最后一行 return 的是 head 的值，也就是链表的头指针。在 printList( ) 函数中设一个 structStu 型指针变量 p，先指向第一个结点的 next，循环输出 p 所指结点的学生数据。然后 p 指向下一个结点，再输出，直到 p 指向尾结点，循环结束。

9.6　共用体

在某些特殊应用中，要求某存储区域中的数据对象在程序执行的不同时间(或不同的情况下)能存储不同类型的值。共用体就是为满足这种需要而引入的。

9.6.1　共用体类型的定义

共用体类型的定义形式与结构体类型的定义形式相同，只是其类型关键字不同，共用体的关键字为 union。一般形式如下：

```
union 共用体名
{
    类型名 1 成员名 1;
    类型名 2 成员名 2;
    …
    类型名 n 成员名 n;
};
```

例如：

```
union data
{   char a;
```

```
    int b;
    float c;
};
```

以上定义了一种共用体类型，共用体名是 data，由 3 个成员构成。

9.6.2 共用体变量的定义

在定义了共用体类型后，就可以定义共用体变量，定义共用体变量有以下 3 种方式。

(1)先定义共用体类型，再定义共用体变量。例如：

```
union data
{   char a;
    int b;
    float c;
};
union data x;
```

这里，union data 结合在一起代表共用体类型名，即 union 和 data 必须同时出现，不能只写 union 或只写 data。而 x 是定义的共用体类型的变量名。

(2)在定义共用体类型的同时定义共用体变量。例如：

```
union data
{   char a;
    int b;
    float c;
}x;
```

(3)定义共用体类型时，省略共用体名，直接定义共用体变量。例如：

```
union
{   char a;
    int b;
    float c;
}x;
```

从上面的例子可以看出，共用体类型也是由若干个成员组成的，这些成员也可以是不同类型的数据。但需要特别注意的是，这些不同类型成员的值被存放在同一内存区域中，即这些成员共用同一片内存空间。例如，在共用体变量 x 中，是把一个字符值和一个整型值及一个单精度实型值放在同一个存储区域，对于该区域既能以字符存取，又能以整数存取，也能以单精度实型存取。但在某一时刻，存于共用体变量 x 中的只有一种数据值，就是最后放入的值，即共用体是多种数据值覆盖存储，但任意时刻只存储其中一种数据，而不是同时存放多种数据。分配给共用体变量的存储区域大小是该变量中最大一种数据成员所需的存储空间量。例如，共用体变量 x 的存储区域大小与 c 成员所需的存储空间一致。

9.6.3　共用体成员的引用

在定义了共用体变量之后，就可以引用该共用体变量的某个成员，其引用方式类似于结构体成员的引用。格式如下：

```
共用体变量名.成员名
```

例如，引用共用体变量 x 的成员：

```
x.a,x.b,x.c
```

但是应当注意，一个共用体变量不是同时存放多个成员的值，而是只能存放其中的一个值，这就是最后赋给它的值。例如：

```
x.a='m';x.b=125;x.c=3.28;
```

共用体变量 x 中最后的值是 3.28，因此不能企图通过下面的 printf( ) 函数得到 x.b 和 x.a 的值：

```
printf("% c,% d,% f\n",x.a,x.b,x.c);
```

也可以通过指针变量引用共用体变量中的成员，例如：

```
union data *pt,y;
pt=&y;
pt- >a='m';
pt- >b=125;
pt- >c=3.28;
```

pt 是指向 union data 类型的指针变量，语句“pt = &y;”使 pt 指向共用体变量 y。此时，“pt->a”相当于“y.a”，这和结构体变量中的用法相似。不能直接用共用体变量名进行输入/输出，只能通过共用体变量的成员进行输入/输出。

从类型的定义、变量的说明及成员的引用来看，共用体与结构体有很多相同的地方，但本质上共用体与结构体是完全不同的。以前面定义的共用体变量 x 为例，来看看共用体与结构体的不同之处。

(1) 共用体变量 x 所占的内存单元的字节数不是 3 个成员的字节数之和，而是等于 3 个成员中最长字节的成员所占内存空间的字节数，也就是说，x 的 3 个成员共享 c 成员所需的内存空间，如图 9-9 所示。

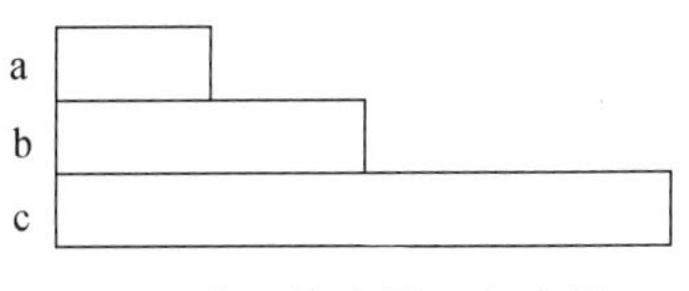

图 9-9　共用体变量 x 各成员所占空间示意图

(2) 变量 x 中不能同时存放 3 个成员值，只是可以根据需要用 x 存放一个整型数，或存放一个字符数据，或存放一个单精度实型数。例如：

```
x.a='e';
x.b=98;
x.c=28.2;
```

3 条赋值语句，如果按顺序执行，只有最后一个语句“x.c = 28.2;”的结果保留下来，前面的字符'e'被 98 覆盖了，整型数 98 被 28.2 覆盖了。

(3)可以对共用体变量进行初始化，但在花括号中只能给出第一个成员的初值，而不允许同时为每一个成员提供初值。例如，下面的说明是正确的：

```
union room
{    char a;
     int b;
     float c;
}x1={'e'};
```

而

```
union room
{    char a;
     int b;
     float c;
}x1={'e',98,28.2};
```

是错误的。

例 9-8　分析下列程序的运行结果。

```
#include "stdio. h"
union myun
{    struct
     {    int x,y,z;}u;
          int k;
}a;
main()
{    a.u.x=4;a.u.y=5;a.u.z=6;
     a.k=0;
     printf("% d\n",a.u.x);
     printf("% d,% d\n",a.u.y,a.u.z);
}
```

程序运行结果如图 9-10 所示。

图 9-10　例 9-8 程序运行结果

9.7 枚举类型

在实际应用中，有的变量只有几种可能的取值，如表示颜色的名称、表示月份的名称等。为了提高程序描述问题的直观性，C 语言允许程序员定义枚举类型。

如果一个变量只有几种可能的值，可以定义为枚举类型。“枚举”是指将变量的值一一列举出来。枚举类型定义的一般形式如下：

```
enum 枚举名{标识符 1,标识符 2,…,标识符 n};
```

这里，标识符 1，标识符 2，…，标识符 n 就是固定的取值。与结构体类型以 struct 开头、共用体类型以 union 开头一样，枚举类型以 enum 开头。例如：

```
enum seasonname{spring,summer,autumn,winter};
```

定义了一个枚举类型 enum seasonname，接下来就可以用此类型来定义枚举变量。例如：

```
enum seasonname season;
```

变量 season 是枚举类型，它的值只能是 spring、summer、autumn 或 winter。

例如，下面的赋值合法：

```
season=spring;
season=autumn;
```

而下面的赋值则不合法：

```
season=rain;
season=wind;
```

关于枚举类型的说明如下。

(1) enum 是关键字，标识枚举类型，在定义枚举类型时必须以 enum 开头。

(2) 在定义枚举类型时花括号中的标识符称为枚举元素或枚举常量。它们是程序员自己指定的，其命名规则与 C 语言其他的标识符相同。这些名字并无固定的含义，只是一个符号，程序员仅仅是为了提高程序的可读性才使用这些名字。

(3) 枚举元素作为常量，它们是有值的。从花括号的第一个元素开始，值分别是 0，1，2…这是系统自动赋给的，可以输出。例如，语句“printf(“%d”, summer);”输出的值是 1。但是，定义枚举类型时不能写成如下形式：

```
enum seasonname{0,1,2,3};
```

即必须用符号 spring，summer，autumn…或其他标识符。

也可以在定义枚举类型时由程序员指定枚举元素的值。例如：

```
enum seasonname{ spring=2,summer,autumn=7,winter };
```

此时，spring 为 2，summer 为 3，autumn 为 7，winter 为 8。因为 summer 在 spring 之后，spring 为 2，summer 顺序加一，同理 winter 为 8。再如：

```
enum weekday{sun=7,mon=1,tue,wed,thu,fri,sat} workday;
```

定义 sun 为 7，mon=1，以后顺序加 1，sat 为 6。

枚举元素是常量，不是变量，不能改变其值。例如，下面这些赋值是不对的：

```
spring=3;summer=5;
```

(4)枚举常量可以进行比较。例如：

```
if(season==spring)…
if(season<autumn)…
```

它们是按所代表的整数进行比较的。

(5)一个整数不能直接赋给一个枚举变量。例如：

```
season=2;
```

是不对的。它们属于不同的类型，应先进行强制类型转换才能赋值。例如：

```
season=(enum seasonname)2;
```

它相当于将顺序号为 2 的枚举元素赋给 season，相当于

```
season=autumn;
```

甚至可以是表达式。例如：

```
season=(enum seasonname)(5-4);
```

(6)枚举常量不是字符串，不能用下面的方法输出字符串"summer"：

```
printf("%s",summer);
```

如果想先检查 season 的值，若是 summer，就输出字符串"summer"，可以这样：

```
season=summer;
if(season==summer)printf("summer");
```

9.8 用 typedef 进行类型定义

除了可以直接使用 C 提供的标准类型名(int、char、float、long、double 等)和用户自己定义的结构体、共用体、枚举类型，还可以用 typedef 定义新的类型名来代替已有的类型名。

9.8.1 类型定义的基本格式

用 typedef 进行类型定义的一般形式如下：

```
typedef 原类型名 新类型名;
```

例如：

```
typedef int INTEGER;
```

意思是将 int 型定义为 INTEGER，这两者等价，在程序中就可以用 INTEGER 作为类型

名来定义变量了。例如：

```
INTEGER a,b;
```

相当于

```
int a,b;
```

9.8.2　类型定义的使用说明

需要指出的是用 typedef 定义类型，只是为已有类型命名别名，而没有创造新的类型。用 typedef 定义的类型来定义变量与直接写出变量的类型定义变量具有完全相同的效果。typedef 主要用于以下几个方面。

1. 简单的名字替换

例如：

```
typedef float REAL;
```

指定用 REAL 代表 float 类型，这样以下两行等价：

```
float x,y;
REAL x,y;
```

2. 定义一个类型名代表一个结构体类型

例如：

```
typedef struct
{   long num;
    char name[20];
    float score;
}STU;
```

将一个结构体类型定义为花括号后的名字 STU，从而可以用 STU 来定义变量等。例如：

```
STU   s1,s2,*p;
```

上面定义了两个结构体变量 s1、s2 及一个指向该类型的指针变量 p。也可以在定义完结构体类型后，再用 typedef 给该结构体类型另外起个名字。例如：

```
struct student
{   long num;
    char name[20];
    float score;
};
typedef struct student STU;
```

将结构体类型 struct student 另外命名为 STU。因此，以下两行定义是等价的：

```
struct student s1,s2;
STU s1,s2;
```

从上面的例子可以看出，用 typedef 将一个结构体类型另外命名后，简化了定义结构体变量等的书写格式。

同样的方法也可以用于共用体和枚举类型。

3. 定义数组类型

例如：

```
typedef int COUNT[20];
```

定义 COUNT 为具有 20 个元素的整型数组类型。接下来可有：

```
COUNT a,b;                /*等价于 int a[20],b[20];*/
```

定义 a，b 为 COUNT 类型的整型数组。

4. 定义指针类型

例如：

```
typedef char *STRING;
```

定义 STRING 为字符指针类型。接下来可有：

```
STRING p1,p2,p[10];           /*等价于 char *p1,*p2,*p[10];*/
```

定义 p1，p2 为字符指针变量，p 为字符指针数组。

还可以有其他方法。归纳起来，用 typedef 定义一个新类型名的方法如下：

(1)按定义变量的方法写出定义体(如“int i;”)。

(2)将变量名换成新类型名(如将 i 换成 COUNT)。

(3)在最前面加上 typedef(如“typedef int COUNT;”)。

(4)用新类型名去定义变量(如“COUNT a，b;”)。

再以定义上述的数组类型为例来说明：

(1)按定义数组的方法写出定义体(“int n[20];”)。

(2)将数组名换成新类型名(“int COUNT[20];”)。

(3)在最前面加上(“typedef：typedef int COUNT[20];”)。

(4)用新类型名去定义数组(“COUNT a，d;”)。

习惯上常把用 typedef 定义的类型名用大写字母表示，以便与系统提供的标准类型标识符相区别。当不同源文件中用到同一类型数据(尤其是像数组、指针、结构体、共用体等类型数据)时，常用 typedef 定义一些数据类型，把它们单独放在一个文件中，然后在需要用到它们的文件中用#include 命令把它们包含进来。

使用 typedef 有利于程序的通用与移植。有时程序会依赖于硬件特性，用 typedef 便于移植。例如，有的计算机系统 int 型数据用 2 个字节，而另外一些计算机系统则有 4 个字节。如果把一个 C 程序从一个以 4 个字节存放整数的计算机系统移植到以 2 个字节存放整数的计算机系统，按一般办法需要将定义变量中的每个 int 改为 long。例如，将“int a，b，c;”改为“long a，b，c;”，如果程序中有多处用 int 定义变量，则要改动多处。现在可以用一个 INTEGER 来定义 int：

```
typedef int INTEGER;
```

在程序中所有整型变量都用 INTEGER 定义。在移植时只需改动 typedef 定义体即可：

```
typedef long INTEGER;
```

9.9　拓展案例

案例 9-1　有 3 个候选人，每个选民只能投票选一人，编一个统计选票的程序，先后输入被选人的名字，最后输出各人得票结果。

案例分析：

定义一个候选人结构体类型，成员变量包括姓名和票数。进行投票则是循环输入候选人姓名，与给定候选人进行比较，相等则给对应候选人票数加一。全部投票结束则将最后结果输出即可。

案例 9-1　程序及运行结果

程序运行结果如图 9-11 所示。

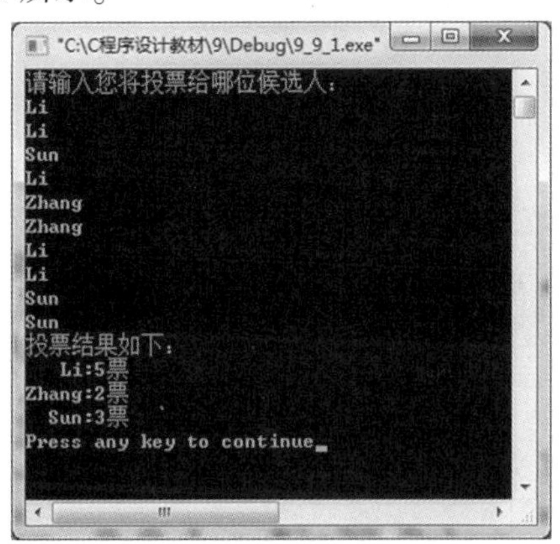

图 9-11　案例 9-1 程序运行结果

案例 9-2　有若干个人员的数据，其中有学生和教师。学生的数据中包括：姓名、学号、性别、职业、班级。教师的数据包括：姓名、工号、性别、职业、职称。将人员信息录入后输出，要求用同一个表格来处理，如表 9-1 所示。（性别男 m，女 f；学生的职业为 s，教师的职业为 t）

表 9-1　案例 9-2 表

姓名	学号/工号	性别	职业	职级/职称

案例分析：

定义一个共用体类型，成员包括班级和职称；定义一个人员结构体类型，成员包括学号、姓名、性别、职业及共用体变量（班级或职称）。录入学生时，职业为 s，则使用共用体变量中的班级成员；录入教师时，职业为 t，则使用共用体变量中的职称成员。

案例 9-2　程序及运行结果

程序运行结果如图 9-12 所示。

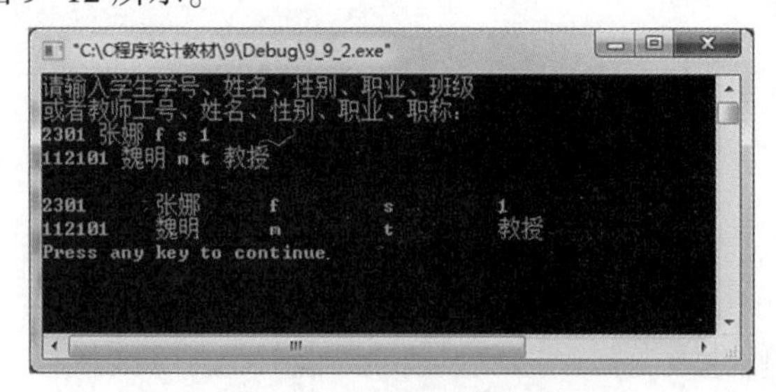

图 9-12 案例 9-2 程序运行结果

案例 9-3 输入 2 个时刻，定义一个时间结构体类型(包括时分秒)，计算 2 个时刻之间的时间差。

案例分析：

定义一个时间结构体类型，成员包括小时、分钟、秒。输入两个时刻，格式为××：××：××，将时间转换为秒进行运算，再将结果输出。

程序运行结果如图 9-13 所示。

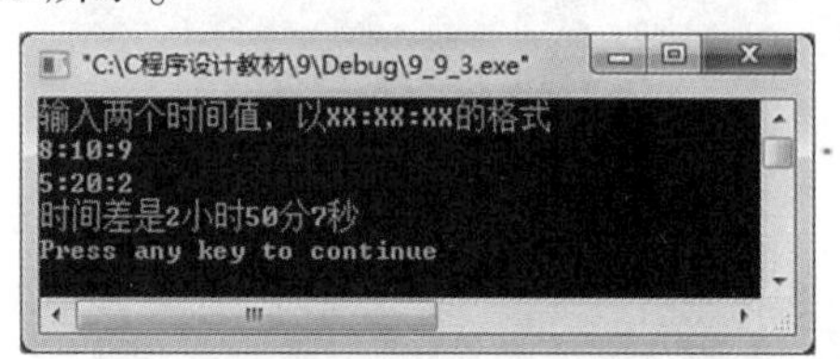

图 9-13 案例 9-3 程序运行结果

本章小结

本章主要介绍了结构体类型的定义方法及结构体变量的定义方法；结构体变量中成员的引用方法；结构体数组的定义和使用；指向结构体指针的定义与使用；函数中结构体的使用，包括结构体变量作参数、结构体指针作参数、返回结构体类型数据、返回结构体类型指针；链表的基本概念及链表的基本操作——创建链表。共用体类型和枚举类型的概念，以及如何用 typedef 进行类型定义。

习题

一、选择题

1. 当定义一个结构体变量时，系统为它分配的内存空间是(　　)。

A. 结构中一个成员所需的内存容量

B. 结构中第一个成员所需的内存容量

C. 结构体中占内存容量最大者所需的容量

D. 结构中各成员所需内存容量之和

2. 定义以下结构体数组：

```
struct c
{ int x;
    int y;
}s[2]={1,3,2,7};
```

语句“printf("%d", s[0].x * s[1].x)”的输出结果为(　　)。

A. 14　　B. 6　　C. 2　　D. 21

3. 运行下列程序段，输出结果是(　　)。

```
struct country
{   int num;
    char name[10];
}x[5]={1,"China",2,"USA",3,"France",4,"England",5,"Spanish"};
struct country *p;
p=x+2;
printf("% d,% c",p- >num,(*p).name[2]);
```

A. 3，a　　B. 4，g　　C. 2，U　　D. 5，S

4. 根据下面的定义，能输出 Mary 的语句是(　　)。

```
struct person
{
    char name[9];
    int age;
};
struct person class[5]={"John",17,"Paul",19,"Mary",18,"Adam",16};
```

A. printf("%s \ n", class[1]. name);

B. printf("%s \ n", class[2]. name);

C. printf("%s \ n", class[3]. name);

D. printf("%s \ n", class[0]. name);

5. 以下对枚举类型名的定义中正确的是(　　)。

A. enum a={one, two, three};

B. enum a {one=9, two=-1, three};

C. enum a={"one","two","three"};

D. enum a {"one","two","three"};

6. 下面程序的输出是(　　)。

```
main()
{enum team { my,your=4,his,her=his+10};
printf("% d% d% d% d\n",my,your,his,her);}
```

A. 0 1 2 3　　　　B. 0 4 0 10　　　　C. 0 4 5 15　　　　D. 1 4 5 15

7. 下面程序的输出是(　　)。

```
structstu
{    char[10];
     float score[3];
};
main()
{
     struct stu s[3]={{"20021",90,95,85},
                      {"20022",95,80,75},
                      {"20023",100,95,90}},*p=s;
     inti;
     float sum=0;
     for(i=0;i<3;i++)
          sum=sum+p- >score[i];
     printf("% 6. 2f\n",sum);
}
```

A. 260. 00　　　　B. 270. 00　　　　C. 280. 00　　　　D. 285. 00

8. 设有以下说明语句：

```
typedef struct
{    int n;
     char ch[8];
}per;
```

则下面叙述正确的是(　　)。

A. per 是结构体变量名　　　　B. per 是结构体类型名

C. typedef 是结构体类型　　　　D. struct 是结构体类型名

9. 若有以下说明和定义：

```
struct test
{    int m1;   char m2;   float m3;
     union uu
     { char u1[5];   int u2[2];}ua;
}myaa;
```

则 sizeof(struct test)的值是(　　)。

A. 12　　　　B. 14　　　　C. 16　　　　D. 9

二、填空题

1. 下面程序的运行结果为________。

```
typedef union student
{    char name[10];
     long sno;
```

```
    char sex;
    float score[4];
}stu;
main()
{   stu a[5];
    printf("% d\n",sizeof(a));
}
```

2. 以下程序完成链表的输出，请填空。

```
void print(head)
struct stu *head;
{   struct stu *p;
    p=head;
    if(________)
    do
    {   printf("% d,% f\n",p- >num,p- >score);
        p=p- >next;
    }while(________);
}
```

3. 已知指针变量 head 指向单链表表头，下面程序用来统计链表中各个结点的数据项之和，请填空。

```
struct link
{   int data;
    struct link *next;
};
main()
{   int k;
    struct link *head;
    k=sum(head);
    printf("% d\n",k);
}
sum(________)
{   struct link *p;
    int s;
    s=head- >data;
    p=head- >next;
    while(p)
    {   s+=________;
        p=p- >next;
    }
    return(s);
}
```

三、编程题

1. 编程实现：定义一个结构体变量(包括年、月、日)，并编写一个函数 days()，计算该日期在本年中是第几天(注意闰年问题)。由主函数将年月日传递给 days()函数，计算之后，将结果传回到主函数输出。

2. 某考点建立一个考生人员情况登记表、表格内容如下：

<table>
<tr><td rowspan="2">考生编号</td><td rowspan="2">姓 名</td><td rowspan="2">性别</td><td colspan="3">生日</td><td rowspan="2">成绩</td></tr>
<tr><td>年</td><td>月</td><td>日</td></tr>
<tr><td>无符号型</td><td>字符数组型</td><td>字符型</td><td colspan="3">结构体</td><td>浮点型</td></tr>
<tr><td>1001</td><td>Lina</td><td>f</td><td colspan="3">2005/8/15</td><td>70</td></tr>
<tr><td>1002</td><td>Wangming</td><td>m</td><td colspan="3">2005/2/7</td><td>86. 5</td></tr>
<tr><td>1003</td><td>Sunyi</td><td>m</td><td colspan="3">2005/5/3</td><td>82</td></tr>
</table>

编程实现：

(1)根据上表正确定义该表格内容要求的数据类型。

(2)分别输入各成员项数据，并打印输出(为简便，假设有 3 个考生)。

3. 编程实现：录入学生信息，包括(学号、姓名、性别)，统计所有性别(sex)为 M 的记录的个数并输出。

4. 编程实现：利用结构体输入若干学生的学号、姓名和成绩，求平均分以及高于平均分的同学。要求：

(1)求平均分的过程由函数实现。

(2)打印格式为“学生学号　姓名　成绩”，且其过程由函数实现。

第 10 章　文　件

教学目标

掌握文件的概念，掌握打开文件、关闭文件及对文件进行读写操作的方法。能够对文件进行简单的读写操作。

本章要点

- 文件的概念及文件类型指针
- 文件的打开与关闭
- 文件的读写
- 文件的定位与随机读写

在计算机系统中，一个程序运行结束后，它所占用的内存空间及该程序涉及的各种数据所占用的内存空间将被全部释放。如果程序所处理的数据是大量的、长期需要使用的，应该将它们保存起来，以避免每次程序运行时大量的数据输入操作，从而提高程序的运行效率。那么，如何将数据长期保存起来呢？这就是本章讲述的文件要解决的问题。

案例引入

简单加密

案例描述

生活在这么多网络平台、这么多 App 的时代，用同一个密码肯定不行，可是密码多了也很麻烦。相信不少人都有这样的经历：输入密码→密码错误→修改密码→新旧密码不能相同……似乎密码防的只是自己。安全专家建议永远不要把密码写下来，所以为了保证安全，可以将密码写下来并进行加密，需要时再解密。

案例分析

给文件加密的技术有很多，针对不同场合的应用分成不同的等级。本案例使用最简单的文件加密技术，采用源文件(明文)逐字节与密码(密钥)异或方式对文件进行加密得到目标文件(密文)，当解密时，只需把密文再次加密即可。异或算法原理：当一个数A和另一个数B进行异或运算会生成另一个数C，如果再将C和B进行异或运算则C又会还原为A。

案例实现

案例设计

(1)从命令行或程序运行时获得明文路径、密文路径及密钥。

(2)用只读方式打开明文，用只写方式打开密文。

(3)读出明文中的字符依次与密钥进行异或运算后写入密文。

案例代码

```
#include "stdio. h"
#include "string. h"
#include "stdlib. h"
/*加密函数的声明*/
void encrypt(char *in_fname,char *pwd,char *out_fname);
void main(int argc,char *argv[])
{
    char in_fname[30];                          /*明文文件名*/
    char out_fname[30];                         /*密文文件名*/
    char pwd[8];                                /*密钥*/
    if(argc==4)
    {
        /*如果命令行参数数量符合,直接运行程序*/
        strcpy(in_fname,argv[1]);
        strcpy(pwd,argv[2]);
        strcpy(out_fname,argv[3]);
        encrypt(in_fname,pwd,out_fname);
    }
    else
    {
        /*命令行获得的参数数量不符时,在运行界面输入*/
        printf("\n 请输入明文文件名:\n");
        gets(in_fname);
        printf("请输入密码:\n");
        gets(pwd);
        printf("请输入密文文件名:\n");
        gets(out_fname);
```

```
        encrypt(in_fname,pwd,out_fname);
    }
}
/*加密函数的定义*/
void encrypt(char *in_fname,char *pwd,char *out_file)
{
    FILE *fp1,*fp2;
    char ch;
    int i=0;
    int pwdcount=0;
    fp1=fopen(in_fname,"rb");
    if(fp1==NULL)
    {
        /*如果不能打开要加密的文件,便退出程序*/
        printf("cannot open in-file.\n");
        exit(1);
    }
    fp2=fopen(out_file,"wb");
    if(fp2==NULL)
    {
        /*如果不能建立加密后的文件,便退出*/
        printf("cannot open or create out-file.\n");
        exit(1);
    }
    while(pwd[++pwdcount]);                              /*计算密钥长度*/
    ch=fgetc(fp1);
    while(!feof(fp1))
    {
        fputc(ch^pwd[i>=pwdcount?i=0:i++],fp2);         /*循环利用密钥进行异或*/
        ch=fgetc(fp1);
    }
    fclose(fp1);
    fclose(fp2);
}
```

程序运行结果

程序运行结果如图 10-1 所示。

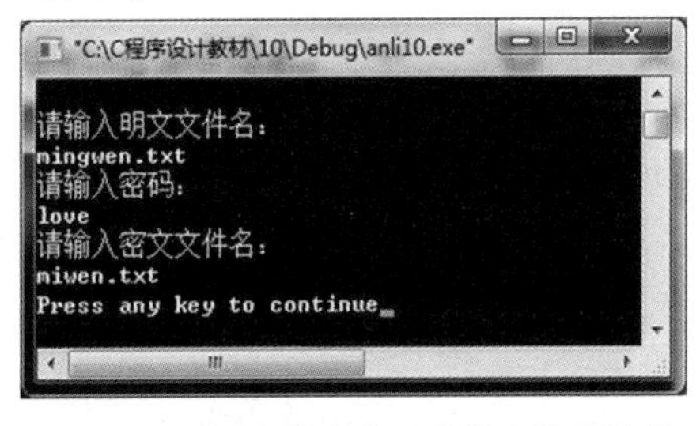

图 10-1 案例"简单加密"程序运行结果

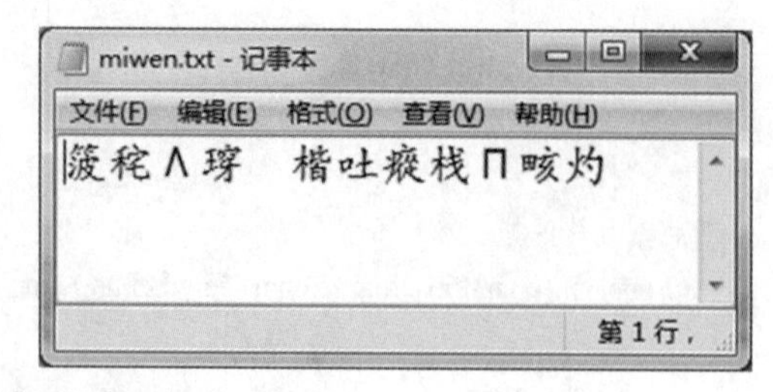

图 10-1　案例“简单加密”程序运行结果(续)

10.1　文件概述

10.1.1　文件分类

1. 文件

文件是程序设计中一个重要的概念。“文件”一般是指存储在外部介质上数据的集合。一批数据是以文件的形式存放在外部介质(如磁盘)上的。操作系统是以文件为单位对数据进行管理的，也就是说，如果想找存放在外部介质上的数据，必须先按文件名找到所指定的文件，再从该文件中读取数据。要想把数据存放到外部介质上，也必须先建立一个文件(以文件名标识)，才能把数据写到这个文件中去。

前面章节涉及的输入/输出操作，都是以常规输入/输出设备为对象的，即从键盘输入数据，将数据从显示器或打印机输出。这些输入/输出的数据是存放在内存中的。

在计算机系统中，一个程序运行结束后，它所占用的内存空间将被全部释放，该程序涉及的各种数据所占的内存空间也不被保留。因此，要保存程序所处理的数据，必须将它们以文件形式存储在外存储器(如磁盘、磁带)中；当其他程序要使用这些数据或该程序还要使用这些数据时，再以文件形式将数据从外存读入内存。

文件可以从不同的角度进行分类，如按照文件保存的内容区分，磁盘文件可以分为程序文件和数据文件。程序文件保存的是程序，数据文件保存的是数据。程序文件的读写操作一般由系统完成，如在 Visual C++ 6.0 环境下，按<Ctrl+S>键可将编辑好的 C 语言源程序以文件的形式保存在磁盘上。而数据文件的读写往往由应用程序实现。本章讲述的文件操作主要是对数据文件的操作。

从操作系统的角度看，每一个与主机相连的外部设备都看作一个文件，它们都有一个唯一的文件名，对这些外部设备的操作用与磁盘文件相同的方法去完成。例如，键盘是输入文件，可从它读取数据；显示器和打印机是输出文件，可用于输出数据。将物理设备看作一种逻辑文件，对其操作采用与磁盘文件相同的方法，简化了程序设计，方便了用户。

2. 数据文件的存储形式

C 语言把文件看作一个字符(字节)的序列，即由一个一个字符(字节)的数据顺序组成。

根据数据的组织形式，可分为ASCII文件和二进制文件。ASCII文件是将数据以字符形式存放，又称为文本文件。二进制文件是把内存中的数据按其在内存中的存储形式原样输出到磁盘上存放。

例如，12345678这个整数，在内存中占4个字节，如果按ASCII形式输出到一个文本文件中，则在磁盘上占8个字节，而按二进制形式输出到一个二进制文件中，则在磁盘上占4个字节。

也就是说，在文本文件中将数字表示成对应的字符序列。这个整数有8位数字，即由8个数字字符组成；一个字符占一个字节，故共用了8个字节。而在二进制文件中，该数表示成相应的二进制数字，它只占用4个字节。

在Visual C++ 6.0中，用二进制形式存储，整型数用4个字节表示，长整型数用4个字节表示，实型数(浮点数)用4个字节表示，双精度数用8个字节表示。

一般地，二进制文件节省存储空间，用户程序在实用中，从节省时间和空间的要求考虑，一般选用二进制文件。但是，如果用户准备的数据是作为文档阅读使用的，则一般使用文本文件，它们可以方便、快捷地通过显示器或打印机直接输出。

由于相对于内存储器而言，磁盘是慢速设备。因此，在C语言的文件操作中，如果每次向磁盘写入一个字节的数据或读出一个字节的数据，都要启动磁盘操作，将会大大降低系统的效率，而且会对磁盘驱动器的使用寿命造成不利影响。为此，在文件系统中往往使用缓冲技术，即系统在内存中为每一个正在读写的文件开辟一个“缓冲区”，利用缓冲区完成文件读写操作。

3. 缓冲文件与非缓冲文件

过去使用的C语言版本有两类文件系统，一类为缓冲文件系统，又称为标准I/O文件或高级文件系统；另一类为非缓冲文件系统，又称为系统I/O文件或低级文件系统。

1)缓冲文件系统

缓冲文件系统是指系统自动地在内存区为每一个正在使用的文件开辟一个缓冲区。当从磁盘文件读数据时，先由系统将一批数据从磁盘取入内存缓冲区，然后再从缓冲区依次将数据送给程序中的接收变量，供程序处理。其过程如图10-2(a)所示。

在向磁盘文件写入数据时，先将程序中有关变量或表达式的值送到缓冲区中，待缓冲区装满后，才由系统将缓冲区的数据一次写入磁盘文件中，如图10-2(b)所示。这样做减少了系统读写磁盘的次数，提高了程序的执行效率。缓冲区的大小由各个具体的C版本确定，Visual C++ 6.0为4 096个字节。

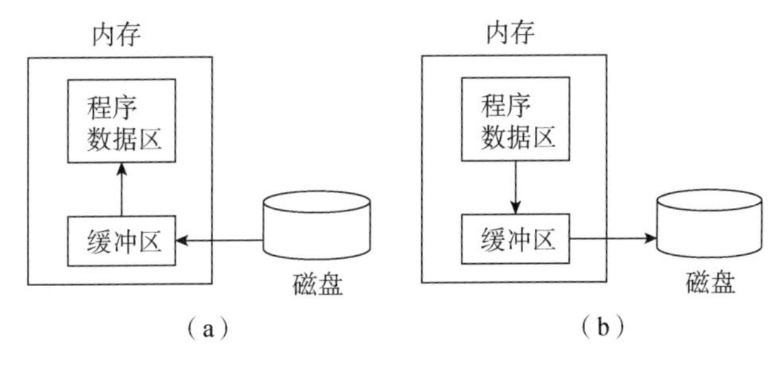

图10-2 磁盘文件读写操作

(a)读磁盘文件；(b)写磁盘文件

2)非缓冲文件系统

非缓冲文件系统是指系统不自动开辟确定大小的缓冲区，而由程序本身根据需要设定。

在 UNIX 系统下，用缓冲文件系统处理文本文件，用非缓冲文件系统处理二进制文件。ANSI C 标准决定不采用非缓冲文件系统，而只采用缓冲文件系统(就是将缓冲文件系统扩充为可以处理二进制文件)，既用它处理文本文件，也用它处理二进制文件。因此，本书只介绍缓冲文件系统。

4. 文件存取方式

C 语言中，文件被看作字节序列，或称二进制流，即 C 语言的数据文件由顺序存放的一连串字节(字符)组成，没有记录的界限。因此，C 语言的文件被称作流式文件，文件存取操作的数据单位是字节，允许存取一个字节和任意多个字节，这样有效地增加了文件操作的灵活性。缓冲文件系统提供了以下 4 种文件存取方法：

(1)读写一个字符；

(2)读写一个字符串，将多个字符组成的字符串写入文件或从文件中读出；

(3)格式化读写，根据格式控制指定的数据格式对数据进行转换存取；

(4)成块读写。

对应于以上 4 种文件存取方式，C 语言有相应的函数来完成上述的操作。

10.1.2 文件指针

缓冲文件系统中，关键的概念是“文件指针”。每个被使用的文件都在内存中开辟一个区域，用来存放文件的有关信息(如文件的名字、文件当前位置等)。这些信息是保存在一个结构体变量中的。该结构体类型是由系统定义的，取名为 FILE。Turbo C 在 stdio. h 文件中定义了 FILE 类型：

```
typedef struct
{    short level;
     unsigned flags;
     char fd;
     unsigned char hold;
     short bsize;
     unsigned char *buffer;
     unsigned char *curp;
     unsigned istemp;
     short token;
}FILE;
```

这是 Turbo C 中使用的定义，不同的 C 编译系统可能使用不同的定义，即结构体的成员名、成员个数、成员作用等都可能不同，但基本含义变化不会太大，因为它最终都要通过操作系统去控制这些文件。读者对这些内容不必深究。

有了结构体 FILE 类型之后，可以用它来定义 FILE 类型变量，以便存放文件的信息。例如：

```
FILE f1,f2;
```

定义了两个结构体变量 f1 和 f2，可以用来存放两个文件的信息。

可以定义文件类型的指针变量。例如：

```
FILE *fp;
```

fp 是一个指向 FILE 类型的指针变量。可以用 fp 指向某一个文件的结构体变量，从而通过该结构体变量中的文件信息能够访问该文件。也就是说，通过文件指针变量能够找到与它相关的文件。如果程序同时对 n 个文件进行操作，一般应设 n 个指针变量，使它们分别指向 n 个文件(即指向存放该文件信息的结构体变量)，以实现对文件的访问。

10.1.3 文件打开和关闭

对磁盘文件的操作往往包括打开文件、读文件、写文件、关闭文件或删除文件等。任何一个文件操作，都必须先打开，后读或写；读写完成后，应关闭文件。

所谓打开文件，是在程序和系统之间建立起联系，程序把所要操作的文件的有关信息，如文件名、文件操作方式(读、写或读写)等通知给系统。从实质上看，打开文件表示将给用户指定的文件在内存分配一个 FILE 结构区，并将该结构的指针返回给用户程序，此后用户程序就可用此 FILE 指针来实现对指定文件的存取操作。

1. 文件的打开(fopen()函数)

文件的打开操作用 fopen()函数实现，其函数原型：

```
FILE *fopen(char *filename,char *mode);
```

函数的功能是打开一个 filename 指向的文件，文件使用方式由 mode 指向的值决定。函数的返回值是一个文件指针。例如：

```
FILE *fp;
fp=fopen("a1","r");
```

它表示打开名为 a1 的文件，文件使用方式设定为“只读”方式(即只能从文件读取数据，不能向文件写入数据)，函数带回指向 a1 文件的指针并赋给 fp，这样 fp 就和文件 a1 相联系了，或者说 fp 指向 a1 文件。

若要打开文件的文件名已放在一个字符数组中或已由一个字符指针指向它，可通过该字符数组或字符指针来打开该文件。例如：

```
FILE *fp;
char c[5]="a1";
fp=fopen(c,"r");
```

如果在打开文件时直接给出文件名，则文件名需要用双引号括起来，文件名中也可以包含用双反斜线隔开的路径名。

C 语言文件使用方式如表 10-1 所示。

表 10-1　C 语言文件使用方式

文件使用方式	含义
"r"(只读)	为输入打开一个文本文件

续表

文件使用方式	含义
"w"(只写)	为输出打开一个文本文件
"a"(追加)	向文本文件尾追加数据
"rb"(只读)	为输入打开一个二进制文件
"wb"(只写)	为输出打开一个二进制文件
"ab"(追加)	向二进制文件尾追加数据
"r+"(读写)	以读写方式打开一个已存在的文本文件
"w+"(读写)	为读写建立一个新的文本文件
"a+"(读写)	为读写打开一个文本文件，进行追加
"rb+"(读写)	为读写打开一个二进制文件
"wb+"(读写)	为读写建立一个新的二进制文件
"ab+"(读写)	为读写打开一个二进制文件进行追加

从表中可以看出，后6种方式是在前6种方式基础上加一个“+”符号得到的，其区别是由单一的读方式或写方式扩展为既能读又能写的方式。针对表10-1的读写方式进行操作时，需要注意的是，利用"r"(打开可读文件)和"r+"(打开可读写文件)进行操作时，该文件必须存在。利用"w"(打开只写文件)和"w+"(打开可读写文件)时进行操作时，如果文件存在，则文件内容清空，即文件长度置0；如果文件不存在，则建立该文件。利用"a"(以追加的方式打开只写文件)和"a+"(以附加方式打开可读写文件)进行操作时，如果文件不存在，则建立该文件；如果文件存在则新写入的内容，追加至文件尾，原来文件的内容会得到保留。

上述这些规定是ANSI C的标准，但目前使用的有些C语言文件系统不一定具备上表的全部功能，因而用户在使用时应注意查阅C语言系统的说明书或上机调试。

当用fopen()函数成功地打开一个文件时，该函数将返回一个FILE指针；如果文件打开操作失败，则函数返回值是NULL，即一个空指针。fopen()函数的返回值应当立即赋给一个FILE结构指针变量，以便以后能通过该指针变量来访问这个文件，否则此函数的返回值就会丢失而导致程序无法对此文件进行操作。

例如，若想打开file1文件进行写操作，可用下面的方法：

```
FILE *fp;
if((fp=fopen("file1","w"))==NULL)
{    printf("file cannot be opened\n");
     exit(1);
}
:
:
```

下面的程序段打开一个由路径指明的文件：

```
FILE *fp;
if((fp=fopen("d:\\abc\\file1","w"))==NULL)
```

```
    {   printf("file cannot be opened\n");
        exit(1);
    }
    :
    :
```

这里使用 exit( ) 函数返回操作系统，该函数将关闭所有打开的文件。一般使用时，exit(0) 表示程序正常返回，若函数参数为非 0 值，则表示出错返回，如 exit(1) 等，也可用“return;”代替 exit( ) 函数调用。使用 exit( ) 函数时需要用#include 命令将 stdlib. h 头文件包含到程序中来。

注意：

若打开的是一个已存在的文件，且使用方式为"w"或"wb"，则文件原有内容将被新写入的内容覆盖。

对于磁盘文件，在使用前一定要打开，而对外部设备，尽管它们也可以作为设备文件处理，但在实际应用中不需要“打开文件”的操作。这是因为当运行一个 C 程序时，系统自动地打开了 5 个设备文件，并自动地定义了 5 个 FILE 结构指针变量，如表 10-2 所示。

表 10-2　标准设备文件及其 FILE 结构指针变量

设备文件	FILE 结构指针变量名
标准输入(键盘)	stdin
标准输出(显示器)	stdout
标准辅助输入输出(异步串行口)	stdaux
标准打印(打印机)	stdprn
标准错误输出(显示器)	stderr

用户程序在使用这些设备时，不必再进行打开和关闭，它们由 C 编译系统自动完成，用户可任意使用。

2. 文件的关闭(fclose( )函数)

程序对文件的读写操作完成后，必须关闭文件。这是因为对打开的磁盘文件进行写入时，若文件缓冲区的空间未被写入的内容填满，这些内容将不会自动写入打开的文件中，从而导致内容丢失。只有对打开的文件进行关闭操作，停留在文件缓冲区的内容才能写到磁盘文件上去，从而保证了文件的完整性。

关闭文件用 fclose( ) 函数，其函数原型：

```
int fclose(FILE *stream);
```

例如：

```
fclose(fp1);
```

该函数的功能是关闭 FILE 结构指针变量 fp1 对应的文件，并返回一个整数值。若成功地关闭了文件，则返回一个 0 值；否则，返回一个非 0 值。

若要同时关闭程序中已打开的多个文件(前述 5 个标准设备文件除外)，则将各文件缓冲区未装满的内容写到相应的文件中去，接着便释放这些缓冲区，并返回关闭文件的数目。

例如，若程序已打开3个文件，当执行“fcloseall( );”时，这3个文件将同时被关闭。

10.2　文件的读写

文件打开之后，就可以对它进行读写操作了。常用的读写操作有字符读写、字符串读写、格式化读写和块数据读写。

10.2.1　字符读写

1. fputc( )函数

把一个字符写到磁盘文件中去用fputc( )函数实现。其函数原型：

```
int fputc(char ch,FILE *fp);
```

其中，ch是要输出的字符，它可以是一个字符常量，也可以是一个字符变量；fp是文件指针变量。函数的功能：是把一个字符(ch的值)写入到由指针变量fp所指向的文件中。fputc( )函数有一个返回值；如果执行此函数成功就返回被输出的字符，否则就返回EOF(-1)。EOF是在stdio. h文件中定义的符号常量，值为-1。

例10-1　编程实现：从键盘输入10个字符，并将这10个字符写入文件file1中。

参考程序如下：

```
#include "stdio. h"
#include "stdlib. h"
void main()
{    char ch;   int i;
     FILE *fp;
     if((fp=fopen("file1","w"))==NULL)
     {    printf("cannot open file\n");
          exit(1);
     }
     for(i=1;i<=10;i++)
     {    ch=getchar();
          fputc(ch,fp);
     }
     fclose(fp);
}
```

2. fgetc( )函数

从一个磁盘文件中读取一个字符用fgetc( )函数实现。其函数原型：

```
int fgetc(FILE *fp);
```

其中，fp是文件指针变量。函数的功能：是从指针变量fp所指向的文件中读取一个字符。fgetc( )函数也有一个返回值；如果执行此函数成功就返回所得到的字符；如果在执行此函数读字符时遇到文件结束符，则返回一个文件结束标志 EOF(-1)。如果想从一个文件顺序读取字符并在显示器上显示出来，可以写出：

```
ch=fgetc(fp);
while(ch!=EOF)
{    putchar(ch);
     ch=fgetc(fp);
}
```

值得注意的是，EOF 不是可输出字符，因为没有一个字符的 ASCII 值为-1，因此 EOF 不能在显示器上显示。当读取的字符值等于-1(即 EOF)时，表示读取的已不是正常的字符而是文件结束符。但以上只适用于文本文件的情况。现在 ANSI C 已允许用缓冲文件系统处理二进制文件，而读取某一个字节中的二进制数据的值有可能是-1，而这又恰好是 EOF 的值。这就出现了需要读取有用数据而却被处理为“文件结束”的情况。为了解决这个问题，ANSI C 提供一个 feof()函数来判断文件是否真的结束。feof(fp)用来测试 fp 所指向的文件当前状态是否为“文件结束”。如果是文件结束，则函数 feof(fp)的值为1(真)，否则为0(假)。

因此，如果想逐个字符顺序读取一个文件中的数据，可以写出：

```
while(!feof(fp))
{    ch=fgetc(fp);
     …
}
```

若未遇文件结束，则 feof(fp)的值为0，!feof(fp)为1，读取一个字节的数据赋给变量 ch，并接着对其进行所需的处理。若文件结束，则 feof(fp)的值为1，! feof(fp)为0，不再执行 while 循环。

例 10-2 编程实现：从磁盘文件 file1 中顺序读取字符，并在显示器上显示出来。

参考程序如下：

```
#include "stdio. h"
#include "stdlib. h"
void main()
{    char ch;
     FILE *fp;
     if((fp=fopen("file1","r"))==NULL)
     {    printf("cannot open file\n");
          exit(1);
     }
     while(!feof(fp))
     {    ch=fgetc(fp);
          putchar(ch);
     }
     fclose(fp);
}
```

应该指出，文件读写函数 fgetc()和 fputc()在实际操作时是对文件缓冲区进行的，并非每一次读写一个字符都要启动磁盘操作。

为了编程时书写方便，一些 C 版本把 fgetc( ) 和 fputc( ) 函数定义为宏名 getc( ) 和 putc( )。例如：

```
#define getc(fp)    fgetc(fp)
#define putc(ch,fp)    fputc(ch,fp)
```

因而 getc( ) 和 fgetc( ) 功能相同，putc( ) 和 fputc( ) 功能相同。读者熟悉的 getchar( ) 和 putchar( ) 函数其实也是 fgetc( ) 和 fputc( ) 的宏，这时文件结构指针定义为标准输入 stdin 和标准输出 stdout。例如：

```
#define getchar()    fgetc(stdin)
#define putchar(c)    fputc(c,stdout)
```

10.2.2 字符串读写

1. fputs( ) 函数

把一个字符串写到磁盘文件中去用 fputs( ) 函数实现。其函数原型：

```
int fputs(char *str,FILE *fp);
```

其中，第一个参数可以是字符串常量、字符数组名或字符型指针。函数的功能：把由 str 指明的字符串写入到由指针 fp 所指向的文件中。该字符串以空字符'\0'结束，但'\0'不写入到文件中去。该函数正确执行后，将返回写入的字符数，当出错时返回-1。

例 10-3 编程实现：从键盘输入一串字符，把它们写到磁盘文件 file2 中。

参考程序如下：

```
#include "stdio. h"
#include "stdlib. h"
void main()
{     char a[20]="hello world";
      FILE *fp;
      if((fp=fopen("file2","w"))==NULL)
      {     printf("cannot open file\n");
            exit(1);
      }
      fputs(a,fp);
      fclose(fp);
}
```

2. fgets( ) 函数

从一个磁盘文件中读取一个字符串用 fgets( ) 函数实现。其函数原型：

```
char *fgets(char *str,int n,FILE *fp);
```

其中，n 为要求读取的字符串的字符个数，但只从 fp 指向的文件中读取 n-1 个字符，然后在最后加一个'\0'字符，因此得到的字符串共有 n 个字符。把它们放到字符数组 str 中。

若在读完 n-1 个字符之前就遇到换行符'\n'或文件结束符 EOF，读入即结束。但将遇到的换行符'\n'也作为一个字符送入字符数组中。fgets( )函数执行完后，返回一个指向所读取字符串的指针，即字符数组 str 的首地址。如果读到文件尾或出错，则返回一个空值 NULL。实际编程中，可以用 ferror( )函数或 feof( )函数来测定是读出出错还是到了文件尾。

例 10-4　编程实现：从磁盘文件 file2 中每次读取 5 个字符的字符串，直到读完为止，并把它们显示在显示器上。

参考程序如下：

```
#include "stdio. h"
#include "stdlib. h"
void main()
{    char a[6];
     FILE *fp;
     if((fp=fopen("file2","r"))==NULL)
     {    printf("cannot open file\n");
          exit(1);
     }
     while(fgets(a,6,fp)!=NULL)
     {printf("% s",a);                      /*或 puts(a);*/
     }
     printf("\n");
     fclose(fp);
}
```

例 10-5　编程实现：从键盘输入若干行字符，把它们添加到磁盘文件 file2 中。

参考程序如下：

```
#include "stdio. h"
#include "stdlib. h"
#include "string. h"
void main()
{    char a[80];
     FILE *fp;
     if((fp=fopen("file2","a"))==NULL)
     {    printf("cannot open file\n");
          exit(1);
     }
     gets(a);                               /*从键盘读一行字符*/
     while(strlen(a)>0)                     /*测试读入的字符串长度是否为0*/
     {    fputs(a,fp);                      /*写入磁盘文件*/
          fputs("\n",fp);                   /*添加分隔标志*/
          gets(a);                          /*再从键盘读一行字符*/
     }
     fclose(fp);
}
```

程序运行时，每次从键盘读取一行字符送入 a 数组，用 fputs( ) 函数把该字符串追加到 file2 文件中。考虑到 fputs( ) 函数在输出一个字符串后不会自动地加一个' \0'，因而程序中多使用了一个 fputs( ) 函数输出一个' \n'，再由系统转换成' \0'写到字符串的最后。这样，以后从文件中读取数据就能区分开各个字符串了。

程序通过检测输入的字符串长度是否为 0 来控制是否结束循环，因而输入完所有的字符串之后，在新的一行开始处输入一个回车符，便可终止程序运行。

请读者自己编写一个程序，将上例所产生的 file2 文件中的字符串逐个读取出来，并显示在显示器上。

例 10-6 编程实现：读出文件 file2 中的内容，反序写入另一个文件 file3。

参考程序如下：

```
#include "stdio. h"
#include "stdlib. h"
#define BUFFSIZE 5000
void main()
{    FILE *fp1,*fp2;
     inti;
     char buf[BUFFSIZE],c;                    /*buf 用于存放读出的字符,起到缓冲区的作用*/
     if((fp1=fopen("file2","r"))==NULL)       /*以只读方式打开源文件*/
     {    printf("cannot open file\n");
          exit(1);
     }
     if((fp2=fopen("file3","w"))==NULL)       /*以只写方式打开目的文件*/
     {    printf("cannot open file\n");
          exit(1);
     }
     i=0;
     while((c=fgetc(fp1))!=EOF)               /*判断是否文件尾,不是则循环*/
     {    buf[i++]=c;                         /*读出数据送缓冲区*/
          if(i>=5000)                         /*若 i 超出 5000,程序设置的缓冲区不足*/
          {    printf("buffer not enough!");
               exit(1);                       /*退出*/
          }
     }
     while(- - i>=0)                          /*控制反序操作*/
          fputc(buf[i],fp2);                  /*写入目的文件中*/
     fclose(fp1);fclose(fp2);                 /*关闭源文件和目的文件,也可写成 fcloseall();*/
}
```

10. 2. 3 格式化读写

在实际应用中，应用程序有时需要按照规定的格式进行文件读写，这时可以利用格式化读写函数 fscanf( ) 和 fprintf( ) 来完成。

1. fprintf( )函数

把若干个输出项按照指定的格式写入磁盘文件用 fprintf( )函数实现。其函数原型：

```
int fprintf(FILE *fp,char *format,<variable list>);
```

2. fscanf( )函数

从磁盘文件中按照指定的格式读取数据用 fscanf( )函数实现。其函数原型：

```
int fscanf(FILE *fp,char *format,<variable list>);
```

fscanf( )和 fprintf( )函数与格式化输入/输出函数 scanf( )和 printf( )操作功能相似，不同之处是 scanf( )函数是从 stdin 标准输入设备(键盘)输入，printf( )函数是向 stdout 标准输出设备(显示器)输出；fscanf( )和 fprintf( )函数则是从文件指针指向的文件输入或是向文件指针指向的文件输出。当文件指针变量定义为 stdin 和 stdout 时，这两个函数的功能就和 scanf( )和 printf( )相同了。

其中，函数原型中的“char *format”表示输入/输出格式控制字符串，格式控制字符串的格式说明与 scanf( )函数和 printf( )函数的格式说明完全相同；“<variable list>”表示输入/输出参量表。fprintf( )函数的返回值是实际输出的字符数；fscanf( )函数的返回值是已输入的数据个数。例如：

```
fprintf(fp,"% 10s% 3d% 3d",v1,v2,v3);
```

将输出项 v1、v2、v3 按照格式控制字符串"%10s%3d%3d"规定的格式，写入 fp 指定的文件中。再如：

```
fscanf(fp,"% 10s% 3d% 3d",v1,&v2,&v3);
```

完成按格式控制字符串"%10s%3d%3d"规定的格式，从 fp 指定的文件中读取数据分别送入 v1、v2、v3 中。其中，v1 应为字符数组，而 v2、v3 应为 int 型变量。

例 10-7 编程实现：从键盘输入 10 个学生的学号、姓名、性别和入学成绩，用格式化方式写入磁盘文件中。

参考程序如下：

```
#include "stdio. h"
#include "stdlib. h"
struct stu
{    long num;
     char name[9],sex[3];
     int score;
};
void main()
{    FILE *fp;
     inti;
     struct stu a;
     if((fp=fopen("datafile","w"))==NULL)
     {    printf("File connot be opened\n");
          exit(1);
```

```
    }
    for(i=1;i<=10;i++)
    {    scanf("% ld",&a.num);
         scanf("% s",a.name);
         scanf("% s",a.sex);
         scanf("% d",&a.score);
         fprintf(fp,"% ld\t% 9s\t% 3s\t% d\n",a.num,a.name,a.sex,a.score);
    }
    fclose(fp);
}
```

程序将键盘输入的 10 个学生数据按指定的格式写入磁盘文件 datafile 中。程序中使用了结构体变量 a，其中 a.name 数组成员用于存放姓名，假如姓名用汉字表示，由于一个汉字占两个字节，字符串结束标志'\0'占一个字节，所以把 name 定义为由 9 个元素构成的数组。a.sex 数组成员用来存放用汉字表示的性别。

请读者编写一个程序将文件 datafile 中的数据读取出来，并显示在显示器上。

10.2.4 块数据读写

1. fwrite( ) 函数

把块数据写入到磁盘文件中用 fwrite( ) 函数实现。其函数原型：

```
int fwrite(char *ptr,unsigned size,unsigned n,FILE *fp);
```

其中，ptr 是要写入的块数据在内存中的首地址；size 是字节数，表示块数据的大小；n 表示块数据的个数；fp 是文件类型的指针。函数的功能：将从 ptr 地址开始，每块 size 个字节，一共 n 块数据写入到由 fp 所指向的文件中。

如果文件以二进制形式打开，fwrite( ) 函数就可以向文件中写入任何类型的数据。

例 10-8 编程实现：从键盘输入 10 个学生的学号、姓名、性别和入学成绩，用块数据的方式写入磁盘文件。

参考程序如下：

```
#include "stdio. h"
#include "stdlib. h"
typedef struct student
{    long num;
     char name[9],sex[3];
     int score;
}STU;
void main()
{
     int i;
     STU a[10];
     FILE *fp;
```

```
    if((fp=fopen("e:\\file1","wb"))==NULL)/*以二进制写的形式打开文件*/
    {    printf("error!\n");exit(0);}
    for(i=0;i<10;i++)
    {    scanf("% ld",&a[i].num);
         scanf("% s",a[i].name);
         scanf("% s",a[i].sex);
         scanf("% d",&a[i].score);
         fwrite(&a[i],sizeof(STU),1,fp);       /*写入一个学生的数据*/
    }
    fclose(fp);
}
```

程序将键盘输入的10个学生数据写入到e盘根目录下的名为file1的文件中。

2. fread()函数

从一个磁盘文件中读取块数据用fread()函数实现。其函数原型：

```
int fread(char *ptr,unsigned size,unsigned n,FILE *fp);
```

fread()函数与fwrite()函数是相对应的，其4个参数的含义与fwrite()函数基本相同，只是fread()函数中的ptr是读出块数据的存放地址。

例10-9　编程实现：从e盘根目录下名为file1的文件中读取10个学生的数据，并显示在显示器上。

参考程序如下：

```
#include "stdio. h"
#include "stdlib. h"
typedef struct student
{    long num;
     char name[9],sex[3];
     int score;
}STU;
void main()
{    int i;
     STU a[10];
     FILE *fp;
     if((fp=fopen("e:\\file1","rb"))==NULL)    /*以二进制读的形式打开文件*/
     { printf("error!\n");exit(0);}
     for(i=0;i<10;i++)
     {    fread(&a[i],sizeof(STU),1,fp);              /*读取一个学生的数据*/
          printf("% ld\t% s\t% s\t% d\n",a[i].num,a[i].name,a[i].sex,a[i].score);
     }
     fclose(fp);
}
```

利用本程序可以验证由例10-8创建的e盘根目录下名为file1文件中的数据是否正确。需要注意的是，上面的程序只适用于file1文件中存放了10个学生数据的情况。如果所存放的学生数据数量不确定，又要将文件中的数据全部读出，可以用下面的程序实现：

```
#include "stdio. h"
#include "stdlib. h"
typedef struct student
{    long num;
     char name[9],sex[3];
     int score;
}STU;
void main()
{    STU a;
     FILE *fp;
     if((fp=fopen("e:\\file1","rb"))==NULL)
     {printf("error!\n");exit(0);}
     while(fread(&a,sizeof(STU),1,fp)!=0)
          printf("%ld\t%s\t%s\t%d\n",a.num,a.name,a.sex,a.score);
     fclose(fp);
}
```

fread()函数的返回值是所读取的块数据个数，本例中为1。如果文件结束或出错，fread()函数返回值为0。程序中while循环的条件：只要fread()函数的返回值不为0，说明正确读取了一个块数据，将数据显示在显示器上；直到fread()函数值为0，说明文件中的数据已经读完，循环结束。

10.3 随机文件和定位操作

10.3.1 随机文件

上面介绍的对文件的读写都是顺序读写，即从文件的开头逐个数据进行读或写。文件中有一个读写位置指针，指向当前读或写的位置。在顺序读写时，每读或写完一个数据后该位置指针就自动移到它后面一个位置。如果读写的数据项包含多个字节，则对该数据项读写完成后位置指针移到该数据项之末(即下一数据项的起始位置)。在C语言的实际应用中，常常希望能直接读写文件中的某一个数据项，而不是按文件的物理顺序逐个地读写数据项。这种可以任意指定读写位置的文件操作，称为随机读写，相应的文件称为随机文件。从上面的叙述可知，只要能移动读写位置指针到所需的地方，就可实现文件的随机读写。

10.3.2 定位操作

C 语言提供了多个函数进行文件中读写位置指针(以下简称位置指针)的定位，以实现随机读写操作。

1. rewind( )函数

rewind( )函数用于把位置指针移到文件的开头，其函数原型：

```
void rewind(FILE *fp);
```

将 fp 指向的文件的位置指针置于文件开头位置，并清除文件结束标志和错误标志。函数无返回值。例如：

```
rewind(fp);
```

将 fp 所指向文件的位置指针从当前位置移到文件的开头。

例 10-10 编程实现：对一个磁盘文件进行操作，第一次将它的内容显示在显示器上，第二次将它复制到另一文件上。

```
#include"stdio. h"
#include "stdlib. h"
void main()
{   FILE *fp1,*fp2;
    if((fp1=fopen("file1","r"))==NULL)
    {   printf("cannot open file\n");
        exit(1);
    }
    if((fp2=fopen("file2","w"))==NULL)
    {   printf("cannot open file\n");
        exit(1);
    }
    while(!feof(fp1))putchar(fgetc(fp1));
        rewind(fp1);
    while(!feof(fp1))fputc(fgetc(fp1),fp2);
        fclose(fp1);fclose(fp2);
}
```

2. fseek( )函数

fseek( )函数的作用是使位置指针移动到所需的位置，其函数原型：

```
int fseek(FILE *fp,long offset,int origin);
```

其中，fp 指向需要操作的文件，origin 指明以什么地方为起点进行指针移动。位置指针起始位置及其代表符号如表 10-3 所示。

表 10-3　位置指针起始位置及其代表符号

起始点具体位置	符号代表	数字代表
文件开始	SEEK_SET	0
位置指针当前位置	SEEK_CUR	1
文件末尾	SEEK_END	2

fseek()函数中的 offset 是位移量，是以 origin 为基准指针向前或向后移动的字节数。所谓向前，是指从文件开始向文件末尾移动的方向；向后则反之。位移量的值如果为负，表示指针向后移动。位移量应为 long 型数据，这样当文件的长度很长时(如大于64 KB)，位移量仍在 long 型数据表示范围之内。例如：

```
fseek(fp,10L,SEEK_SET);
```

其作用是把文件指针从文件开始移到第 10 个字节处。下面的写法与其功能是一致的：

```
fseek(fp,10L,0);
```

又如：

```
fseek(fp,-10L,SEEK_END);        /*把位置指针从文件末尾往回移动 10 个字节*/
fseek(fp,-5L,1);                /*把位置指针从现行位置往回移动 5 个字节*/
fseek(fp,0L,2);                 /*把位置指针移到文件末尾*/
```

若 fseek()函数调用成功，返回值为 0；否则返回一个非 0 值。

利用 fseek()函数控制文件的读写位置后，也可使用前述文件操作函数进行顺序读写，但顺序读写的起始位置不一定是从头开始，可以通过 fseek()函数设定。

例 10-11　编程实现：读取由例 10-8 建立的文件数据。要求：将第 1、3、5、7、9 个学生数据读取出来，并显示在显示器上。

参考程序如下：

```
#include "stdio.h"
#include "stdlib.h"
typedef struct student
{   long num;
    char name[9],sex[3];
    int score;
}STU;
void main()
{
    STU a;
    FILE *fp;
    if((fp=fopen("e:\\file1","rb"))==NULL)
    {printf("error!\n");exit(0);}
    while(fread(&a,sizeof(STU),1,fp)!=0)
    {   printf("%ld\t%s\t%s\t%d\n",a.num,a.name,a.sex,a.score);
        fseek(fp,sizeof(STU),1);
```

```
    }
    fclose(fp);
}
```

3. ftell( )函数

ftell( )函数用于得到文件的位置指针离开文件起点(即文件开始)的偏移量(即偏移的字节数)，其函数原型：

```
long ftell(FILE *fp);
```

如果函数调用出错(如该文件不存在)，则函数的返回值是-1L。由于文件的位置指针经常移动，人们往往不容易知道其当前位置。用 ftell( )函数可以得到当前位置。例如：

```
n=ftell(fp);
```

长整型变量 n 存放当前位置。若 n 值为 50，则说明 fp 指针所指向的文件的位置指针距文件开头为 50 个字节。

10.4 文件状态检测和错误处理

C 标准提供了一些函数用来检测输入输出函数调用是否出现错误。

10.4.1 ferror( )函数

在调用各种输入输出函数时，如果出现错误，除了函数返回值有所反映，还可以用 ferror( )函数进行检测。其函数原型：

```
int ferror(FILE *fp);
```

如果 ferror( )返回值为 0(假)，则表示未出错；如果返回值为 0，则表示出错。应该注意，对同一个文件每一次调用输入输出函数，均产生一个新的 ferror( )函数值，因此，应当在调用一个输入输出函数后立即检测 ferror( )函数的值，否则信息会丢失。

在执行 fopen( )函数时，ferror( )函数的初始值自动置为 0。

10.4.2 clearerr( )函数

clearerr( )函数的作用是使文件错误标志和文件结束标志置为 0。其函数原型：

```
void clearerr(FILE *fp);
```

假设在调用一个读写函数时出现错误，ferror( )函数值为一个非 0 值。在调用 clearerr(fp)后，ferror(fp)的值变成 0。

只要出现读写操作错误标志，如果不改变它，将会一直保留下去，直到对同一文件调用 clearerr( )函数或 rewind( )函数，或任何其他一个读写操作函数。

许多可供实际使用的 C 程序都包含文件处理，本章只介绍了一些最基本的概念，不可能举复杂的例子，希望读者在实践中掌握文件的使用。

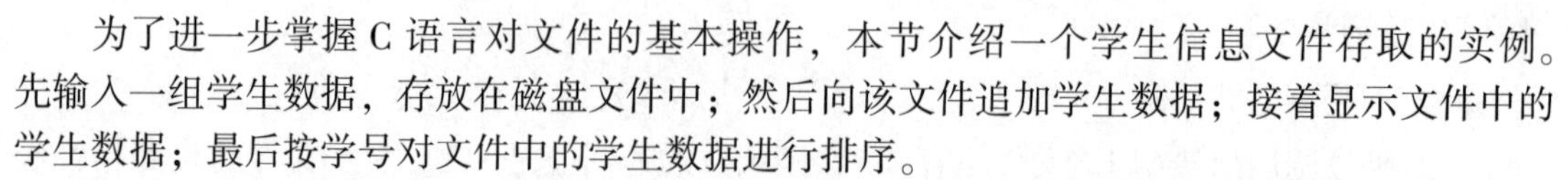

10.5 实例——学生信息文件存取

为了进一步掌握 C 语言对文件的基本操作，本节介绍一个学生信息文件存取的实例。先输入一组学生数据，存放在磁盘文件中；然后向该文件追加学生数据；接着显示文件中的学生数据；最后按学号对文件中的学生数据进行排序。

程序中用到了结构体变量和结构体数组，用来存放学生数据。结构体类型数据的成员包括学号(num)、姓名(name)、性别(sex)、所在院系(dept)和入学成绩(score)。

```
#include "stdio. h"
#include "stdlib. h"
typedef struct student                         /*定义结构体类型*/
{    long num;
     char name[9];
     char sex[3];
     char dept[20];
     int score;
}STU;
void input()                                   /*输入函数,完成将键盘输入的学生数据写入磁盘*/
{
     int i,n;
     STU a;                                    /*结构体变量 a 用来存放一个学生的数据*/
     FILE *fp;
     system("cls");                            /*清屏*/
     if((fp=fopen("e:\\file1","wb"))==NULL)
     {printf("error!\n");exit(0);}
     printf("\n\t 请输入学生人数:");
     scanf("% d",&n);                          /*输入学生人数*/
     printf("\n\t 请按下面提示输入学生数据\n");
     for(i=0;i<n;i++)                          /*以循环的方式输入每个学生的数据*/
     {    printf("\n\t 第% d 个学生的学号:",i+1);
          scanf("% ld",&a.num);
          printf("\t 姓名:");
          scanf("% s",a.name);
          printf("\t 性别:");
          scanf("% s",a.sex);
          printf("\t 所在院系:");
          scanf("% s",a.dept);
          printf("\t 入学成绩:");
          scanf("% d",&a.score);
          fwrite(&a,sizeof(STU),1,fp);
```

```
    }
    fclose(fp);
}
void list()                              /*显示函数,完成将文件中的学生数据显示在显示器上*/
{   STU a;                               /*结构体变量 a 用来存放一个学生的数据*/
    FILE *fp;
    system("cls");
    if((fp=fopen("e:\\file1","rb"))==NULL)
    { printf("error!\n");exit(0);}
    printf("\n\n\n\t 学号\t 姓名\t 性别\t 入学成绩\n\n");
    while(fread(&a,sizeof(STU),1,fp)!=0)
    printf("\t% ld\t% s\t% s\t% s\t% d\n",a.num,a.name,a.sex,a.dept,a.score);
    fclose(fp);
    printf("\n\tpress any key to continue...");
    system("pause");                     /*暂停*/
}
void append()                            /*追加函数,完成将键盘上输入的学生数据追加到文件中*/
{
    int i,n;
    STU a;
    FILE *fp;
    system("cls");
    if((fp=fopen("e:\\file1","ab"))==NULL)
    { printf("error!\n");exit(0);}
    printf("\n\n\t 请输入追加的学生数:");
    scanf("% d",&n);
    printf("\n\t 请按下面提示输入学生数据\n");
    for(i=0;i<n;i++)
    {   printf("\n\t 追加的第% d 个学生的学号:",i+1);
        scanf("% ld",&a.num);
        printf("\t 姓名:");
        scanf("% s",a.name);
        printf("\t 性别:");
        scanf("% s",a.sex);
        printf("\t 所在院系:");
        scanf("% s",a.dept);
        printf("\t 入学成绩:");
        scanf("% d",&a.score);
        fwrite(&a,sizeof(STU),1,fp);
    }
    fclose(fp);
}
void sort()                              /*排序函数,完成对文件中的学生数据按学号排序并显示在
                                           显示器上*/
```

```
{   int i,j,n=0;
    STU a[10],t;                        /*结构体数组 a 可存放 10 个学生的数据*/
    FILE *fp;
    system("cls");
    if((fp=fopen("e:\\file1","rb"))==NULL)
    { printf("error!\n");exit(0);}
    while(fread(&a[n],sizeof(STU),1,fp)!=0)
        n++;                            /*变量 n 累计文件中学生人数*/
    for(i=0;i<n-1;i++)
        for(j=n-1;j>i;j--)
        if(a[j].num<a[j-1].num)
    {t=a[j];a[j]=a[j-1];a[j-1]=t;}
    printf("\n\n\n\t 按学号排序的结果如下:\n");
    printf("\n\t 学号\t 姓名\t 性别\t 入学成绩\n\n");
    for(i=0;i<n;i++)
        printf("\t%ld\t%s\t%s\t%s\t%d\n",a[i].num,a[i].name,a[i].sex,a[i].dept,a[i].score);
    fclose(fp);
    printf("\n\tpress any key to continue...");
    system("pause");                    /*暂停*/
}
void main()                             /*主函数,完成程序菜单的显示并调用以上各函数*/
{ int a;
    do
    {system("cls");                     /*清屏*/
        printf("\n\n\n\n\n\t\t\t 学生成绩管理系统\n");/*显示程序菜单*/
        printf("\t\t*********************************\n");
        printf("\t\t\t1----输入数据\n");
        printf("\t\t\t2----显示数据\n");
        printf("\t\t\t3----追加数据\n");
        printf("\t\t\t4----排序数据\n");
        printf("\t\t\t0----退出系统\n");
        printf("\t\t*********************************\n");
        printf("\t\t 请选择:");
        scanf("%d",&a);
        switch(a)
        {   case 1:input();break;       /*调用输入函数*/
            case 2:list();break;        /*调用显示函数*/
            case 3:append();break;      /*调用追加函数*/
            case 4:sort();break;        /*调用排序函数*/
            case 0:exit(0);             /*结束程序的运行*/
        }
    }while(a!=0);
}
```

对于上面的程序，读者可根据需要增加程序功能，即添加一些功能函数。例如，按学号查询学生数据、按学号删除学生数据等。

上面的程序只是一个简单的例子，还有很多需要完善的地方。例如，在输入函数 input()、追加函数 append()中，对输入的数据应该做合理性检查，如入学成绩应该大于 0 等，对不合理的数据应重新输入。在排序函数 sort()中，定义 a 数组的大小为 10 个元素，即可以存放 10 个学生的数据。这对于文件中学生数据不超过 10 个人的情况是可以的，若超过 10 个程序将出错。由于文件中学生数据是动态变化的(可以追加也可以删除)，即文件中学生人数是不确定的，而 C 语言要求在定义数组时必须用常量指定数组的大小，因此用数组来存放文件中的数据是不合适的。数组定义过大会造成内存空间的浪费，数组定义过小又可能放不下文件中的数据。使用第 9 章中介绍的链表可以解决这个问题。建议读者对上面程序中的排序函数 sort()进行改写，用链表来存放从文件中读取的学生数据并实现排序。

在本实例中，为了使程序运行时操作界面清晰，程序中使用了清屏函数 system("cls")和暂停函数 system("pause")，使用这两个函数时，需要用#include 命令将头文件 stdlib. h 包含到程序中来。

10.6　拓展案例

案例 10-1　编程实现：在控制台显示文本文件内容。

案例分析：

控制窗口界面是 80 * 25 个字符的，为了在控制台显示 80 列，定义了长度为 81 的字符数组，每次从文件读出 80 个字符输出；为了达到分屏显示的目的，设置了一个计数器变量 count，每当 count = 23 时，暂停显示文件内容，提示并等待用户的按键。

案例 10-1　程序及运行结果

注意：

文本文件保存时编码应选择 ANSI。

程序运行结果如图 10-3 所示。

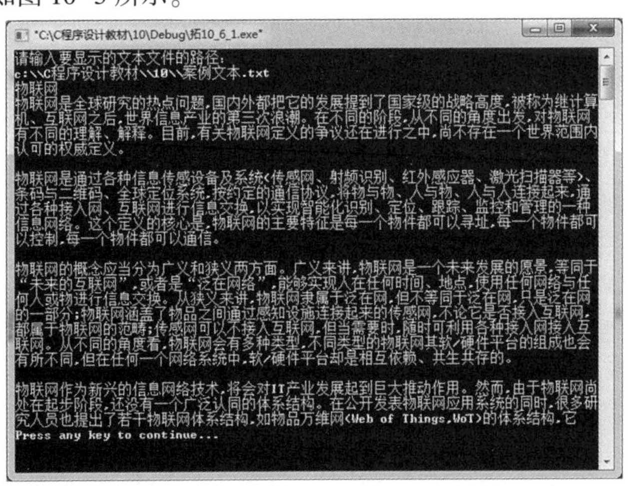

图 10-3　案例 10-1 程序运行结果

本章小结

本章主要介绍了文件的基本概念；文件打开与关闭的方法，即 fopen( ) 函数和 fclose( ) 函数的使用；多种文件读写方法及相应函数的使用，包括字符读写函数、字符串读写函数、格式化读写函数和块数据读写函数；随机文件的概念，与定位操作有关的几个函数的用法；文件出错检测方法；文件基本操作程序实例，文件基本操作方法。

习题

一、选择题

1. 以下关于 C 语言数据文件的叙述中正确的是(　　)。

A. 文件由 ASCII 字符序列组成，C 语言只能读写文本文件

B. 文件由二进制数据序列组成，C 语言只能读写二进制文件

C. 文件由记录序列组成，可按数据的存放形式分为二进制文件和文本文件

D. 文件由数据流形式组成，可按数据的存放形式分为二进制文件和文本文件

2. 以下叙述中不正确的是(　　)。

A. C 语言中的文本文件以 ASCII 形式存储数据

B. C 语言中对二进制文件的访问速度比文本文件快

C. C 语言中，随机读写方式不适应于文本文件

D. C 语言中，顺序读写方式不适应于二进制文件

3. 执行 fopen( ) 函数时发生错误，则函数的返回值是(　　)。

A. 地址值　　　　B. 0　　　　C. 1　　　　D. EOF

4. 若要用 fopen( ) 函数打开一个新的二进制文件，该文件要既能读也能写，则文件方式字符串应是(　　)。

A. "ab+"　　　　B. "wb+"　　　　C. "rb+"　　　　D. "ab"

5. fscanf( ) 函数的正确调用形式是(　　)。

A. fscanf(fp，格式字符串，输出表列)

B. fscanf(格式字符串，输出表列，fp)；

C. fscanf(格式字符串，文件指针，输出表列)；

D. fscanf(文件指针，格式字符串，输入表列)；

6. 函数调用语句“fseek(fp，-20L，2)；”的含义是(　　)。

A. 将文件位置指针移到距离文件头 20 个字节处

B. 将文件位置指针从当前位置向后移动 20 个字节

C. 将文件位置指针从文件末尾处后退 20 个字节

D. 将文件位置指针移到离当前位置 20 个字节处

7. 在执行 fopen( ) 函数时，ferror( ) 函数的初值是(　　)。

A. TURE　　　　B. -1　　　　C. 1　　　　D. 0

8. 以下程序运行后的输出结果是(　　)。

```
#include"stdio. h"
void main()
{    FILE *fp;int i;
     char ch[]="abcd",t;
     fp=fopen("abc.dat","wb+");
     for(i=0;i<4;i++)fwrite(&ch[i],1,1,fp);
     fseek(fp,-2L,SEEK_END);
     fread(&t,1,1,fp);
     fclose(fp);
     printf("%c\n",t);
}
```

A. d　　B. c　　C. b　　D. a

9. 以下程序运行后的输出结果是(　　)。

```
#include <stdio. h>
void main()
{    FILE *fp;int i=20,j=30,k,n;
     fp=fopen("d1.dat","w");
     fprintf(fp,"%d\n",i);fprintf(fp,"%d\n",j);
     fclose(fp);
     fp=fopen("d1.dat","r");
     fscanf(fp,"%d%d",&k,&n);   printf("%d   %d\n",k,n);
     fclose(fp);
}
```

A. 20　30　　B. 20　50　　C. 30　50　　D. 30　20

10. 下面的程序运行后，文件 testt. t 中的内容是(　　)。

```
#include <stdio. h>
#include <string. h>
void fun(char *fname,char *st)
{    FILE *myf;int i;
     myf=fopen(fname,"w");
     for(i=0;i<strlen(st);i++)fputc(st[i],myf);
     fclose(myf);
}
void main()
{    fun("test","newworld");
     fun("test","hello");
}
```

A. hello　　B. newworldhello　　C. newworld　　D. hellorld

二、填空题

1. 现要求以读写方式，打开一个文本文件 stu1，写出语句：________。

2. 现要求将上题中打开的文件关闭掉，写出语句：________。

3. 若要用 fopen( )函数打开一个新的二进制文件，该文件要既能读也能写，则打开文件方式字符串应该是________。

三、编程题

1. 编程实现：以只读方式打开一个文本文件 filea. txt，如果打开，将文件地址放在 fp 文件指针中，打不开，显示"Cann't open filea. txt file \n. "，然后退出。

2. 编程实现：从键盘输入一个字符串，将其中的小写字母全部转换成大写字母，然后输出到一个磁盘文件 test 中保存，输入的字符串以！表示结束。

3. 有 5 个学生，每个学生有 3 门课的成绩。编程实现：从键盘输入以上数据(包括学号、姓名、3 门课成绩)，计算出每个学生三门课的平均成绩，将原有数据和计算出的平均分数存放在磁盘文件 stud 中。

4. 编程实现：将上题 stud 文件中的学生数据，按平均分进行排序处理，将排好序的学生数据存入一个新文件 stud_sort 中。

5. 编程实现：将上题已排序的学生成绩文件进行插入处理。插入一个学生的数据，程序先计算新插入学生的平均成绩，然后将它按成绩高低顺序插入到文件 stud_sort 中，插入后建立一个新文件。

6. 编程实现：将上题结果仍存入原有的 stud_sort 文件而不另建立新文件。

7. 有一磁盘文件 employee，存放有职工的数据。每个职工的数据包括职工号、姓名、性别、年龄、住址、工资、健康状况、文化程度。编程实现：将职工名、工资的信息单独抽出来另建一个简明的职工工资文件。

习题答案

8. 编程实现：从上题的“职工工资文件”中删去一个职工的数据，再存回原文件。

第 11 章　综合实例

教学目标

掌握复杂问题分析和分解方法；掌握 C 语言中数据库的构成和文件的使用；掌握规范化编程的方法和技巧。

本章要点

- C 语言各章节知识点的综合运用
- 项目开发过程，模块划分
- 解决数据库问题常用算法
- 多函数程序编写和调试

在前 10 章中通过对 C 语言的基本知识、控制语句、函数、数组、指针、结构体、文件等内容的学习，已经对 C 语言程序设计有了较全面的了解。为了更进一步认识和掌握 C 语言程序设计的特点，本章以常见的数据库管理系统为例，将各知识点进行综合运用，进行一个简单的数据库程序开发，其中重点介绍结构体、文件和链表的应用。

11.1　案例描述

利用 C 语言所学知识，开发一个图书基本信息管理系统，要求将图书基本信息建立数据库，并实现对数据库的常用操作，如输入、输出、查询、删除等。根据数据处理需要和结构化设计方法要求进行设计，满足界面友好、操作灵活方便、程序与数据分离、系统运行稳定等基本要求。

11.2 案例分析

1. 系统设计

根据数据库管理系统的一些常用操作，考虑将整个系统分为6个功能模块，包括数据输入、数据显示、数据追加、数据查询、数据删除和数据排序，如图11-1所示。

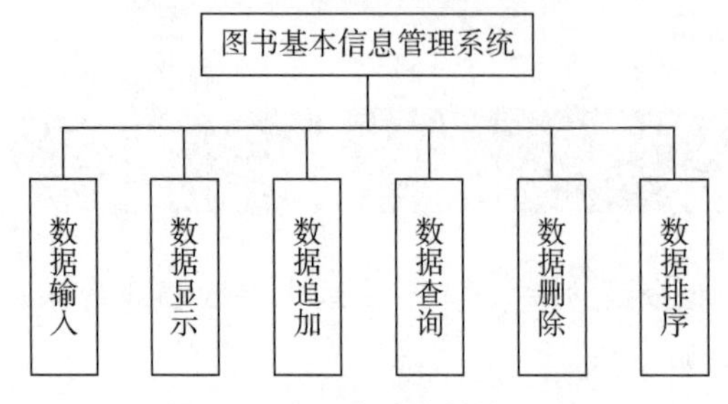

图11-1 系统功能模块划分

其中，各模块功能如下。

(1)输入模块：通过键盘接收图书信息，然后存入文件。

(2)显示模块：读取存储在文件中的图书信息，以表格的形式在显示器上输出。

(3)追加模块：在原有数据的基础之上，在文件末尾添加新的数据。

(4)查询模块：实现按书号查找满足条件的图书信息记录。

(5)删除模块：实现按书号找到相应图书记录，然后将其从文件中删除。

(6)排序模块：实现按图书价格从低到高对图书信息进行排序。

此外，主函数负责显示系统的主界面、控制整个系统运行及各功能模块的调用。

2. 数据结构

对图书信息的描述，包括书号、书名、作者等多方面的信息，数据类型不相同，所以，定义表示图书的结构体类型，将每种图书作为一个整体进行表示和存取。在程序的设计过程中如果有功能模块想使用链表，则可以再增加一个单链表结构体类型定义，在本程序中的排序模块使用链表实现。

1)图书信息结构体

图书信息结构体用于表示图书的基本信息，结构体类型定义及各成员含义如下：

```
typedef struct book
{    char book_num[10];                /*书号*/
     char book_name[50];               /*书名*/
     char book_author[20];             /*作者*/
     char book_pub[30];                /*出版社*/
     float book_price;                 /*价格*/
}BOOK;
```

2)单链表结构体

表示单链表节点的结构体类型包含两个成员：一是前面定义的图书信息结构体类型数

据，作为节点的数据域；二是节点结构体类型的指针，作为单链表节点的指针域，用来存储其直接后继节点的地址。具体定义如下：

```
typedef struct node
{    BOOK data;
     struct node *next;
}NODE;
```

3. 设计过程

按照模块划分结果，以函数形式针对每个功能模块进行程序设计，通过主函数对各功能函数进行调用。程序开始运行时需要有一个描述项目名称及功能的界面，使用户能根据需要进行功能选择，这部分可以在主函数开始时实现，也可以单独设计一个函数实现，单独实现就需要在主函数开始时进行调用，本例中直接在主函数中实现。程序中的图书信息以文件的形式进行存储，在各功能函数中根据需要对文件进行读写。具体函数定义及说明如下。

1) 输入函数：void input( )

该函数用于接收图书基本信息。程序首次执行时先调用该函数，输入图书数量，然后循环接收每种图书的信息并存入文件(写文件)，之后其他函数都从该文件读取图书信息。

2) 显示函数：void list( )

该函数将数据库中所有图书信息进行显示。程序利用循环从文件中逐条读取图书信息(读文件)，然后显示在显示器上，直到文件结束。

3) 追加函数：void append( )

该函数是在原有数据库数据末尾添加新数据。程序设计过程与输入函数类似，都是写文件操作，但文件的打开方式不同，追加时需要以“a”方式打开文件，然后同样是输入追加图书数量，利用循环接收图书信息并写入文件。

4) 查询函数：void search( )

该函数需要用户输入要查询的书号，然后逐条从文件中读取图书记录，将图书记录中的书号与待查询的书号进行比较，相同则输出该图书信息；所有图书比较完成后没有相同的，则给出“查询失败”的结果。

5) 删除函数：void del( )

该函数按用户输入的书号查找数据库，若存在该书号，则将该条图书记录删除。实现方法有多种，本例中先将所有图书记录从文件中读出，放入结构体数组，然后在结构体数组中按书号进行查询，将不相同的图书记录重新写回文件，达到删除目的。

6) 排序函数：void sort( )

NODE * insert(NODE * head, NODE * b1)

该函数按图书价格进行升序排序。排序过程通过链表实现，这里设计两个函数来完成。排序时首先调用 sort( ) 函数，从文件中逐条读取图书记录，每读取一条，利用 malloc( ) 函数开辟一个节点的存储空间(NODE 结构体类型)，存放该图书记录，称其为待排序节点。然后以该节点指针和链表头指针作为参数，调用 insert( ) 函数，从链表第一个节点开始，将链表中节点的图书价格和待排序节点的图书价格进行比较，确定待排序节点在链表中的位置，并将其插入链表，接着返回 sort( ) 函数继续读取下一条图书记录。重复上述过程，直到所有图书记录都按价格顺序插入到链表中，排序完成，输出结果。

7) 主函数：void main( )

主函数完成主界面的输出，接收用户输入的功能选项，进行相应函数的调用。

4. 程序代码

整个系统参考程序如下：

```
#include "stdio. h"
#include "stdlib. h"
#include "string. h"
typedef struct book                         /*定义结构体类型,用来表示图书信息*/
{    char book_num[10];
     char book_name[50];
     char book_author[20];
     char book_pub[30];
     float book_price;
}BOOK;
typedef struct node                         /*定义结构体类型,用来表示链表中图书信息*/
{    BOOK data;
     struct node *next;
}NODE;
void input()                                /*输入函数,完成将键盘输入的图书信息写入磁盘*/
{
     int i,n;
     BOOK b;                                /*结构体变量 b 用来存放一本图书的信息*/
     FILE *fp;
     system("cls");                         /*清屏*/
     if((fp=fopen("e:\\file1","wb"))==NULL)
     {    printf("error!\n");
          exit(0);
     }
     printf("\n\t 请输入图书数量:");
     scanf("% d",&n);
     printf("\n\t 请按下面提示输入图书信息\n");
     for(i=0;i<n;i++)                       /*循环输入每本图书的信息*/
     {    printf("\n\t 输入第% d 本图书信息:\n",i+1);
          printf("\t 书号:");
          scanf("% s",b.book_num);
          printf("\t 书名:");
          scanf("% s",b.book_name);
          printf("\t 作者:");
          scanf("% s",b.book_author);
          printf("\t 出版社:");
          scanf("% s",b.book_pub);
          printf("\t 价格:");
          scanf("% f",&b.book_price);
```

```
            fwrite(&b,sizeof(BOOK),1,fp);
        }
        fclose(fp);
    }
    void list()                                  /*显示函数,完成将文件中的图书信息显示在显示器上*/
    {   BOOK b;
        FILE *fp;
        system("cls");
        if((fp=fopen("e:\\file1","rb"))==NULL)
        {   printf("error!\n");
            exit(0);
        }
        printf("%6s%20s%10s%20s%7s\n","书号","书名","作者","出版社","价格");
        printf("--------------------------------------------------------------\n");
        while(fread(&b,sizeof(BOOK),1,fp)!=0)
        printf("%6s%20s%10s%20s%7.1f\n",b.book_num,b.book_name,b.book_author,b.book_pub,
b.book_price);
        fclose(fp);
        printf("\n\tpress any key to continue...");
        system("pause");                         /*程序暂停*/
    }
    void append()                                /*追加函数,完成将键盘上输入的图书信息追加到文件中*/
    {   int i,n;
        BOOK b;
        FILE *fp;
        system("cls");
        if((fp=fopen("e:\\file1","ab"))==NULL)
        {   printf("error!\n");
            exit(0);
        }
        printf("\n\n\t请输入追加的图书数量:");
        scanf("%d",&n);
        printf("\n\t请按下面提示输入图书信息\n");
        for(i=0;i<n;i++)
        {   printf("\n\t追加的第%d本图书信息:\n",i+1);
            printf("\t书号:");
            scanf("%s",b.book_num);
            printf("\t书名:");
            scanf("%s",b.book_name);
            printf("\t作者:");
            scanf("%s",b.book_author);
            printf("\t出版社:");
```

```
            scanf("% s",&b.book_pub);
            printf("\t 价格:");
            scanf("% f",&b.book_price);
            fwrite(&b,sizeof(BOOK),1,fp);
        }
        fclose(fp);
    }
    void search()                              /*查询函数,根据输入的书号查询文件中的图书信息*/
    {   BOOK b;
        FILE *fp;
        char book_no[10];
        int f=0;
        system("cls");
        if((fp=fopen("e:\\file1","rb"))==NULL)
        {   printf("error!\n");
            exit(0);
        }
        printf("请输入待查询图书的编号:");
        scanf("% s",book_no);
        while(fread(&b,sizeof(BOOK),1,fp)!=0)
        if(strcmp(b. book_num,book_no)==0)
        {   printf("% 6s% 20s% 10s% 20s% 7s\n","书号","书名","作者","出版社","价格");
            printf("% 6s% 20s% 10s% 20s% 7. 1f\n",b.book_num,b.book_name,b.book_author,b.book_pub,
b.book_price);
            f=1;
            break;
        }
        if(f==0)
        printf("查询失败,该书号不存在!\n");
        fclose(fp);
        printf("\n\tpress any key to continue... ");
        system("pause");
    }
    void del()                                 /*删除函数,根据输入的书号删除文件中的图书信息*/
    {   char book_no[10];
        int f=0,n=0,i;
        BOOK b[100];
        FILE *fp;
        system("cls");
        if((fp=fopen("e:\\file1","rb"))==NULL)
        {   printf("error!\n");
            exit(0);
```

```
    }
    printf("\n\t 请输入要删除的图书编号:");
    scanf("%s",book_no);
    while(fread(&b[n],sizeof(BOOK),1,fp)!=0)
        n++;
    fclose(fp);
    if((fp=fopen("e:\\file1","wb"))==NULL)
    {   printf("error!\n");
        exit(0);
    }
    for(i=0;i<n;i++)
    {   if(strcmp(b[i]. book_num,book_no)!=0)
            fwrite(&b[i],sizeof(BOOK),1,fp);
        else
            f=1;
    }
    fclose(fp);
    if(f==1)
        printf("\n\n\n\t 删除成功!\n");
    else
        printf("\n\n\n\t 该书号不存在!\n");
    printf("\n\tpress any key to continue... ");
    system("pause");
}
NODE *insert(NODE *head,NODE *b1)     /*按价格顺序向链表中插入一个结点*/
{   NODE *p0,*p1,*p2;
    p1=head;
    p0=b1;
    if(head==NULL)
    {   head=p0;
        p0->next=NULL;
        return(head);
    }
    while((p1!=NULL)&&(p0->data.book_price>p1->data.book_price))
    {   p2=p1;
        p1=p1->next;
    }
    if(head==p1)
    {   p0->next=head;
        head=p0;
    }
    else
    {   p2->next=p0;
```

```
            p0->next=p1;
        }
        return(head);
    }
    void sort()                                  /*排序函数,对文件中的图书信息按价格排序并显示在显示器上*/
    {   BOOK b;
        NODE *t,*head=NULL,*p;
        FILE *fp;
        system("cls");
        if((fp=fopen("e:\\file1","rb"))==NULL)
        {   printf("error!\n");
            exit(0);
        }
        while(fread(&b,sizeof(BOOK),1,fp)!=0)
        {   t=(NODE *)malloc(sizeof(NODE));
            strcpy(t->data.book_num,b.book_num);
            strcpy(t->data.book_name,b.book_name);
            strcpy(t->data.book_author,b.book_author);
            strcpy(t->data.book_pub,b.book_pub);
            t->data.book_price=b.book_price;
            head=insert(head,t);
        }
        fclose(fp);
        printf("\n\n\n按价格排序的结果如下:\n");
        printf("%6s%20s%10s%20s%7s\n","书号","书名","作者","出版社","价格");
        p=head;
        while(p!=NULL)
        {   printf("%6s%20s%10s%20s%7.1f\n",p->data.book_num,p->data.book_name,p->data.book_author,p->data.book_pub,p->data.book_price);
            p=p->next;
        }
        printf("\n\tpress any key to continue...");
        system("pause");
    }
    void main()                                  /*主函数,完成程序菜单的显示并调用各功能函数*/
    {   int a;
        do
        {   system("cls");                       /*清屏*/
            printf("\n\n\n\n\n\t\t   图书基本信息管理系统\n");   /*显示程序菜单*/
            printf("\t\t********************************\n");
            printf("\t\t\t1----输入数据\n");
            printf("\t\t\t2----显示数据\n");
```

```
        printf("\t\t\t3----追加数据\n");
        printf("\t\t\t4----查询数据\n");
        printf("\t\t\t5----删除数据\n");
        printf("\t\t\t6----排序数据\n");
        printf("\t\t\t0----退出系统\n");
        printf("\t\t*********************************\n");
        printf("\t\t请选择:");
        scanf("% d",&a);
        switch(a)
        {   case 1:input();break;        /*调用输入函数*/
            case 2:list();break;         /*调用显示函数*/
            case 3:append();break;       /*调用追加函数*/
            case 4:search();break;       /*调用查询函数*/
            case 5:del();break;          /*调用删除函数*/
            case 6:sort();break;         /*调用排序函数*/
            case 0:exit(0);              /*结束程序的运行*/
        }
    }while(a!=0);
}
```

5. 系统设计总结

本章对图书基本信息管理系统的设计过程进行了简单介绍，包括功能模块分解、数据结构、各函数实现方法及程序代码。程序设计过程中几乎涵盖了C语言各章节的知识点，实现了数据库管理系统的基本功能。

上述程序只是一个简单的例子，主要是使读者理解结构化程序设计的基本过程和方法，特别是功能模块的分解、函数的设计和调用、解决数据库问题的常用算法、数据库的构成和文件的存取等。程序还有很多需要完善的地方，如输入数据时进行合理性检查、设计多种查询方式、增加数据的修改、统计功能等。

参 考 文 献

[1]谭浩强. C程序设计[M]. 5版. 北京：清华大学出版社，2017.
[2]克尼汉，里奇. C程序设计语言[M]. 徐宝文，李志，译. 北京：机械工业出版社，2006.
[3]明日科技. C语言从入门到精通[M]. 6版. 北京：清华大学出版社，2023.
[4]旭日，薛慧君，冯建平，等. C语言程序设计案例教程[M]. 北京：北京理工大学出版社，2012.
[5]胡亚南，武昆. C语言程序设计案例式教程[M]. 天津：天津大学出版社，2022.
[6]黑马程序员. C语言程序设计案例式教程[M]. 北京：人民邮电出版社，2017.
[7]张仁忠，曾昭江. C语言程序设计[M]. 北京：电子工业出版社，2018.
[8]苏小红，赵玲玲，孙志岗，等. C语言程序设计[M]. 4版. 北京：高等教育出版社，2019.
[9]郭韶升，张炜. 案例驱动的C语言程序设计[M]. 北京：化学工业出版社，2020.
[10]蒋彦，韩玫瑰. C语言程序设计[M]. 3版. 北京：电子工业出版社，2018.

附　录

附录 I　常用字符及其 ASCII 值对照表

ASCII 值	控制字符	ASCII 值	控制字符	ASCII 值	控制字符	ASCII 值	控制字符
0	NUT	32	(space)	64	@	96	、
1	SOH	33	!	65	A	97	a
2	STX	34	”	66	B	98	b
3	ETX	35	#	67	C	99	c
4	EOT	36	$	68	D	100	d
5	ENQ	37	%	69	E	101	e
6	ACK	38	&	70	F	102	f
7	BEL	39	,	71	G	103	g
8	BS	40	(	72	H	104	h
9	HT	41	)	73	I	105	i
10	LF	2	*	7	J	106	j
11	VT	43	+	75	K	107	k
12	FF	44	,	76	L	108	l
13	CR	45	-	77	M	109	m
14	SO	46	.	78	N	110	n
15	SI	47	/	79	O	111	o
16	DLE	48	0	80	P	112	p
17	DCI	49	1	81	Q	113	q
18	DC2	50	2	82	R	114	r
19	DC3	51	3	83	X	115	s
20	DC4	52	4	84	T	116	t

续表

ASCII 值	控制字符	ASCII 值	控制字符	ASCII 值	控制字符	ASCII 值	控制字符
21	NAK	53	5	85	U	117	u
22	SYN	54	6	86	V	118	v
23	TB	55	7	87	W	119	w
24	CAN	56	8	88	X	120	x
25	EM	57	9	89	Y	121	y
26	SUB	58	:	90	Z	122	z
27	ESC	59	;	91	[	123	{
28	FS	60	<	92	\	124	|
29	GS	61	=	93	]	125	}
30	RS	62	>	94	^	126	~
31	US	63	?	95	—	127	DEL

附录Ⅱ　C语言中的关键字

1. 数据类型关键字

1)基本数据类型(5 个)

(1)void：声明函数无返回值或无参数，声明无类型指针，显式丢弃运算结果。

(2)char：字符型类型数据，属于整型数据的一种。

(3)int：整型数据，通常为编译器指定的机器字长。

(4)float：单精度浮点型数据，属于浮点数据的一种。

(5)double：双精度浮点型数据，属于浮点数据的一种。

2)类型修饰关键字(4 个)

(1)short：修饰 int，短整型数据，可省略被修饰的 int。

(2)long：修饰 int，长整形数据，可省略被修饰的 int。

(3)signed：修饰整型数据，有符号数据类型。

(4)unsigned：修饰整型数据，无符号数据类型。

3)复杂类型关键字(5 个)

(1)struct：结构体声明。

(2)union：共用体声明。

(3)enum：枚举声明。

(4)typedef：声明类型别名。

(5)sizeof：得到特定类型或特定类型变量的大小。

4)存储级别关键字(6个)

(1)auto：指定为自动变量，由编译器自动分配及释放。通常在栈上分配。

(2)static：指定为静态变量，分配在静态变量区，修饰函数时，指定函数作用域为文件内部。

(3)register：指定为寄存器变量，建议编译器将变量存储到寄存器中使用，也可以修饰函数形参，建议编译器通过寄存器而不是堆栈传递参数。

(4)extern：指定对应变量为外部变量，即标示变量或者函数的定义在别的文件中，提示编译器遇到此变量和函数时在其他模块中寻找其定义。

(5)const：与 volatile 合称“cv 特性”，指定变量不可被当前线程/进程改变(但有可能被系统或其他线程/进程改变)。

(6)volatile：与 const 合称“cv 特性”，指定变量的值有可能会被系统或其他进程/线程改变，强制编译器每次从内存中取得该变量的值。

2. 流程控制关键字

1)跳转结构(4个)

(1)return：用在函数体中，返回特定值(或者是 void 值，即不返回值)。

(2)continue：结束当前循环，开始下一轮循环。

(3)break：跳出当前循环或 switch 结构。

(4)goto：无条件跳转语句。

2)分支结构(5个)

(1)if：条件语句，后面不需要放分号。

(2)else：条件语句否定分支(与 if 连用)。

(3)switch：开关语句(多重分支语句)。

(4)case：开关语句中的分支标记。

(5)default：开关语句中的“其他”分支，可选。

3)循环结构(3个)

(1)for：for 循环结构，如“for(表达式 1；表达式 2；表达式 3)4;”的执行顺序为表达式 1->表达式 2->表达式 4->表达式 3->表达式 2…，其中表达式 2 为循环条件。在整个 for 循环过程中，表达式 1 只计算一次，表达式 2 和表达式 3 则可能计算多次，也可能一次也不计算。循环体可能多次执行，也可能一次都不执行。

(2)do：do 循环结构，如“do 表达式 1 while(表达式 2);”的执行顺序是表达式 1->表达式 2->表达式 1…循环，表达式 2 为循环条件。

(3)while：while 循环结构，如“while(表达式 1)表达式 2;”的执行顺序是表达式 1->表达式 2->表达式 1…循环，表达式 1 为循环条件。

以上循环语句，当循环条件表达式为真则继续循环，为假则跳出循环。

附录Ⅲ　运算符和结合性

优先级	运算符	名称或含义	使用形式	结合方向	说明
1	[]	数组下标	数组名[常量表达式]	左到右	
	()	圆括号	(表达式)/函数名(形参表)		
	.	成员选择(对象)	对象.成员名		
	->	成员选择(指针)	对象指针->成员名		
2	-	负号运算符	-表达式	右到左	单目运算符
	(类型)	强制类型转换	(数据类型)表达式		
	++	自增运算符	++变量名/变量名++		单目运算符
	--	自减运算符	--变量名/变量名--		单目运算符
	*	取值运算符	*指针变量		单目运算符
	&	取地址运算符	&变量名		单目运算符
	!	逻辑非运算符	!表达式		单目运算符
	~	按位取反运算符	~表达式		单目运算符
	sizeof	长度运算符	sizeof(表达式)		
3	/	除	表达式/表达式	左到右	双目运算符
	*	乘	表达式*表达式		双目运算符
	%	余数(取模)	整型表达式/整型表达式		双目运算符
4	+	加	表达式+表达式	左到右	双目运算符
	-	减	表达式-表达式		双目运算符
5	<<	左移	变量<<表达式	左到右	双目运算符
	>>	右移	变量>>表达式		双目运算符
6	>	大于	表达式>表达式	左到右	双目运算符
	>=	大于或等于	表达式>=表达式		双目运算符
	<	小于	表达式<表达式		双目运算符
	<=	小于或等于	表达式<=表达式		双目运算符
7	==	等于	表达式==表达式	左到右	双目运算符
	!=	不等于	表达式!=表达式		双目运算符
8	&	按位与	表达式&表达式	左到右	双目运算符
9	^	按位异或	表达式^表达式	左到右	双目运算符

续表

<table>
<tr><th>优先级</th><th>运算符</th><th>名称或含义</th><th>使用形式</th><th>结合方向</th><th>说明</th></tr>
<tr><td>10</td><td>|</td><td>按位或</td><td>表达式 | 表达式</td><td>左到右</td><td>双目运算符</td></tr>
<tr><td>11</td><td>&&</td><td>逻辑与</td><td>表达式 && 表达式</td><td>左到右</td><td>双目运算符</td></tr>
<tr><td>12</td><td>||</td><td>逻辑或</td><td>表达式 || 表达式</td><td>左到右</td><td>双目运算符</td></tr>
<tr><td>13</td><td>?:</td><td>条件运算符</td><td>表达式 1?表达式 2:表达式 3</td><td>右到左</td><td>三目运算符</td></tr>
<tr><td rowspan="11">14</td><td>=</td><td>赋值运算符</td><td>变量=表达式</td><td rowspan="11">右到左</td><td></td></tr>
<tr><td>/=</td><td>除后赋值</td><td>变量/=表达式</td><td></td></tr>
<tr><td>*=</td><td>乘后赋值</td><td>变量 *=表达式</td><td></td></tr>
<tr><td>%=</td><td>取模后赋值</td><td>变量%=表达式</td><td></td></tr>
<tr><td>+=</td><td>加后赋值</td><td>变量+=表达式</td><td></td></tr>
<tr><td>-=</td><td>减后赋值</td><td>变量-=表达式</td><td></td></tr>
<tr><td><<=</td><td>左移后赋值</td><td>变量<<=表达式</td><td></td></tr>
<tr><td>>>=</td><td>右移后赋值</td><td>变量>>=表达式</td><td></td></tr>
<tr><td>&=</td><td>按位与后赋值</td><td>变量 &=表达式</td><td></td></tr>
<tr><td>^=</td><td>按位异或后赋值</td><td>变量^=表达式</td><td></td></tr>
<tr><td>|=</td><td>按位或后赋值</td><td>变量 |=表达式</td><td></td></tr>
<tr><td>15</td><td>,</td><td>逗号运算符</td><td>表达式，表达式，…</td><td>左到右</td><td>从左向右顺序运算</td></tr>
</table>

运算符的优先级说明：

所有的运算符中，只有 3 个运算符是从右至左结合的，它们是单目运算符、条件运算符、赋值运算符。其他的运算符都是从左至右结合。

具有最高优先级的其实并不算是真正的运算符，它们算是一类特殊的操作。( )与函数相关，[ ]与数组相关，而->及 . 是取结构成员。

其次是单目运算符，所有的单目运算符具有相同的优先级，因此在“真正的运算符”中它们具有最高的优先级，又由于它们都是从右至左结合的，因此 *p++与 *(p++)等效是毫无疑问的。

接下来是算术运算符，*、/、%的优先级当然比+、-高。

移位运算符紧随其后。

其次的关系运算符中，<、<=、>、>=要比==、!=高一个级别。

所有的逻辑操作符都具有不同的优先级(单目运算符!和~除外)。

逻辑位操作符的“与”优先级比“或”高，而“异或”则在它们之间。

跟在其后的 && 比 || 优先级高。

接下来的是条件运算符、赋值运算符及逗号运算符。

在 C 语言中，只有 4 个运算符规定了运算方向，它们是 &&、|| 、条件运算符及赋值运算符。

&&、|| 都是先计算左边表达式的值，当左边表达式的值能确定整个表达式的值时，就

不再计算右边表达式的值。例如，“a=0&&b;”中 && 运算符的左边为0，则右边表达式 b 就不再判断。

在条件运算符中，如“a?b:c;”先判断 a 的值，再根据 a 的值对 b 或 c 之中的一个进行求值。赋值表达式则规定先对右边的表达式求值，因此使“a=b=c=6;”成为可能。